U0156720

零基础
HTML+CSS
+JavaScript
学习笔记

明日科技 编著

电子工业出版社·

Publishing House of Electronics Industry

北京·BEIJING

内容简介

本书从入门者的角度出发，通过通俗易懂的语言、丰富多彩的实例，让读者在实践中循序渐进地学习 HTML+CSS+JavaScript 编程知识，提升实际开发能力。全书共 20 章，内容包括 HTML 概述、初识 HTML5、图像和超链接、表格与 <div> 标签、列表、表单、多媒体、CSS3 概述、CSS3 中的布局常用属性、CSS3 中的动画与变形、响应式网页设计、JavaScript 概述、JavaScript 基础、JavaScript 基本语句、JavaScript 中的函数、JavaScript 中的对象、JavaScript 中的数组、AJAX 技术、jQuery 基础、jQuery 控制网页和事件处理。书中所有知识都结合具体实例进行介绍，涉及的程序代码也给出了详细的注释，可以使读者轻松领会 HTML+CSS 网页设计的精髓，快速提升开发能力。

本书可作为软件开发入门者的自学用书，也可作为高等院校相关专业的教学参考书，还可供开发人员查阅和参考。

未经许可，不得以任何方式复制或抄袭本书之部分或全部内容。

版权所有，侵权必究。

图书在版编目（CIP）数据

零基础 HTML+CSS+JavaScript 学习笔记 / 明日科技编著 . —北京：电子工业出版社，2021.3

ISBN 978-7-121-39950-3

Ⅰ. ①零… Ⅱ. ①明… Ⅲ. ①超文本标记语言－程序设计②网页制作工具③JAVA 语言－程序设计 Ⅳ. ① TP312.8 ② TP393.092.2

中国版本图书馆 CIP 数据核字（2020）第 224829 号

责任编辑：张　毅　　　　　特约编辑：田学清

印　　刷：三河市兴达印务有限公司

装　　订：三河市兴达印务有限公司

出版发行：电子工业出版社

　　　　　北京市海淀区万寿路 173 信箱　　　　邮编：100036

开　　本：787×1092　　1/16　　印张：22.75　　字数：525.3 千字

版　　次：2021 年 3 月第 1 版

印　　次：2021 年 3 月第 1 次印刷

定　　价：108.00 元

凡所购买电子工业出版社图书有缺损问题，请向购买书店调换。若书店售缺，请与本社发行部联系，联系及邮购电话：（010）88254888，88258888。

质量投诉请发邮件至 zlts@phei.com.cn，盗版侵权举报请发邮件至 dbqq@phei.com.cn。

本书咨询联系方式：（010）57565890，meidipub@phei.com.cn。

前　言

　　浏览网页已经成为人们生活和工作中不可或缺的一部分，网页页面也随着技术的发展而越来越丰富、美观。HTML（超文本标记语言）是一种网页设计基础语言，它和 CSS3 的出现，可以使设计的网页外观效果更炫、网页设计技术更简单。JavaScript 是 Web 网页中的一种脚本编程语言，以开发 Web 网页的脚本语言而闻名。因此，HTML、CSS 和 JavaScript 又被称为 Web 开发的"三剑客"。

本书内容

　　本书包含学习网页设计从入门到高级应用开发所需的各类必备知识，全书共 20 章，知识结构如下。

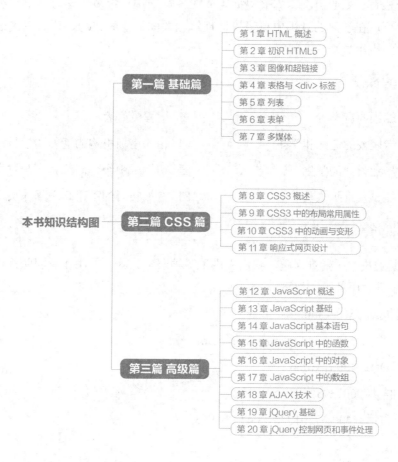

本书特点

☑ 内容由浅入深，循序渐进。本书以初、中级程序员为重点对象，先讲解 HTML 基础，再讲解 HTML 网页的结构、常用标签、CSS 基础知识、CSS 中的伪类选择器、CSS 中的布局常用属性、JavaScript 概述、JavaScript 基本语法、AJAX、jQuery 等知识。在讲解过程中，步骤详尽，使读者在阅读时一目了然，快速掌握书中的内容。

☑ 教学视频，讲解详尽。本书基础知识部分提供了配套教学视频，读者可以根据这些视频进行学习，感受编程的快乐，增强进一步学习的信心，从而快速成为编程高手。

☑ 实例典型，轻松易学。通过例子来学习知识是最好的学习方式。本书在讲解知识时，通过多个实例透彻、详尽地讲述了在实际开发中所需的各类知识。另外，为了便于读者阅读程序代码，并快速学习编程技能，书中的关键代码都提供了注释。

☑ 精彩栏目，贴心提醒。本书根据需要在各章安排了很多"学习笔记"小栏目，让读者可以在学习的过程中更轻松地理解相关知识点和概念，从而更快地掌握相关技术的应用技巧。

读者对象

☑ 初学编程的自学者　　　　　　　　☑ 编程爱好者

☑ 大中专院校的老师和学生　　　　　☑ 相关培训机构的老师和学员

☑ 进行毕业设计的学生　　　　　　　☑ 初级、中级、高级程序开发人员

☑ 程序测试及维护人员　　　　　　　☑ 参加实习的"菜鸟"程序员

读者服务

为了方便解决本书疑难问题，我们提供了多种服务方式，并由作者团队提供在线技术指导和社区服务，服务方式如下。

☑ 服务网站：www.mingrisoft.com

☑ 服务邮箱：mingrisoft@mingrisoft.com

☑ 企业 QQ：4006751066

☑ QQ 群：706013952

☑ 服务电话：400-67501966、0431-84978981

本书约定

开发环境及工具如下。

☑ 操作系统：Windows 7、Windows 10 等

☑ 开发工具：Visual Studio 2017（Visual Studio 2015 及 Visual Studio 2019 兼容）

☑ 数据库：SQL Server 2014

致读者

本书由明日科技 Web 开发团队组织编写，主要人员有何平、王小科、申小琦、赵宁、李菁菁、张鑫、周佳星、王国辉、李磊、赛奎春、杨丽、高春艳、冯春龙、张宝华、庞凤、宋万勇、葛忠月等。在编写过程中，我们以科学、严谨的态度，力求精益求精，但疏漏之处在所难免，敬请广大读者批评指正。

感谢您购买本书，希望本书能成为您编程路上的领航者。

祝读书快乐！

目 录

第一篇 基础篇

第二篇　CSS篇

第三篇 高级篇

第一篇 基础篇

第 1 章 HTML 概述

浏览网站已经成为人们生活和工作不可或缺的一部分，网页页面也随着技术的发展越来越丰富、美观，不仅有文字、图片，还有影像、动画效果等。HTML可以实现网页设计和制作，尤其可以开发动态网站。那么，什么是HTML？如何编写HTML文件？使用什么工具编写？带着这些问题，我们来学习本章内容。

1.1 HTML 简介

1.1.1 什么是 HTML

HTML 是纯文本类型的语言，是互联网上用于编写网页的主要语言，使用 HTML 编写的网页文件是标准的纯文本文件。

可以使用文本编辑器（如 Windows 系统中的记事本程序）打开 HTML 文件，查看其中的 HTML 代码；也可以在用浏览器打开网页时，通过选择"查看"→"源文件"命令，查看网页中的 HTML 代码。HTML 文件可以直接由浏览器解释执行，无须编译。当用浏览器打开网页时，浏览器将读取网页中的 HTML 代码，分析其语法结构，然后根据解释结果显示网页内容。

HTML 是一种简易的文件交换标准，旨在定义文件内的对象和描述文件的逻辑结构，并不定义文件的显示。由于 HTML 描述的文件具有极高的适应性，所以特别适合 WWW（World Wide Web，万维网）的出版环境。

1.1.2 HTML 的发展历程

1993 年 HTML 首次以互联网工程工作小组草案的形式发布。20 世纪 90 年代的人见证了 HTML 的大幅发展，从 HTML2.0，到 HTML3.2 和 HTML4.0，再到 1999 年的 HTML4.01，一直到现在正逐步普及的 HTML5。

在快速发布了 HTML 的前 4 个版本之后，业界普遍认为 HTML 已经"无路可走"了，对 Web 标准的关注也开始向 XML 和 XHTML 转移，HTML 被放在了次要位置。但在此期间，HTML 体现了其顽强的生命力，主要的网站内容还是基于 HTML 的。为了支持新的 Web

应用、克服现有的缺点，HTML 迫切需要添加新功能、制定新规范。

为了将 Web 平台提升到一个新的高度，2004 年 WHATWG（Web Hypertext Application Technology Working Group，网页超文本应用技术工作小组）成立了，他们创立了 HTML5 规范，同时开始专门针对 Web 应用开发新功能（WHATWG 认为这是 HTML 中最薄弱的环节）。Web 2.0 这个词也是在那时被提出的，旧的静态网站逐渐让位于需要更多特性的动态网站和社交网站，从而开创了 Web 的第二个时代。

HTML5 能解决非常实际的问题，得益于浏览器的实验性反馈，HTML5 规范也因此得到了持续的完善，HTML5 以这种方式迅速融入对 Web 平台的实质性改进中。HTML5 成为 HTML 的新一代标准。

1.2 HTML 文件的基本结构

一个 HTML 文件是由一系列的元素和标签组成的。元素是 HTML 文件的重要组成部分，HTML5 是用标签来规定元素的属性及其在文件中的位置的。本节对 HTML 文件的元素、标签及文件结构进行详细的介绍。

1.2.1 HTML 相关概念

1. 标签

HTML 的标签分为单独出现的标签（以下简称单独标签）和成对出现的标签（以下简称成对标签）两种。

1）单独标签

单独标签的格式为"< 元素名称 >"，其作用是在相应的位置插入元素。例如，
 标签就是单独标签，表示在该标签所在位置插入一个换行符。

2）成对标签

大多数标签都是成对出现的，成对标签由起始标签和结束标签组成。起始标签的格式为"< 元素名称 >"，结束标签的格式为"</ 元素名称 >"。成对标签的语法格式如下：

    < 元素名称 > 要控制的元素 </ 元素名称 >

成对标签仅对包含在其中的文件部分发生作用。例如，<title> 和 </title> 标签就是成对标签，用于界定标题元素的范围，即 <title> 和 </title> 标签之间的部分是此 HTML5 文件的标题。

📖 **学习笔记**

> HTML 标签不区分大小写。例如，<HTML>、<Html> 和 <html>，其结果都是一样的。

在每个 HTML 标签中，还可以设置一些属性，用来控制 HTML 标签建立的元素。这些属性位于起始标签中，因此，起始标签的基本语法如下：

> < 元素名称　属性 1=" 值 1"　属性 2=" 值 2"…>

而结束标签的建立方式则为：

> </ 元素名称 >

因此，在 HTML 文件中，某个元素的完整定义语法如下：

> < 元素名称　属性 1=" 值 1"　属性 2=" 值 2"…> 元素资料 </ 元素名称 >

📋 学习笔记

在 HTML 语法中，设置各属性使用的 """" 可省略。

2. 元素

当用一组 HTML 标签将一段文字包含在中间时，这段文字与包含文字的 HTML 标签被称为一个元素。

在每个由 HTML 标签与文字形成的元素内，还可以包含另一个元素。因此，整个 HTML 文件就是一个大元素包含了许多小元素。

在所有 HTML 文件中，最外层的元素都是由 <html> 标签建立的。在 <html> 标签建立的元素中，包含两个主要的子元素，这两个子元素是由 <head> 标签与 <body> 标签建立的。<head> 标签建立的元素内容为文件标题，<body> 标签建立的元素内容为文件主体。

3. HTML 文件结构

在介绍 HTML 文件结构前，先来看一个简单的 HTML 文件及其在浏览器上的显示结果。

下面使用文件编辑器（如 Windows 自带的记事本）编写一个 HTML 文件，代码如下：

```
<html>
<head>
<title> 文件标题 </title>
</head>
<body>
文件正文
</body>
</html>
```

用浏览器打开该文件，运行效果如图 1.1 所示。

从上述代码和其运行效果图中可以看出 HTML 文件的基本结构，如图 1.2 所示。

<head> 与 </head> 之间的部分是 HTML 文件的文件头部分，用以说明文件的标题和整个文件的一些公共属性。<body> 与 </body> 之间的部分是 HTML 文件的主体部分，下面介绍的标签，如果不加特别说明，则均是嵌套在这一对标签中使用的。

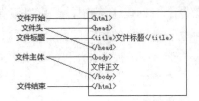

图 1.1　HTML 实例运行效果图　　　　　图 1.2　HTML 文件的基本结构

1.2.2　HTML 的基本标签

1. 文件起始标签 <html>

在任何一个 HTML 文件里，最先出现的 HTML 标签就是 <html>，它用于表示该文件是以 HTML 编写的。<html> 是成对出现的，起始标签 <html> 和结束标签 </html> 分别位于文件的最前面和最后面，文件中的所有文件和 HTML 标签都包含在其中。例如：

```
<html>
文件的全部内容
</html>
```

表示该标签不带任何属性。

事实上，现在常用的 Web 浏览器（如 IE）都可以自动识别 HTML 文件，并不要求有 <html> 标签，也不对该标签进行任何操作。但是，为了提高文件的适用性，使编写的 HTML 文件可以适应不断变化的 Web 浏览器，还是应该养成使用 <html> 标签的习惯。

2. 文件头部标签 <head>

习惯上，把 HTML 文件分为文件头和文件主体两部分。文件主体部分就是在 Web 浏览器窗口的用户区内显示的内容，而文件头部分用来规定该文件的标题（出现在 Web 浏览器窗口的标题栏中）和一些公共属性。

<head> 是一个表示网页头部的标签。在 <head> 标签定义的元素中，并不放置网页的任何内容，而是放置关于 HTML 文件的信息，即 <head> 并不属于 HTML 文件的主体。<head> 包含文件的标题、编码方式及 URL（Uniform Resource Locator）等信息，这些信息大部分是用于提供索引、辨认或其他方面的应用的。

写在 <head> 与 </head> 之间的文本，如果又写在了 <title> 标签中，则表示该网页的名称作为窗口的名称显示在这个网页窗口的最上方。

📋 **学习笔记**

> 如果当 HTML 文件并不需要提供相关信息时，则可以省略 <head> 标签。

3. 文件标题标签 <title>

每个 HTML 文件都需要有一个文件名称。在浏览器中，文件名称作为窗口名称显示在该窗口的最上方，这对浏览器的收藏功能很有用。如果浏览者认为某个网页对自己很有用，今后想经常阅读，则可以选择 IE 浏览器"收藏"菜单中的"添加到收藏夹"命令将它保存起来，供以后调用。文件名称要写在 <title> 和 </title> 之间，并且 <title> 标签应包含在 <head> 标签中。

HTML 文件的标签是可以嵌套的，即在一对标签中可以嵌入另一对子标签，用来规定母标签所含范围的属性或其中某一部分内容，嵌套在 <head> 标签中使用的主要有 <title> 标签。

4. 元信息标签 <meta>

meta 元素提供的信息是用户不可见的，不显示在网页中，一般用来定义网页信息的名称、关键字、作者等。在 HTML 中，<meta> 标签不需要设置结束标签，一个尖括号内就是一个内容，而在一个 HTML 文件的 <head> 标签中，可以有多个 meta 元素。meta 元素的属性有两种：name 和 http-equiv，其中 name 属性主要用于描述网页，以便搜索引擎查找、分类。

5. 网页的主体标签 <body>

网页的主体部分以标签 <body> 为开始标志，以标签 </body> 为结束标志。<body> 标签是成对出现的。在网页的主体标签中，body 元素的常用属性如表 1.1 所示。

表 1.1　body 元素的常用属性

属　　性	描　　述
text	设定网页文字的颜色
bgcolor	设定网页的背景颜色
background	设定网页的背景图像
bgproperties	设定网页的背景图像为固定，不随网页的滚动而滚动
link	设定网页默认的链接颜色
alink	设定鼠标指针指向的链接颜色
vlink	设定访问过的链接颜色
topmargin	设定网页的上边距
leftmargin	设定网页的左边距

6. 网页的注释

在网页中，除了以上这些基本标签，还包含一种不显示在网页中的元素，那就是代码的注释文字。适当的注释可以帮助用户更好地了解网页中各个模块的划分，也有助于以后对代码进行检查和修改。给代码加注释是一种很好的编程习惯。在 HTML5 文档中，注释分为 3 类：在文件开始标签 <html></html> 中的注释、在 CSS（层叠样式表）中的注释和在 JavaScript 中的注释。下面对这 3 类注释的具体语法进行介绍。

（1）在文件开始标签 <html></html> 中的注释。具体语法如下：

　　<!-- 注释的文字 -->

注释文字的标签很简单，只需在语法中的"注释的文字"的位置上添加需要的内容即可。

（2）在 CSS（层叠样式表）中的注释。具体语法如下：

　　/* 注释的文字 */

在 CSS 样式中注释时，只需在语法中的"注释的文字"的位置上添加需要的内容即可。

（3）在 JavaScript 中，注释有两种形式：单行注释和多行注释。

单行注释的具体语法如下：

　　// 注释的文字

注释文字的标签很简单，只需在语法中的"注释的文字"的位置上添加需要的内容即可。

📋 **学习笔记**

> 当在 JavaScript 中添加单行注释时，只需在语法中"注释的文字"的位置上添加需要的内容即可。

多行注释的具体语法如下：

　　/* 注释的文字 */

当在 JavaScript 中添加多行注释时，只需在语法中的"注释的文字"的位置上添加需要的内容即可。

📋 **学习笔记**

> 在 JavaScript 中添加多行注释或单行注释的形式不是一成不变的，在进行多行注释时，单行注释也是有效的。运用单行注释对每一行文字进行注释达到的效果和运用多行注释达到的效果一样。
>
> 在 HTML 代码中，当注释语法使用错误时，浏览器会将注释视为文本内容，注释内容会显示在网页中。例如，下面给出的一个网页代码中有 4 处注释使用错误的情况。

```
01  <!-- 这里可以加注释吗？ -->
02  <!DOCTYPE html>
03  <html>
04  <head>
05      <meta charset="UTF-8">
06      <title>&lt;!-- 吉林省 --&gt; 吉林省明日科技有限公司 </title>
07      <style type="text/css">
08          .err {
09              margin-left: 20px;
```

错误1：<!DOCTYPE html>之前不可以添加注释

错误2：<title>标签内部不可以添加注释

```
10          color: red;
11          font-size: 20px;
12          font-family: fantasy;
13        }
14      </style>
15   </head>
16   <body>
17   <div class="cen">
18      <h4 class="err">     /* 注释 1: 我本身是一个注释 */ </h4>
19      <div>
20         <iframe id="top" name="top" scrolling="No" src="inc/top.html"
height="240" frameborder="0" width="947"></iframe>
21      </div>
22      <h4 class="err"><--     注释 2: 我本身也是一个注释     --> </h4>
23   </div>
24   </body>
25   </html>
26   <!-- 也可以在 <html> 标签后面添加注释 -->
```

错误3：注释符号使用错误，应使用<!-- 注释 -->

错误4：注释标签不完整，缺少一个英文感叹号

用谷歌浏览器打开这个 HTML5 文件，运行效果如图 1.3 所示。

图 1.3 错误使用代码注释的运行效果

1.3 编写第一个 HTML 文件

1.3.1 HTML 文件的编写方法

编写 HTML 文件主要有 3 种方法，下面分别进行介绍。

1. 手工直接编写

由于 HTML 编写的文件是标准的 ASCII 码文本文件，所以可以使用任何文本编辑器打开并编写 HTML 文件，如 Windows 系统自带的记事本。

2. 使用可视化软件

可以使用 WebStorm、Dreamweaver、Sublime 等软件进行可视化的网页编辑制作。

3. 由 Web 服务器一方实时动态生成

当由 Web 服务器一方实时动态生成 HTML 文件时，需要进行后端的网页编程，如 JSP、ASP，PHP 等，一般情况下都需要数据库的配合。

1.3.2 手工直接编写网页

下面先使用记事本来编写第一个 HTML 文件，操作步骤如下。

（1）选择"开始"→"程序"→"附件"→"记事本"命令，打开 Windows 系统自带的记事本，如图 1.4 所示。

（2）在记事本中直接键入 HTML 代码，具体代码如下：

```
01  <html>
02  <head>
03     <title> 简单的 HTML 文件 </title>
04  </head>
05  <body text="blue">
06  <h2 align="center">HTML5 初露端倪 </h2>
07  <hr>
08  <p> 让我们一起体验超炫的 HTML5 旅程吧 </p>
09  </body>
10  </html>
```

（3）输入代码后，记事本中显示的代码内容如图 1.5 所示。

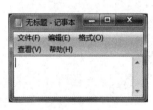

图 1.4 打开记事本

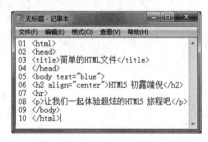

图 1.5 记事本中显示的代码内容

（4）在记事本菜单栏中选择"文件"→"另存为"命令，弹出"另存为"对话框。

（5）在"另存为"对话框中，首先选择存盘的文件夹，然后在"保存类型"下拉列表中选择"所有文件"选项，在"编码"下拉列表中选择 UTF-8，并填写文件名。例如，将文件命名为 1-2.html，如图 1.6 所示，最后单击"保存"按钮。

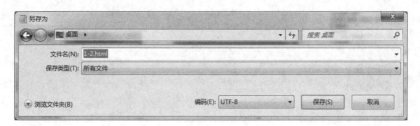

图 1.6 "另存为"对话框

（6）关闭记事本，回到存盘的文件夹，双击如图 1.7 所示的 1-2.html 文件，可以在浏览器（推荐谷歌浏览器）中看到最终的网页效果，如图 1.8 所示。

图 1.7 保存好的 HTML 文件

图 1.8 最终的网页效果

1.3.3 使用可视化软件 WebStorm 制作网页

WebStorm 是 JetBrains 公司旗下一款 JavaScript 开发工具。WebStorm 支持不同浏览器的提示，还包括所有用户自定义的函数（项目中）。代码补全包含了所有流行的库，如 jQuery、YUI、Dojo、Prototype、Mootools 和 Bindows 等。WebStorm 被广大 JavaScript 开发者誉为 Web 前端开发神器、最强大的 HTML5 编辑器、最智能的 JavaScript IDE 等。

下面以 WebStorm 英文版为例，首先说明下载与安装 WebStorm 的过程，然后介绍制作 HTML5 网页的方法。

1. 下载与安装

（1）首先打开浏览器，输入网址 https://www.jetbrains.com/webstorm/download/#section= windows，进入 WebStorm 下载页，如图 1.9 所示。

 说明

WebStorm 版本更新较快，打开文中的链接以后，进入 WebStorm 2020.1.3 的下载页面，如图 1.9 所示。读者可以单击图中的"Download"按钮下载最新版，也可以选择左下角链接"Other versions"选择下载其他版本（本书下载版本为 WebStorm-2018.2.5）。

图 1.9　WebStorm 下载页

（2）单击"other versions"链接，下载 WebStorm-2018.2.5 程序，如图 1.10 所示。

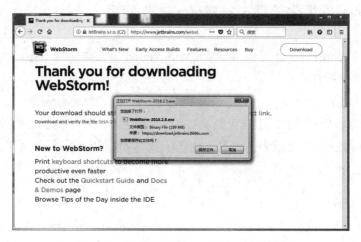

图 1.10　下载 WebStorm-2018.2.5 程序

（3）下载完成后，双击打开 WebStorm-2018.2.5 应用程序，进入 WebStorm 的安装欢迎界面，如图 1.11 所示。

（4）单击"Next"按钮，将显示如图 1.12 所示的界面，在该界面中，单击"Browse"按钮选择安装路径（默认的路径是"C:\Program Files\JetBrains\WebStorm 2018.2.5"）。

（5）单击图 1.12 中的"Next"按钮，弹出选择安装选项的界面，在该界面中可以设置是否创建 WebStorm 桌面快捷方式，以及选择创建关联文件，如图 1.13 所示。

（6）单击图 1.13 中的"Next"按钮，选择开始菜单文件夹，默认为"JetBrains"，如图 1.14 所示。

图 1.11　安装欢迎界面

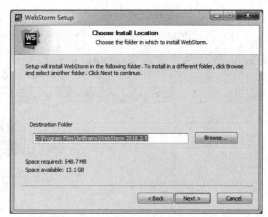
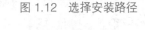

图 1.12　选择安装路径

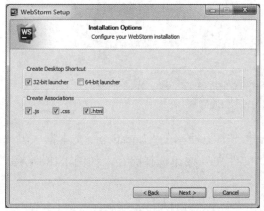

图 1.13　选择安装选项

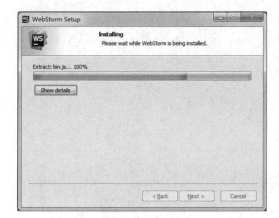

图 1.14　选择开始菜单文件夹

（7）单击"Install"按钮，显示安装的进程，如图 1.15 所示。

（8）安装结束后弹出如图 1.16 所示的界面，在该界面中单击"Finish"按钮，完成安装。

图 1.15　显示安装的进程

图 1.16　安装完成

2. 创建 HTML 文件并运行 HTML 程序

（1）依次单击"开始"→"所有程序"→"JetBrains WebStorm 2018.2.5"选项，启动 WebStorm 软件，进入 WebStorm 的欢迎界面，如图 1.17 所示。

图 1.17　Webstorm 的欢迎界面

（2）单击"Create New Project"按钮，新建一个工程，在"Location"文本框中输入工程存放的路径，也可以单击文本框右侧的"文件夹"按钮选择路径，如图 1.18 所示。然后单击"Create"按钮，完成工程的创建。

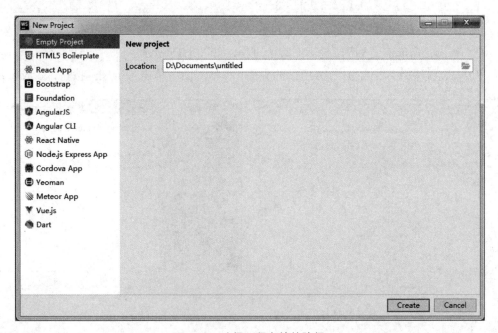

图 1.18　选择工程存放的路径

（3）选中新建好的 HTML 工程，单击鼠标右键，在弹出的快捷菜单中选择"New"→"HTML File"选项，创建一个 HTML 文件，如图 1.19 所示。

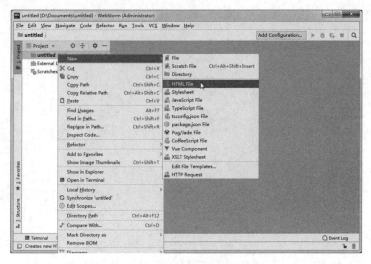

图 1.19　创建 HTML 文件

（4）选择完成后会弹出如图 1.20 所示的对话框，在"Name"文本框中输入文件名，这里将文件名命名为"index.html"，并在"Kind"下拉列表中选择"HTML 5 file"选项。

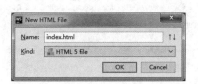

图 1.20　为 HTML 5 文件命名

（5）单击"OK"按钮，打开新建的 HTML5 文件，如图 1.21 所示。

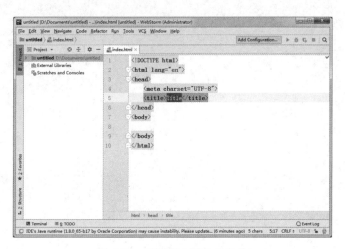

图 1.21　新建的 HTML5 文件

（6）接下来，就可以编辑 HTML5 文件了，在 <body> 标签中输入文字"神奇的 HTML5"，如图 1.22 所示。

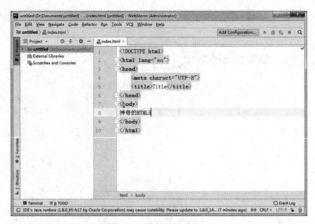

图 1.22　编辑 HTML5 文件

输入完成后，WebStorm 会自动进行保存。此时，双击 D:\Documents\untitled 路径下的 index.html 文件，浏览器将显示如图 1.23 所示的运行效果。

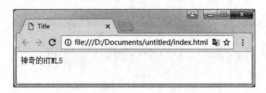

图 1.23　HTML5 文件运行效果

第 2 章　初识 HTML5

在网页的设计制作过程中，文本是最基本的要素。文本在网页中的呈现，如同音符在音乐中的表现，优秀的网页文本设计在给人带来资讯信息的同时，更给人以美的视觉体验。本章对网页文本知识进行详细的讲解。

2.1　标题

标题是对一段文字内容的概括和总结。书籍文本不能没有标题，网页文本也不能没有标题。一篇文档的好坏，标题起重要作用。在越来越追求"视觉美感"的今天，一个好的标题设计，对用户的留存尤为关键。例如，图2.1和图2.2所示的界面效果，同样的标题内容，使用了不同的网页标签，显示的效果大相径庭。

图 2.1　较好的标题设计

图 2.2　糟糕的标题设计

2.1.1　标题标签

标题标签共有 6 个，分别是 <h1>、<h2>、<h3>、<h4>、<h5> 和 <h6>，每个标签在字体大小上有明显的区别，从 <h1> 标签到 <h6> 标签字体依次变小。<h1> 标签表示最大

的标题，<h6> 标签表示最小的标题。一般使用 <h1> 标签来表示网页中最上层的标题，有些浏览器会默认把 <h1> 标签显示为非常大的字体，因此一些开发者会使用 <h2> 标签代替 <h1> 标签来显示最上层的标题。

标题标签语法如下：

```
<h1> 文本内容 </h1>
<h2> 文本内容 </h2>
<h3> 文本内容 </h3>
<h4> 文本内容 </h4>
<h5> 文本内容 </h5>
<h6> 文本内容 </h6>
```

学习笔记

在 HTML5 中，标签大都是由起始标签和结束标签组成的。例如，<h1> 标签在编码使用时，首先编写 <h1> 起始标签和 </h1> 结束标签，然后将文本内容放在两个标签之间。

接下来通过一个实例，巧用 <h1> 标签、<h4> 标签和 <h5> 标签，实现一则关于程序员笑话的对话内容。首先把"程序猿的笑话"放入 <h1> 标签中，代表文章的标题，然后把发布时间、发布者和阅读数放入较小字号的 <h5> 标签中，最后把对话内容放入字号适中的 <h4> 标签中。具体代码如下：

```
11  <!DOCTYPE html>
12  <html>
13  <head>
14  <!-- 指定网页编码格式 -->
15  <meta charset="UTF-8">
16  <!-- 指定页头信息 -->
17  <title> 程序猿的笑话 </title>
18  </head>
19  <body>
20  <!-- 表示文章标题 -->
21  <h1> 程序猿的笑话 </h1>
22  <!-- 表示相关发布信息 -->
23  <h5> 发布时间：19:20 03/24 | 发布者：程序源 | 阅读数：156 次 </h5>
24  <!-- 表示对话内容 -->
25  <h4> 甲：《c++ 面向对象程序设计》怎么比《c 程序设计语言》厚了好几倍？ </h4>
26  <h4> 乙：当然了，有"对象"后肯定麻烦呀！ </h4>
27  </body>
28  </html>
```

本实例的运行效果如图 2.3 所示。

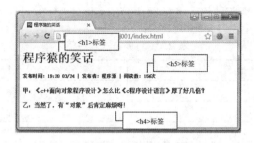

图 2.3　运行效果

📋 **学习笔记**

> 　　如果结束标签漏加"/"，如把 \</h1> 写成 \<h1>，那么浏览器会认为它是新标题标签的开始，从而导致网页布局错乱。例如，在下面代码的第 2 行，就将 \</h1> 结束标签写成了 \<h1> 开始标签。

```
01  <!-- 表示文章标题 -->
02  <h1> 程序猿的笑话 <h1>
03  <!-- 表示相关发布信息 -->
04  发布时间：19:20 03/24 | 发布者：程序源 | 阅读数：156 次
05  <!-- 表示对话内容 -->
06  <h4>甲：《c++ 面向对象程序设计》怎么比《c 程序设计语言》厚了好几倍？</h4>
07  <h4>乙：当然了，有"对象"后肯定麻烦呀！</h4>
```

运行后会出现如图 2.4 所示的错误。

图 2.4　结束标签漏加"/"出现的错误

2.1.2　标题的对齐方式

　　在默认情况下，标题文字是左对齐的。而在网页制作过程中，可以实现标题文字的编排设置。最常用的就是关于对齐方式的设置，可以为标题标签添加 align 属性进行设置，其语法格式如下：

```
<h1 align=" 对齐方式 "> 文本内容 </h1>
```

在该语法中，align 属性需要设置在标题标签的后面，具体的对齐方式属性值如表 2.1 所示。

表 2.1　对齐方式属性值

属　性　值	含　义
left	文字左对齐
center	文字居中对齐
right	文字右对齐

学习笔记

> 在编写代码的过程中，请注意添加双引号。

接下来，使用标题标签中的 align 属性，实现图书商品介绍的文字展示。首先使用 <h5> 标题标签，将图书名称、作者、出版社等介绍内容放入标签内，然后在每个标题标签中添加 align 属性，属性值设为 center。具体代码如下：

```
01 <!DOCTYPE html>
02 <html>
03 <head>
04 <!-- 指定网页编码格式 -->
05 <meta charset="UTF-8">
06 <!-- 指定页头信息 -->
07 <title> 介绍图书商品 </title>
08 </head>
09 <body>
10 <!-- 显示商品图片 -->
11 <h1 align="center"><img src="book.jpg"/></h1>
12 <!-- 显示图书名称 -->
13 <h5 align="center"> 书名：《Java 从入门到精通》（第 3 版）</h5>
14 <!-- 显示图书作者 -->
15 <h5 align="center"> 作者：明日科技 </h5>
16 <!-- 显示出版社 -->
17 <h5 align="center"> 出版社：清华大学出版社 </h5>
18 <!-- 显示图书出版时间 -->
19 <h5 align="center"> 出版时间：2012 年 9 月 </h5>
20 <!-- 显示图书页数 -->
21 <h5 align="center"> 页数：564 页 </h5>
22 <!-- 显示图书价格 -->
23 <h5 align="center"> 价格：25.00 元 </h5>
24 </body>
25 </html>
```

学习笔记

> 在上述代码的第 11 行使用了 <img> 图像标签。<img> 图像标签可以将外部图片引入当前网页内。有关 <img> 图像标签的具体使用方法请参考本书第 3 章。

执行上面的代码，效果如图 2.5 所示。

图 2.5　图书商品介绍的网页效果

2.2　文字

除了标题文字，在网页中普通的文字信息也不可缺少，而多种多样的文字装饰效果可以让用户眼前一亮，记忆深刻。在网页的编码中，可以直接在 \<body\> 标签和 \</body\> 标签之间输入文字，这些文字可以显示在网页中，同时可以为这些文字添加装饰效果的标签，如斜体、下画线等。下面详细讲解这些文字装饰标签。

2.2.1　文字的斜体、下画线、删除线

在浏览网页时，常常可以看到一些特殊效果的文字，如斜体字、带下画线的文字和带删除线的文字，这些文字效果可以通过设置 HTML 的标签来实现，其语法格式如下：

```
<em> 斜体内容 </em>
<u> 带下画线的文字 </u>
<strike> 带删除线的文字 </strike>
```

以上这几种文字装饰效果的语法类似，只是标签不同。其中，斜体字也可以使用标签 \<I\> 或 \<cite\> 来实现。

接下来，使用 \<em\> 文字斜体标签、\<u\> 文字下画线标签和 \<strike\> 文字删除线标签，为图书商品的推荐内容增添更多文字特效，以让读者眼前一亮，提高商品购买率。例如，

如果商品打折，则可以将商品原来价格的文字添加 <strike> 文字删除线标签，表示不再以原来的价格销售。具体代码如下：

```
01 <!DOCTYPE html>
02 <html>
03 <head>
04 <!-- 指定网页编码格式 -->
05 <meta charset="UTF-8">
06 <!-- 指定页头信息 -->
07 <title> 斜体、下画线、删除线 </title>
08 </head>
09 <body>
10 <!-- 显示商品图片 -->
11 <img src="book.jpg"/>
12 <!-- 显示图书名称，文字用斜体效果 -->
13 <h3> 书名：<em>《JavaScript 从入门到精通》</em></h3>
14 <!-- 显示图书作者 -->
15 <h3> 作者：明日科技 </h3>
16 <!-- 显示出版社 -->
17 <h3> 出版社：人民邮电出版社 </h3>
18 <!-- 显示出版时间，文字用下画线效果 -->
19 <h3> 出版时间：<u>2017 年 1 月 </u></h3>
20 <!-- 显示页数 -->
21 <h3> 页数：436 页 </h3>
22 <!-- 显示图书价格，文字使用删除线效果 -->
23 <h3> 原价：<strike>45.00</strike> 元　促销价格：25.00 元 </h3>
24 </body>
25 </html>
```

执行上面的代码，效果如图 2.6 所示。

图 2.6　活用文字装饰的网页效果

2.2.2 文字的上标与下标

除了设置常见的文字装饰效果，有时还需要为文字设置一种特殊的装饰效果，即上标和下标。上标或下标经常会在数学公式或方程式中出现，其语法格式如下：

```
<sup> 上标标签内容 </sup>
<sub> 下标标签内容 </sub>
```

在该语法中，上标标签和下标标签的使用方法基本相同，只需将文字放在标签中间即可。

接下来，使用 <sup> 上标标签和 <sub> 下标标签实现数学方程式的网页展示。首先将数学方程式中的数字符号全部输入，如输入方程式 "X3+9X2-3=0"，然后将需要设置为上标或下标的数字符号放入上标标签或下标标签中。具体代码如下：

```html
01  <!DOCTYPE html>
02  <html>
03  <head>
04  <!-- 指定网页编码格式 -->
05  <meta charset="UTF-8">
06  <!-- 指定页头信息 -->
07  <title> 上标和下标 </title>
08  </head>
09  <body>
10  <!-- 表示文章标题 -->
11  <h1 align="center"> 上标和下标标签 </h1>
12  <h3 align="center"> 在数字计算中 :</h3>
13  <!-- 使用上标标签，将文字至上 -->
14  <h3 align="center"> 上标：X<sup>3</sup>+9X<sup>2</sup>-3=0</h3>
15  <!-- 使用下标标签，将文字至下 -->
16  <h3 align="center"> 下标：3X<sub>1</sub>+2X<sub>2</sub>=10</h3>
17  </body>
18  </html>
```

执行上面的代码，效果如图 2.7 所示。

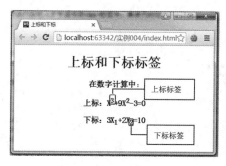

图 2.7 上标和下标标签的界面效果

2.2.3　特殊文字符号

在网页的制作过程中，特殊符号（如引号）也需要使用代码进行控制。一般情况下，特殊符号的代码由前缀"&"、字符名称和后缀分号";"组成，具体如表 2.2 所示。

表 2.2　特殊符号的表示

符　　号	属　性　值	含　　义
"	&quot;	引号
<	&lt;	左尖括号
>	&gt;	右尖括号
×	&times;	乘号
©	&sect;	小节符号
空格		空格占位符

下面通过一个实例，巧用特殊符号绘制一幅可爱小狗的字符画，用来表示未找到的内容，或者是错误的网页内容。在真正的网页设计中，需要设计应对网页出错或未找到网页的解决方案网页，俗称"404 网页"。利用字符画的趣味表现手法，可以进一步提高用户的使用体验。具体代码如下：

```
01  <!DOCTYPE html>
02  <html>
03  <head>
04  <!-- 指定网页编码格式 -->
05  <meta charset="UTF-8">
06  <!-- 指定页头信息 -->
07  <title> 特殊文字符号 </title>
08  </head>
09  <body>
10  <!-- 表示文章标题 -->
11  <h1 align="center"> 汪汪！你想找的网页让我吃喽！ </h1>
12  <!-- 绘制可爱小狗的字符画 -->
13  <pre align="center">
14  .----.
15  _.'__    '.
16  .--($)($$)---/#\
17  .' @        /###\
18  :          ,    #####
19  `-..__.-' _.-\###/
20  `;_:    `"'
21  .'"""""`.
22  /,   hi , \\
23  // 你好！  \\
24  `-._____.-'
```

```
25 ___`. | .'___
26 (_____|_____)
27 </pre>
28 </body>
29 </html>
```

本实例的运行效果如图 2.8 所示。

图 2.8　小狗字符画的网页效果

2.3　段落

在实际的文本编码中，在输入一段文字后，按下键盘上的 Enter 键就生成了一个段落，但是在 HTML5 中需要通过标签来实现段落效果，下面具体介绍和段落相关的一些标签。

2.3.1　段落标签

在 HTML5 中，段落效果是通过 <p> 标签来实现的。<p> 标签会自动在其前后创建一些空白，浏览器会自动添加这些空间。

<p> 标签的语法格式如下：

　　<p> 段落文字 </p>

其中，可以使用成对的 <p> 标签来包含段落，也可以使用单独的 <p> 标签来划分段落。

接下来，使用 <p> 标签实现对明日学院的介绍。首先结合特殊文字符号将"明日学院，专注编程教育十八年"放入 <p> 标签中，然后将明日学院的具体介绍内容分别放在 <p> 标签中，最后结合特殊符号将明日学院的网址放入底部的 <p> 标签中。具体代码如下：

```
01 <!DOCTYPE html>
02 <html>
03 <head>
04 <!-- 指定网页编码格式 -->
05 <meta charset="UTF-8">
```

```
06 <!-- 指定页头信息 -->
07 <title> 段落标签 </title>
08 </head>
09 <body>
10 <!-- 使用段落标签，进行创意性排版 -->
11 <p> ┌─────────┤   明日学院，专注编程教育十八年  ├─────────┐ </p>
12 <p> ‖         明日学院
13    是吉林省明日科技有限公司倾力打造的在线实用    ‖ </p>
14 <p> ‖    技能学习平台，该平台于 2016 年正式上线，主要为学习者提供海
  ‖ </p>
15 <p> ‖    量、优质的课程，课程结构严谨，用户可以根据自身的学习程度，
  ‖ </p>
16 <p> ‖    自主安排学习进度。我们的宗旨是，为编程学习者提供一站式服
  ‖ </p>
17 <p> ‖    务，培养用户的编程思维，小白手册，视频教程，一学就会。
   ‖ </p>
18 <p> └────────┤网址:http://www.mingrisoft.com ├────────┘ </p>
19 </body>
20 </html>
```

执行上面的代码，效果如图 2.9 所示。

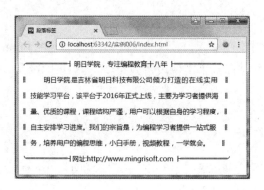

图 2.9　使用 <p> 标签的界面效果

2.3.2　段落的换行标签

段落与段落之间是隔行换行的，这样会导致文字的行间距过大，这时可以使用换行标签来完成文字的紧凑换行显示。

换行标签的语法格式如下：

```
<p>
一段文字 <br/> 一段文字
</p>
```

其中，
 标签代表换行，如果要多次换行，则可以连续使用多个换行标签。

接下来，巧用
 换行标签，实现唐诗《望庐山瀑布》的网页布局。通常可以使用多个 <p> 段落标签达到换行的目的，也可以使用
 换行标签，在 <p> 段落标签内部进行换行。具体代码如下：

```
01 <!DOCTYPE html>
02 <html>
03 <head>
04     <!-- 指定网页编码格式 -->
05     <meta charset="UTF-8">
06     <!-- 指定页头信息 -->
07     <title> 段落的换行标签 </title>
08 </head>
09 <body>
10 <!-- 使用段落标签书写古诗 -->
11 <p align="center">
12     <!-- 使用 2 个换行标签 -->
13     《望庐山瀑布》     李白 <br/><br/>
14     <!-- 使用 1 个换行标签 -->
15     日照香炉生紫烟，遥看瀑布挂前川。<br/>
16     <!-- 使用 1 个换行标签 -->
17     飞流直下三千尺，疑是银河落九天。<br/>
18 </p>
19 </body>
20 </html>
```

执行上面的代码，效果如图 2.10 所示。

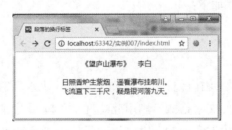

图 2.10　段落换行标签的网页效果

📋 学习笔记

　　
 换行标签语法比较特殊，并不是由开始标签和结束标签组成的，因此初学者经常会写错。例如，在下面代码的第 4 行，
 换行标签就写成了 <b/r>。

```
01 <!-- 使用段落标签书写古诗 -->
02 <p align="center">
03 <!-- 使用 2 个换行标签 -->
```

```
04  《望庐山瀑布》    李白 <b/r/><b/r>
05  <!-- 使用 1 个换行标签 -->
06  日照香炉生紫烟，遥看瀑布挂前川。<br/>
07  <!-- 使用 1 个换行标签 -->
08  飞流直下三千尺，疑是银河落九天。<br/>
09  </p>
```

运行后会出现如图 2.11 所示的网页效果。

图 2.11　
 换行标签写成 <b/r> 出现的错误

2.3.3　段落的原格式标签

在网页制作中，一般是通过各种标签对文字进行排版的。但在实际应用中，往往需要一些特殊的排版效果，此时使用标签控制会非常麻烦。原始排版标签 <pre> 就可以解决这个问题。

<pre> 标签的语法格式如下：

```
<pre>
文本内容
</pre>
```

接下来，利用 <pre> 原始排版标签实现一个"元旦快乐"的字符画。<pre> 原始排版标签可以保留代码中的原始文字格式，利用此特性，可以通过键盘上的特殊符号绘制多种多样的字符画。本实例使用键盘上的 o 键，绘制了一幅"元旦快乐"的字符画。具体代码如下：

```
01  <!DOCTYPE html>
02  <html>
03  <head>
04  <!-- 指定网页编码格式 -->
05  <meta charset="UTF-8">
06  <!-- 指定页头信息 -->
07  <title> 原始排版标签 </title>
08  </head>
09  <body>
```

```
10  <h1> 原始排版标签 --pre</h1>
11  <!-- 使用原始排版标签，输入文字字符画 -->
12  <pre>
13          ○○○○○○○        ○○○○○○○○○    ○        ○          ○○○○○○○○
14        ○○○○○○○○○○○○○    ○       ○       ○      ○○○○○○○        ○    ○
15            ○   ○          ○○○○○○○○○○    ○○      ○    ○        ○○○○○○○○○○○
16            ○   ○          ○       ○     ○  ○○  ○○○○○○○○○               ○
17            ○   ○          ○○○○○○○○○     ○    ○            ○    ○
18          ○     ○          ○       ○            ○      ○          ○  ○○
19          ○     ○○○○○○○    ○○○○○○○○○○○          ○       ○      ○    ○
20  </pre>
21  </body>
22  </html>
```

执行上面的代码，效果如图 2.12 所示。

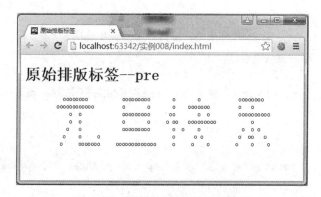

图 2.12　原始排版标签的网页效果

2.4　水平线

水平线用于段落与段落之间的分隔，使文档结构清晰明了、文字的编排更整齐。水平线自身具有很多属性，如宽度、高度、颜色、排列对齐等。在 HTML5 中经常会用到水平线，合理使用水平线可以获取非常好的网页装饰效果。一篇内容繁杂的文档，如果合理放置几条水平线，就会变得层次分明、便于阅读。

2.4.1　水平线标签

在 HTML5 中使用 <hr> 标签创建一条水平线。水平线可以在视觉上将文档分割成几部分。在网页中输入一个 <hr> 标签，就添加了一条默认样式的水平线。

<hr> 标签的语法格式如下:

```
<hr>
```

接下来，使用 <hr> 水平线标签实现一个果酱制作原料的列表清单。可以使用 <hr> 水平线标签在段落之间进行提醒分组，同时可以使用 <hr> 水平线标签制作一些简单的列表清单，如餐厅菜单、食品原料等。具体代码如下:

```
01  <!DOCTYPE html>
02  <html>
03  <head>
04  <!-- 指定网页编码格式 -->
05  <meta charset="UTF-8">
06  <!-- 指定页头信息 -->
07  <title> 水平线标签 </title>
08  </head>
09  <body>
10  <!-- 表示文章主题 -->
11  <h1 align="center"> 果酱制作的材料准备 </h1>
12  <!-- 使用水平线来画表格 -->
13  <hr>
14  <p align="center"> 苹果           两个 </p>
15  <!-- 使用水平线来画表格 -->
16  <hr/>
17  <p align="center"> 方形酥皮          四片 </p>
18  <!-- 使用水平线来画表格 -->
19  <hr/>
20  <p align="center"> 柠檬汁           一匙 </p>
21  <!-- 使用水平线来画表格 -->
22  <hr/>
23  <p align="center"> 砂糖           一匙 </p>
24  <!-- 使用水平线来画表格 -->
25  <hr/>
26  <p align="center"> 肉桂粉           适量 </p>
27  <!-- 使用水平线来画表格 -->
28  <hr/>
29  </body>
30  </html>
```

执行上面的代码，效果如图 2.13 所示。

图 2.13 使用水平线标签的网页效果

2.4.2 水平线标签的宽度

在默认情况下，网页中添加的水平线是 100% 的宽度，而在实际创建网页时，可以对水平线的宽度进行设置，具体语法格式如下：

```
<hr width=" 水平线宽度 ">
```

在该语法中，水平线的宽度值可以是确定的像素值，也可以是窗口宽度值的百分比。

接下来，利用 <hr> 水平线标签中的宽度属性，实现一则微故事的网页文字装饰效果。首先使用 <p> 段落标签，将"故事是这样开始的："文本内容放入其中。然后在 <p> 标签代码上方添加 <hr> 水平线标签，并且添加 width 宽度属性，属性值为 120。具体代码如下：

```
01 <!DOCTYPE html>
02 <html lang="en">
03 <head>
04 <!-- 指定网页编码格式 -->
05 <meta charset="UTF-8">
06 <!-- 指定页头信息 -->
07 <title> 水平线的宽度、高度、颜色 </title>
08 </head>
09 <body>
10 <!-- 设置水平线的宽度，居左 -->
11 <hr width="120" align="left">
12 <p> 故事是这样开始的： </p>
13 <!-- 使用段落标签，输入故事内容 -->
14 <p align="center">
15    当初看《简爱》的时候，哭得稀里哗啦
16 </p>
17 <p align="center">
18    泪点在哪里呢？
19 </p>
```

```
20  <p align="center">
21      我喜欢悲伤的故事
22  </p>
23  <p align="center">
24      不喜欢悲伤的结局
25  </p>
26  <!-- 设置水平线的宽度，居右 -->
27  <hr width="120" align="right">
28  <p align="right"> 故事就这样结束了 <p>
29  </body>
30  </html>
```

执行上面的代码，效果如图 2.14 所示。

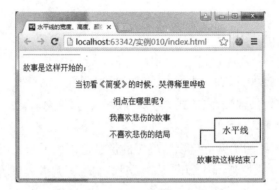

图 2.14　利用 <hr> 水平线标签装饰文字

第 3 章　图像和超链接

万维网与其他网络类型（如 FTP）最大的不同就在于它在网页上可呈现丰富的色彩及图像。用户可以在网页中放入自己的照片、公司的商标，还可以把图像作为一个按钮链接另一个网页，使网页更加丰富多彩。

3.1　添加图像

3.1.1　图像的基本格式

如今的网页越来越丰富多彩，是因为添加了各种各样的图像，对网页进行了美化。当前万维网上流行的图像格式以 GIF 和 JPEG 为主，另外，PNG 格式的图像文件也越来越多地被应用于网络中。下面分别对这 3 种图像格式进行介绍。

1. GIF 格式

GIF 格式采用 LZW 压缩，是以压缩相同颜色的色块来减小图像文件大小的。由于 LZW 压缩不会造成任何品质上的损失，而且压缩效率高，再加上 GIF 在各种平台上都可以使用，所以很适合在互联网上使用，但 GIF 只能处理 256 色。

GIF 格式适用于商标、新闻式的标题或其他小于 256 色的图像。想要将图像以 GIF 的格式存储，可以使用 LZW 压缩方法。

LZW 压缩是一种能将数据中重复字符串进行编码从而制作成数据流的一种压缩方法，通常应用于 GIF 格式的图像文件。

2. JPEG 格式

对于照片之类全彩的图像，通常都是以 JPEG 格式来进行压缩的，也可以说，JPEG 格式是通常用来保存超过 256 色的图像格式。JPEG 的压缩过程会造成一些图像数据的损失（剔除了一些视觉上不容易觉察的部分）。如果剔除适当，那么不但在视觉上能够接受，图像的压缩效率也会提高；反之，如果剔除太多的图像数据，则会造成图像过度失真。

3. PNG 格式

PNG 格式是一种非破坏性的网页图像文件格式，它提供了将图像文件以最小的方式压缩却又不造成图像失真的技术。PNG 格式不仅具备 GIF 格式的大部分优点，还支持 48bit 的色彩，具有更快的交错显示、跨平台的图像亮度控制、更多层的透明度设置等功能。

3.1.2　在 HTML 中添加图像

有了图像文件之后，就可以使用 <img> 标签将图像插入网页中，从而达到美化网页的目的，其语法格式如下：

```
<img src=" 图像文件的地址 ">
```

src 用来设置图像文件所在的地址，这一路径可以是相对地址，也可以是绝对地址。

绝对地址就是主页上的文件或目录在硬盘上的真正路径，如路径 D:\mr\5\5-1.jpg。使用绝对地址定位链接目标文件比较清晰，但是有两个缺点：一是需要输入更多的内容；二是如果该文件被移动了，就需要重新设置所有的相关链接。例如，在本地测试网页时，链接全部可用；但是到了网上，链接就不可用了。

相对地址最适合网站的内部文件引用。只要属于同一网站（即使不在同一目录下），相对地址就非常适用。只要是处于站点文件夹之内，相对地址就可以自由地在文件之间构建链接。这种地址形式利用的是，构建链接的两个文件之间的相对关系不受站点文件夹所处服务器位置的影响。因此这种书写形式省略了绝对地址中的相同部分。这样做的优点是：当站点文件夹所在服务器地址发生改变时，文件夹的所有内部文件地址都不会出现问题。

相对地址的使用方法如下。

（1）如果要引用的文件位于该文件的同一目录下，则只需输入要链接文档的名称即可，如 5-1.jpg。

（2）如果要引用的文件位于该文件的下一级目录中，则只需首先输入目录名，然后加"/"，最后输入文件名即可，如 mr/5-2.jpg。

（3）如果要引用的文件位于该文件的上一级目录中，则需先输入"../"，再输入目录名、文件名，如 ../ ../mr/5-2.jpg。

下面通过一个实例，在 HTML 网页中，分别通过 <h2> 标签添加网页的标题，然后分别使用 <p> 标签和 <img> 标签添加文本与图片，实现五子棋的游戏简介。具体代码如下：

```
01    <body>
02    <!-- 插入五子棋游戏的文字简介 -->
03    <h2 align="center">《五子棋》游戏简介 </h2>
04    <p>  《五子棋》是由明日科技研发的一款老少皆宜的休闲类棋牌游戏，画
面简单大方，不仅能提高思维能力，还富含哲理，有助于修身养性。</p>
05    游戏规则：
06    <p>  玩游戏时，既可以选择随机匹配玩家，也可以选择与朋友对弈，或者
选择人机对弈。游戏中，最先在棋盘的横向、纵向或斜向形成连续且相同的五个棋子的一方获胜。</p>
07    <!-- 插入五子棋的游戏图片，并且设置水平间距为180px-->
```

```
08    <img src="img/wuzi.png" alt="" hspace="180">
09    </body>
```

编辑完代码后，在浏览器中打开文件，网页效果如图 3.1 所示。

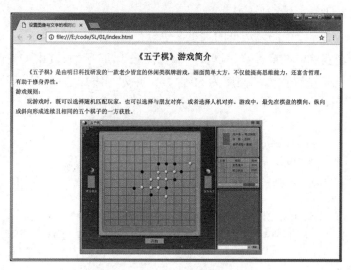

图 3.1　添加文本和图片的效果

3.2　设置图像属性

3.2.1　图像大小与边框

在网页中直接插入图片时，图像的大小和原图的大小是相同的，而在实际应用时，则可以通过对各种图像属性进行设置来调整图像的大小、边框等。

1. 调整图像大小

在 <img> 标签中，通过 height 属性和 width 属性可以设置图像的高度和宽度，其语法格式如下：

```
<img src=" 图像文件的地址 " height="" width="">
```

其中，height 用于设置图像的高度，单位是像素，可以省略；width 用于设置图像的宽度，单位是像素，也可以省略。

📖 **学习笔记**

在设置图像大小时，如果只设置了高度或宽度，则另一个参数会按照相同比例进行调整。如果同时设置两个属性，且在缩放比例不同的情况下，那么图像很可能变形。

2. 设置图像边框——border

默认情况下在网页中插入的图像是没有边框的，但是可以通过 border 属性为图像添加边框，其语法格式如下：

```
<img src=" 图像文件的地址 " border="">
```

其中，border 用于设置图像边框的大小，单位是像素。

下面通过一个实例，在商品详情网页中添加两张手机图片，其中一张设置宽度和高度为 350 像素，另一张设置宽度和高度为 50 像素，并为其添加边框，边宽大小为 2 像素，代码如下：

```
01  <body>
02  <div class="mr-content">
03      <!-- 添加第一张图片，并设置图片没有边框 -->
04  <img src="images/img.jpg" alt="" height="350" width="350"
border="0"><br/>
05      <!-- 添加第二张图片，并设置图片边框大小为 2 像素 -->
06  <img src="images/img.jpg" alt="" height="50" width="50"
border="2">
07  </div>
08  </body>
```

编辑完代码后，在浏览器中运行，网页效果如图 3.2 所示。

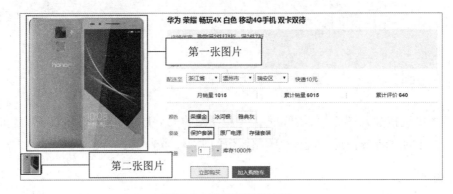

图 3.2　设置图像的边框

📖 学习笔记

　　上述程序运用了 <div> 标签，<div> 标签是 HTML 中一种常用的块级元素，使用它可以在 CSS 中方便地设置图像的宽、高，以及内、外边距等样式。另外，本实例还运用 CSS 给网页添加了背景图像、设置网页内容居中，关于 CSS 的具体知识会在第 4 章进行介绍，本实例的具体 CSS 代码请参照配套资源中的源码。

3.2.2 图像间距与对齐方式

HTML5 不仅可以在网页中添加图像，还可以调整图像在网页中的间距和对齐方式，从而改变图像的位置。

1. 调整图像间距

如果不使用
 标签或 <p> 标签进行换行显示，那么添加的图像会紧跟在文字之后。可以通过 hspace 和 vspace 属性来调整图像与文字之间的距离，使图像与文字的排版更加协调，其语法格式如下：

```
<img src=" 图像文件的地址 "hspace="" vspace="">
```

其中，hspace 用于设置图像的水平间距，单位是像素，可以省略；vspace 用于设置图像的垂直间距，单位是像素，也可以省略。

2. 设置图像相对于文字基准线的对齐方式

图像和文字之间的排列通过 align 参数来调整，其对齐方式可分为两类，即绝对对齐方式和相对文字对齐方式。绝对对齐方式包括左对齐、右对齐和居中对齐 3 种，相对文字对齐方式是指图像与一行文字的相对位置。相对文字对齐方式的语法格式如下：

```
<img src=" 图像文件的地址 " align=" 相对文字的对齐方式 ">
```

在该语法中，align 的取值及含义如表 3.1 所示。

表 3.1 图像相对文字的对齐方式

align 的取值	表示的含义
top	把图像的顶部和同行的最高部对齐（可能是文本的顶部，也可能是图像的顶部）
middle	把图像的中部和行的中部对齐（通常是文本行的基线，并不是实际的行的中部）
bottom	把图像的底部和同行文本的底部对齐
texttop	把图像的底路和同行文本的顶端对齐
absmiddle	把图像的中部和同行中最大项的中部对齐
baseline	把图像的底部和文本的基线对齐
absbottom	把图像的底部和同行中的最低项对齐
left	使图像和左边界对齐（文本环绕图像）
right	使图像和右边界对齐（文本环绕图像）

下面通过一个实例，在头像选择网页插入两行供选择的头像图片，并设置图像与同行文字中部对齐。具体代码如下：

```
01  <body>
02      <h3> 请选择您喜欢的头像：</h3>
03      <hr size="2" />
04      <!-- 在插入的两行头像图片中，分别设置图片的对齐方式为 middle-->
05      第一行人物头像<img src="images/01.gif" border="1" align="middle"/>
```

```
06                      <img src="images/02.gif" border="1" align="middle "/>
07                      <img src="images/03.gif" border="1" align="middle "/>
08                      <img src="images/04.gif" border="1" align="middle "/>
09      <br /><br />
10      第二行人物头像<img src="images/8.gif" border="1" align="middle"/>
11                      <img src="images/9.gif" border="1" align="middle"/>
12                      <img src="images/10.gif" border="1"align="middle"/>
13                      <img src="images/11.gif" border="1"align="middle"/>
14  </body>
```

编辑完代码后，在浏览器中运行，网页效果如图 3.3 所示。

图 3.3　设置图像与同行文字的中部对齐

3.2.3　替换文本与提示文字

在 HTML 中，可以通过为图像设置替换文本和提示文字来添加提示信息，其中，提示文字是当鼠标悬停在图像上时显示；替换文本是在图像无法正常显示时显示，用以告知用户这是一张什么图片。

1.　添加图像的提示文字——title

通过 title 属性可以为图像设置提示文字。当浏览网页时，如果图像下载完成，那么当将鼠标指针放在该图像上时，鼠标指针旁边会出现提示文字。也就是说，当鼠标指针指向图像上方时，可以出现图像的提示文字，用于说明或描述图像，其语法格式如下：

```
<img src=" 图像文件的地址 " title="">
```

其中，title 后面的双引号中的内容为图像的提示文字。

2.　添加图像的替换文本——alt

在图像由于下载或路径问题无法显示时，可以通过 alt 属性在图像的位置显示定义的替换文本，其语法格式如下：

```
<img src=" 图像文件的地址 " alt="">
```

其中，alt 后面的双引号中的内容为图像的替换文本。

学习笔记

在上面的语法中，提示文字和替换文本的内容可以是中文，也可以是英文。

下面通过一个实例，在五子棋游戏简介网页中，为图像添加提示文字与替换文本。具体代码如下：

```
01  <body>
02  <h2 align="center">《五子棋》游戏简介 </h2>
03  <p>  《五子棋》是由明日科技研发的一款老少皆宜的休闲类棋牌游戏，画面简单大方，不仅能提高思维能力，还富含哲理，有助于修身养性。</p>
04  游戏规则：
05  <p>  玩游戏时，既可以随机选择匹配玩家，也可以选择与朋友对弈，或者选择人机对弈。游戏中，最先在棋盘的横向、纵向或斜向形成连续且相同的五个棋子的一方获胜。</p>
06  <!-- 插入五子棋的游戏图片，并设置其提示文字和替换文本 -->
07  <img src="img/gamehall.jpg" alt="游戏大厅" title="欢迎进入五子棋游戏大厅" hspace="50" align="top">
08  <img src="img/welcome.png" alt="五子棋欢迎界面" title="欢迎体验五子棋游戏" height="400">
09  </body>
```

编辑完代码后，在浏览器中运行，网页效果如图 3.4 所示，其中左边图像由于格式错误，无法正常显示，因此图像位置显示替换文本"游戏大厅"；而当将鼠标指针放置在右边图像上时，会显示提示文字。

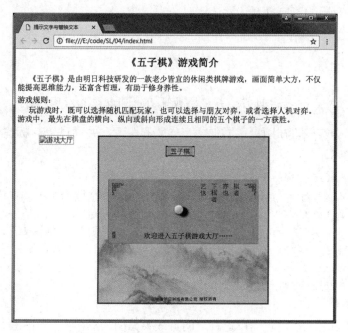

图 3.4 设置图像提示文字和替换文本

3.3 链接标签

链接的全称为超文本链接，也称超链接，是 HTML 的一个很强大且非常有价值的功能。链接可以实现将文档中的文字或图像与另一个文档、文档的一部分或一幅图像链接在一起。一个网站是由多个网页组成的，网页之间依据链接确定相互的导航关系。当在浏览器中单击这些对象时，浏览器可以根据指示载入一个新的网页，或者转到网页的其他位置。常用的链接分为文本链接和书签链接。下面具体介绍这两种链接的使用方法。

3.3.1 文本链接

在网页中，文本链接是最常见的。文本链接通过网页中的文件和其他文件进行链接，其语法格式如下：

```
<a href="" target=""> 链接文字 </a>
```

其中，href 为链接地址，是 Hypertext Reference 的缩写；target 为打开新窗口的方式。target 属性主要有以下 4 个属性值。

（1）_blank：新建一个窗口打开。

（2）_parent：在上一级窗口打开，常在分帧的框架网页中使用。

（3）_self：在同一窗口打开，默认值。

（4）_top：在浏览器的整个窗口打开，将忽略所有框架结构。

📖 学习笔记

> 在上述语法中，链接地址可以是绝对地址，也可以是相对地址。

下面通过一个实例，在网页中添加文字导航和图像，并通过 <a> 标签为每个导航栏添加链接。具体代码如下：

```
01  <div class="mr-cont">
02      <img src="img/logo.png" alt="51 购商城 ">   
03      <a href="#"> 首页 </a>   
04      <a href="link.html" target="_blank"> 手机酷玩 </a>    
05      <a href="link.html"target="_blank"> 精品抢购 </a>    
06      <a href="link.html"target="_blank"> 手机配件 </a><br>
07      <img src="img/ban.jpg" alt="">
08  </div>
```

完成代码编辑后，在浏览器中运行，网页效果如图 3.5 所示，当单击"手机酷玩""精品抢购""手机配件"时，网页会跳转到 51 购商城的欢迎界面，如图 3.6 所示。

图 3.5　51 购商城导航网页

图 3.6　51 购商城的欢迎界面

📋 **学习笔记**

在填写链接地址时，为了简化代码，并避免文件位置改变而导致链接出错，一般使用相对地址。

3.3.2　书签链接

在浏览网页时，如果网页的内容较多、网页过长，那么需要不断拖动滚动条，很不方便（如果要寻找特定的内容，那么将更加不方便）。这时如果在该网页或另外一个网页上建立目录，那么浏览者只要单击目录上的项目就能自动跳转到网页相应的位置进行阅读，这样无疑是方便的，并且还可以在网页中设定诸如"返回页首"之类的链接。这就称为书签链接。

建立书签链接分为两步：一是建立书签，二是为书签制作链接。

下面通过一个实例，在网页中添加书签链接，在单击文字时，网页会跳转到相应位置。实现过程如下。

（1）建立书签。分别为每一版块位置后面的文字（如"华为荣耀""华为 p8"等）建立书签。部分代码如下：

```
01      <div class="mr-txt">
02    <h3>  位置：<a name="rongyao"> 华为荣耀 </a><a href="#top">>>> 回到
顶部 </a></h3>
03        <div class="mr-phone rongyao">
04       <div class="mr-pic"><img src="images/ry1.jpg" alt=""></div>
05       <div class="mr-pic"><img src="images/z5.jpg" alt=""></div>
06       <div class="mr-pic"><img src="images/z7.jpg" alt=""></div>
07       <div class="mr-pic"><img src="images/ry4.jpg" alt=""></div>
08       <div class="mr-pic"><img src="images/ry5.jpg" alt=""></div>
09       <div class="mr-pic"><img src="images/ry6.jpg" alt=""></div>
10       <div class="mr-pic"><img src="images/ry7.jpg" alt=""></div>
11       <div class="mr-pic"><img src="images/ry8.jpg" alt=""></div>
12      </div>
13     <h3 class="local">  位置：<a name="mate8"> 华为 mate8<a href=
"#top">>>> 回到顶部 </a></h3>
14      <div class="mr-phone mate8">
15  <div class="mr-pic"><img src="images/mate81.jpg" alt=""></div>
16       <div class="mr-pic"><img src="images/mate82.jpg" alt=""></div>
17       <div class="mr-pic"><img src="images/mate89.jpg" alt=""></div>
18       <div class="mr-pic"><img src="images/mate84.jpg" alt=""></div>
19       <div class="mr-pic"><img src="images/mate85.jpg" alt=""></div>
20       <div class="mr-pic"><img src="images/mate86.jpg" alt=""></div>
21       <div class="mr-pic"><img src="images/mate87.jpg" alt=""></div>
22       <div class="mr-pic"><img src="images/mate88.jpg" alt=""></div>
23      </div>
24     <h3 class="local">  位 置：<a name="huaweip8"> 华 为 p8</a> <a
href="#top">>>> 回到顶部 </a></h3>
```

（2）给网页导航部分的书签建立链接，代码如下：

```
25      <div class="mr-top">
26       <a name="top"><div class="mr-nav">
27        <ul>
28         <li><a href="#rongyao"> 华为荣耀 </a></li>
29         <li><a href="#mate8"> 华为 mate8</a></li>
30         <li><a href="#huaweip8"> 华为 p8</a></li>
31         <li><a href="#huawei5c"> 华为 5a</a></li>
32         <li><a href="#huaweig9"> 华为 g9</a></li>
33        </ul>
```

```
34          <img class="mr-banner"src="images/1.jpg"width='945' height=
"430"></a>
35          </div>
36       </div>
```

完成代码编辑后,在浏览器中打开文件,网页效果如图3.7所示,当单击"华为荣耀""华为mate8"等文字时,网页会跳转到相应位置。

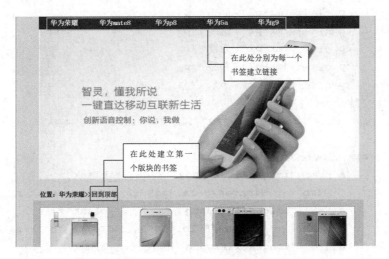

图 3.7　实现在 51 商城手机网页中添加书签链接

📋 **学习笔记**

本实例使用了 CSS 样式,有关 CSS 的内容,请参照第 4 章。另外,上述实例的详细代码请参照配套资源中的源码。

3.4　图像的链接

3.4.1　为图像添加链接

对于给一幅图像文件设置链接来说,实现的方法比较简单,其实现方法与文本链接的实现方法类似,语法格式如下:

`<a href=" 链接地址 " target=" 目标窗口的打开方式 "><img src=" 图像文件的地址 "> </a>`

在该语法中,href 参数用来设置图像的链接地址,而在图像属性中可以添加图像的其他参数,如 height、border、hspace 等。

下面通过一个实例,新建一个 HTML 文件,应用 <img> 标签添加 5 张手机图片,并为其设置链接,然后应用 <img> 标签添加 5 张购物车图标,代码如下:

```
01  <div id="mr-content">
02      <div class="mr-top">
03          <h2> 手机 </h2>                          <!-- 通过 <h2> 标签添加二级标题 -->
04          <p class="mr-p1"> 手机风暴 </p>    <!-- 通过 <p> 标签添加文字 -->
05          <p class="mr-p2">></p>
06          <p class="mr-p2"> 更多手机 </p>
07          <p class="mr-p2">OPPO</p>
08          <p class="mr-p2"> 联想 </p>
09          <p class="mr-p2"> 魅族 </p>
10          <p class="mr-p2"> 乐视 </p>
11          <p class="mr-p2"> 荣耀 </p>
12          <p class="mr-p2"> 小米 </p>
13      </div>
14      <img src="images/8-1.jpg" alt="" class="mr-img1">  <!-- 通过 <img>
标签添加图片 -->
15      <div class="mr-right">
16          <a href="images/link.png" target="_blank">
17              <img src="images/8-1a.jpg" alt="" att="a"></a>
18          <a href="images/link.png" target="_blank">
19              <img src="images/8-1b.jpg" alt="" att="b"></a><br/>
20          <a href="images/link.png" target="_blank">
21              <img src="images/8-1c.jpg" alt="" att="c"></a>
22          <a href="images/link.png" target="_blank">
23              <img src="images/8-1d.jpg" alt="" att="d"></a>
24          <a href="images/link.png" target="_blank">
25              <img src="images/8-1e.jpg" alt="" att="e"></a>
26          <img src="images/8-1g.jpg" alt="" class="mr-car1">
27          <img src="images/8-1g.jpg" alt="" class="mr-car2">
28          <img src="images/8-1g.jpg" alt="" class="mr-car3">
29          <img src="images/8-1g.jpg" alt="" class="mr-car4">
30          <img src="images/8-1g.jpg" alt="" class="mr-car5">
31          <p class="mr-price1">OPPO R9 Plus<br/><span>3499.00</span></p>
32          <p class="mr-price2">vivo Xplay6<br/><span>4498.00</span></p>
33          <p class="mr-price3">Apple iPhone 7<br/><span>5199.00</span></p>
34          <p class="mr-price4">360 NS4<br/><span>1249.00</span></p>
35          <p class="mr-price5"> 小米 Note4<br/><span>1099.00</span></p>
36      </div>
37  </div>
```

编辑完代码后，在浏览器中运行，可以看到如图 3.8 所示的网页。单击手机图片，网页将跳转到该商品详情页，如图 3.9 所示。

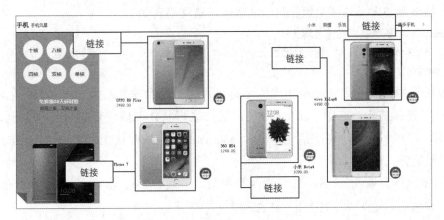

图 3.8　商品展示网页的效果

图 3.9　跳转后的商品详情网页

📋 **学习笔记**

本实例使用了 CSS 样式，有关 CSS 的内容，请参照第 4 章。

3.4.2　图像热区链接

除了对整个图像进行链接的设置，还可以将图像划分成不同的区域进行链接设置。而包含热区的图像也可以称为映射图像。

在为图像设置热区链接时，大致需要经过以下两步。

（1）首先需要在图像文件中设置映射图像的名称。在添加图像的 <img> 标签中使用 usemap 属性添加图像要引用的映射图像的名称，语法格式如下：

  `<img src="图像地址" usemap="映射图像名称">`

（2）然后需要定义热区图像和热区的链接，语法格式如下：

```
<map name=" 映射图像名称 ">
    <area shape=" 热区形状 " coords=" 热区坐标 " href=" 链接地址 " />
</map>
```

在该语法中，要先定义映射图像的名称，再引用这个映射图像。在 <area> 标签中定义热区的位置和链接，其中，shape 用来定义热区形状，取值可以为 rect（矩形区域）、circle（圆形区域）、poly（多边形区域）；coords 用来设置热区坐标，对于不同的形状，coords 设置的方式也不同。

① 对于矩形区域 rect，coords 包含 4 个参数，分别为 left、top、right 和 bottom，可以将这 4 个参数看作矩形两个对角的点坐标。

② 对于圆形区域 circle，coords 包含 3 个参数，分别为 center-x、center-y 和 tadius，可以将这 3 个参数看作圆形的圆心坐标（x，y）与半径。

③ 对于多边形区域 poly，设置坐标（与多边形的形状息息相关）参数比较复杂。coords 需要按照顺序（可以是逆时针，也可以是顺时针）取各个点的 x、y 坐标值。由于定义坐标比较复杂而且难以控制，所以一般情况下都使用可视化软件对这种参数进行设置。

下面通过一个实例，新建一个 HTML 文件，然后使用 <img> 标签添加图片，并为图像添加热区链接。代码如下：

```
01  <div id="mr-cont">
02      <img class="addr" src="img/big.png" usemap="mr-hotpoint" />
03      <map name="mr-hotpoint">
04          <area shape="rect" coords="45,126,143,203" href="img/ad.jpg"
title=" 电脑精装 " target="_blank"/>
05          <area shape="rect"coords="410,80,508,174" href="img/ad4.png"
title=" 常用家电 " target="_blank" />
06          <area shape="rect" coords="30,250,130,350" href="img/ad1.
png" title=" 手机数码 " target="_blank"  />
07          <area shape="rect" coords="430,224,528,318" href="img/ad3.
png"title=" 鲜货直达 "target="_blank"/>
08      </map>
09  </div>
```

编辑完代码后，在浏览器中运行文件，可以看到在打开的网页中包含一张图片，如图 3.10 所示。当单击图片中的"电脑精装"彩色会话框时，网页会跳转至如图 3.11 所示的电脑图片。

📖 **学习笔记**

单击图片中的其他 3 个彩色会话框，网页将跳转到对应的图片。本实例就不一一展示了。

图 3.10　图像热区链接网页的效果

图 3.11　单击热区链接的跳转网页

第 4 章　表格与 <div> 标签

表格是在网页设计中经常使用的表现形式，表格可以存储更多内容，可以方便地传达信息。<div> 标签可以统一管理其他标签，如标题标签、段落标签等。形象地说，其他标签如同一个个小箱子，可以放入 <div> 标签这个大箱子中。这样做的好处是，可以对越来越多的标签进行分组和管理。本章会详细讲解表格和 <div> 标签的相关内容。

4.1　简单表格

表格是用于排列内容的最佳手段。在 HTML 网页中，很多网页都是使用表格进行排版的。简单的表格是由 <table> 标签、<tr> 标签和 <td> 标签组成的。通过使用 <table> 表格标签，可以完成课程表、成绩单等常见表格的制作。

4.1.1　简单表格的制作

表格标签是 <table>…</table>，表格的其他标签只有在表格的开始标签 <table> 和表格的结束标签 </table> 间才有效。用于制作表格的主要标签如表 4.1 所示。

表 4.1　用于制作表格的主要标签

标　　签	含　　义
<table>	表格标签
<tr>	行标签
<td>	单元格标签

<table> 标签的语法格式如下：

```
<table>
    <tr>
        <td> 单元格内的文字 </td>
        <td> 单元格内的文字 </td>
        …
    </tr>
    <tr>
        <td> 单元格内的文字 </td>
```

```
    <td> 单元格内的文字 </td>
    ...
  </tr>
  ...
</table>
```

在该语法中，<table> 和 </table> 标签分别标志着一个表格的开始和结束；<tr> 和 </tr> 标签分别标志着表格中一行的开始和结束，在表格中包含几组 <tr>…</tr> 标签，就表示该表格为几行；<td> 和 </td> 标签标志着一个单元格的开始和结束，即表示一行中包含了几列。

接下来通过一个实例，巧用 <table> 表格标签、<tr> 行标签和 <td> 单元格标签，实现一个考试成绩单表格的制作。首先通过 <table> 表格标签，创建一个表格框架，然后通过 <tr> 行标签，创建表格中的一行，最后使用 <td> 单元格标签，输入具体的内容。具体代码如下：

```
01  <!DOCTYPE html>
02  <html>
03  <head>
04  <!-- 指定网页编码格式 -->
05  <meta charset="UTF-8">
06  <!-- 指定页头信息 -->
07  <title> 基本表格 </title>
08  </head>
09  <body>
10  <h1 align="center"> 基本表格 -- 考试成绩表 </h1>
11  <!--<table> 为表格标签 -->
12  <table align="center">
13      <!--<tr> 为行标签 -->
14      <tr>
15          <!--<th> 为表头标签 -->
16          <th> 姓名 </th>
17          <th> 语文 </th>
18          <th> 数学 </th>
19          <th> 英语 </th>
20      </tr>
21      <tr>
22          <!--<td> 为单元格标签 -->
23          <td> 王佳 </td>
24          <td>94 分 </td>
25          <td>89 分 </td>
26          <td>56 分 </td>
27      </tr>
28      <tr>
29          <td> 李翔 </td>
```

```
30              <td>76 分 </td>
31              <td>85 分 </td>
32              <td>88 分 </td>
33          </tr>
34          <tr>
35              <td> 张莹佳 </td>
36              <td>89 分 </td>
37              <td>86 分 </td>
38              <td>97 分 </td>
39          </tr>
40      </table>
41  </body>
42  </html>
```

本实例的运行效果如图 4.1 所示。

图 4.1　考试成绩表的界面效果

📋 学习笔记

如果开始标签与属性之间漏加空格，如把 <table align="center"> 写成 <tablealign="center">，则会导致浏览器无法识别 <table> 标签，从而导致网页布局错乱。例如，在下面代码的第 1 行处，<table align="center"> 就写成了 <tablealign="center">。

```
01  <tablealign="center">
02      <!--<tr> 为行标签 -->
03      <tr>
04          <!--<td> 为表头标签 -->
05          <th> 姓名 </th>
06          <th> 语文 </th>
07          <th> 数学 </th>
08          <th> 英语 </th>
09      </tr>
10      <!—省略部分代码 -->
11  </table>
```

运行上述代码将出现如图 4.2 所示的错误界面。

图 4.2　表格标签漏加空格的错误界面

4.1.2　表头的设置

表格中还有一种特殊的单元格，称为表头。表头一般位于表格第一行，用来表明该列的内容类别，用 <th> 和 </th> 标签来表示。<th> 标签的使用方法与 <td> 标签的使用方法相同，但是 <th> 标签中的内容是加粗显示的，其语法格式如下：

```
<table>
    <caption> 表格的标题 </caption>
    <tr>
        <th> 表格的表头 </th>
        <th> 表格的表头 </th>
        …
    </tr>
    <tr>
        <td> 单元格内的文字 </td>
        <td> 单元格内的文字 </td>
        …
    </tr>
    …
</table>
```

📋 **学习笔记**

　　在编写代码的过程中，结束标签不要忘记添加"/"。

　　下面的实例使用 <table> 表格标签、<caption> 表格标题标签、<th> 表头标签、<tr> 行标签和 <td> 单元格标签，实现了一个简单的课程表的制作。首先通过 <table> 标签，创建一个表格，然后利用 <caption> 表格标题标签，制作表头文字"简单课程表"，最后使用 <tr> 行标签和 <td> 单元格标签，输入课程表的内容。具体代码如下：

```
01  <!DOCTYPE html>
02  <html>
03  <head>
04  <!-- 指定网页编码格式 -->
05  <meta charset="UTF-8">
06  <!-- 指定页头信息 -->
07  <title> 简单课程表 </title>
08  </head>
09  <body>
10  <!--<table> 为表格标签 -->
11  <table align="center">
12      <!--<caption> 为表格标题标签 -->
13      <caption> 简单课程表 </caption>
14      <!--<tr> 为行标签 -->
15      <tr>
16          <!--<th> 为表头标签 -->
17          <th> 星期一 </th>
18          <th> 星期二 </th>
19          <th> 星期三 </th>
20          <th> 星期四 </th>
21          <th> 星期五 </th>
22      </tr>
23      <tr>
24          <!--<td> 为单元格标签 -->
25          <td> 数学 </td>
26          <td> 语文 </td>
27          <td> 数学 </td>
28          <td> 语文 </td>
29          <td> 数学 </td>
30      </tr>
31      <tr>
32          <td> 语文 </td>
33          <td> 数学 </td>
34          <td> 语文 </td>
35          <td> 数学 </td>
36          <td> 语文 </td>
37      </tr>
38      <tr>
39          <td> 体育 </td>
40          <td> 语文 </td>
41          <td> 英语 </td>
42          <td> 综合 </td>
43          <td> 语文 </td>
44      </tr>
```

```
45   </table>
46   </body>
47   </html>
```

本实例的运行效果如图 4.3 所示。

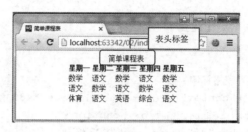

图 4.3 简单课程表的界面效果

4.2 表格的高级应用

4.2.1 表格的样式

除了基本表格，表格还可以设置一些基本的样式属性。例如，可以设置表格的宽度、高度、对齐方式、插入图片等。

语法格式如下：

```
<table>
    <caption> 表格的标题 </caption>
    <tr>
        <th> 表格的表头 </th>
        <th> 表格的表头 </th>
        ...
    </tr>
    <tr>
        <td><img src=" 引入图片路径 "></td>
        <td><img src=" 引入图片路径 "></td>
        ...
    </tr>
    ...
</table>
```

通过一个实例，在 <td> 单元格标签中插入 <img> 图标标签，实现一个商品推荐表格的制作。首先通过 <table> 表格标签，创建一个表格框架，然后利用 <tr> 行标签和 <td> 单元格标签，输入商品的文字内容，最后在最末一组 <td> 单元格标签中使用 <img> 图标标签，在单元格中插入具体商品图片。具体代码如下：

```
01  <!DOCTYPE html>
02  <html>
03  <head>
04  <!-- 指定网页编码格式 -->
05  <meta charset="UTF-8">
06  <!-- 指定页头信息 -->
07  <title> 商品表格 </title>
08  </head>
09  <body>
10  <!--<table> 为表格标签 -->
11  <table align="center" width="66%" height="480" align="center">
12      <caption><b> 商品表格 </b></caption>
13      <tr  height="36" bgcolor="#DD2727">
14          <th> 潮流前沿 </th>
15          <th> 手机酷玩 </th>
16          <th> 品质生活 </th>
17          <th> 国际海购 </th>
18          <th> 个性推荐 </th>
19      </tr>
20      <!-- 在单元格中加入介绍文字 -->
21      <tr align="center">
22          <td> 换新 </td>
23          <td> 手机馆 </td>
24          <td> 必抢 </td>
25          <td> 识货 </td>
26          <td> 囤货 </td>
27      </tr>
28      <!-- 在单元格中加入介绍文字 -->
29      <tr align="center">
30          <td> 品牌精选新品 </td>
31          <td> 手机新品 </td>
32          <td> 巨超值 卖疯了 </td>
33          <td> 全球最热好货 </td>
34          <td> 居家必备 </td>
35      </tr>
36      <!-- 在单元格中加入图片装饰 -->
37      <tr align="center">
38          <td><img src="images/1.jpg" alt=""></td>
39          <td><img src="images/2.jpg" alt=""></td>
40          <td><img src="images/3.jpg" alt=""></td>
41          <td><img src="images/4.jpg" alt=""></td>
42          <td><img src="images/5.jpg" alt=""></td>
43      </tr>
44  </table>
45  </body>
46  </html>
```

本实例的运行效果如图 4.4 所示。

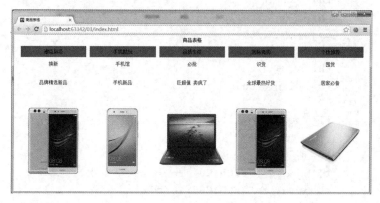

图 4.4 商品推荐表格的界面效果

4.2.2 表格的合并

表格的合并是指在复杂的表格结构中,有些单元格是跨多列的,有些单元格是跨多行的,其语法格式如下:

```
<td colspan=" 跨的列数 ">
<td rowspan=" 跨的行数 ">
```

在该语法中,跨的列数是指单元格在水平方向上跨的列数;跨的行数是指单元格在垂直方向上跨的行数。

通过一个实例,使用 <tr> 行标签中的 rowspan 属性,将多行合并成一行,实现一个较复杂的课程表的制作。首先使用 <table> 表格标签,新建一个表格框架,然后通过 <tr> 行标签和 <td> 单元格标签,完成常规表格的制作,最后在希望合并的单元格标签 <td> 中,添加属性 rowspan,属性值为 2,表示将两行合并为一行。关键代码如下:

```
01  <!DOCTYPE html>
02  <html>
03  <head>
04  <!-- 指定网页编码格式 -->
05  <meta charset="UTF-8">
06  <!-- 指定页头信息 -->
07  <title> 复杂课程表 </title>
08  </head>
09  <body style="background-image:url(images/bg.jpg) ">
10  <h1 align="center"> 课   程   表 </h1>
11  <!--<table> 为表格标签 -->
12  <table align="center" border="1px" cellpadding="10%" >
13      <!-- 课程表日期 -->
14      <tr bgcolor="#A5FEDE">
```

```
15              <th></th>
16              <th></th>
17              <th> 星期一 </th>
18              <th> 星期二 </th>
19              <th> 星期三 </th>
20              <th> 星期四 </th>
21              <th> 星期五 </th>
22          </tr>
23          <!-- 课程表内容 -->
24          <tr align="center">
25              <!-- 使用 rowspan 属性进行列合并 -->
26              <td bgcolor="#FCD1C0" rowspan="2"> 上午 </td>
27              <td bgcolor="#FCD1C0">1</td>
28              <td> 数学 </td>
29              <td> 语文 </td>
30              <td> 英语 </td>
31              <td> 体育 </td>
32              <td> 语文 </td>
33          </tr>
34          <!-- 课程表内容 -->
35          <tr align="center">
36              <td bgcolor="#FCD1C0">2</td>
37              <td> 音乐 </td>
38              <td> 英语 </td>
39              <td> 政治 </td>
40              <td> 美术 </td>
41              <td> 音乐 </td>
42          </tr>
43          <!-- 省略部分代码 -->
44      </table>
45  </body>
46  </html>
```

本实例的运行效果如图 4.5 所示。

图 4.5　复杂课程表的界面效果

4.2.3 表格的分组

表格可以使用 <colgroup> 标签对列进行样式控制，如单元格的背景颜色、字体大小等，其语法格式如下：

```
<table>
    <colgroup>
        <col style="background-color:颜色值 ">
        <col style="color:颜色值 ">
    <colgroup>
    <tr>
        <td> 单元格内的文字 </td>
        <td> 单元格内的文字 </td>
        ...
    </tr>
    ...
</table>
```

在该语法中，使用 <colgroup> 标签对表格中的列进行控制，使用 <col> 标签对具体的列进行控制。

下面通过一个实例，使用 <colgroup> 标签，制作了一个学生联系方式表格，并对列进行样式控制。首先使用 <table> 表格标签，创建了一个表格框架；然后使用 <colgroup> 标签，对每一列单元格内容进行颜色设置；最后通过 <tr> 行标签和 <td> 单元格标签完成学生联系方式表格的制作。具体代码如下：

```
01  <!DOCTYPE html>
02  <html>
03  <head>
04  <!-- 指定网页编码格式 -->
05  <meta charset="UTF-8">
06  <!-- 指定页头信息 -->
07  <title> 表格分组 </title>
08  </head>
09  <body style="background-image:url(images/bg.png) ">
10  <h1 align="center"> 学生联系方式 </h1>
11  <!--<table> 为表格标签 -->
12  <table align="center" border="1px" cellpadding="10%" >
13      <!-- 使用 <colgroup> 标签进行表格分组控制 -->
14      <colgroup>
15          <col style="background-color: #7ef5ff">
16          <col style="background-color: #B8E0D2">
17          <col style="background-color: #D6EADF">
18          <col style="background-color: #EAC4D5">
19      </colgroup>
20      <!-- 表头信息 -->
```

```
21      <tr>
22          <th> 姓名 </th>
23          <th> 住所 </th>
24          <th> 联系电话 </th>
25          <th> 性别 </th>
26      </tr>
27      <!-- 学生内容 -->
28      <tr align="center">
29          <td> 张刚 </td>
30          <td> 男生公寓 208 室 </td>
31          <td>131****7845</td>
32          <td> 男 </td>
33      </tr>
34      <!-- 学生内容 -->
35      <tr align="center">
36          <td> 李凤 </td>
37          <td> 女生公寓 208 室 </td>
38          <td>187****9545</td>
39          <td> 女 </td>
40      </tr>
41      <!-- 省略部分代码 -->
42  </table>
43  </body>
44  </html>
```

本实例的运行效果如图 4.6 所示。

图 4.6　表格分组的界面效果

4.3　<div> 标签

<div> 标签是用来为 HTML 文档内容提供结构和背景的元素。<div> 起始标签和 </div> 结束标签之间的所有内容都是用来构成这个块的，其中包含的标签的特性由 <div> 标签中的属性来控制，或者通过使用样式表格式化这个块来进行控制。

4.3.1　<div> 标签的介绍

div 全称为 division，意为分隔。<div> 标签被称为分隔标签，表示一块可以显示 HTML 的区域，用于设置字、图片、表格等的摆放位置。<div> 标签是块级标签，需要使用结束标签 </div>。

📋 **学习笔记**

> 块级标签又名块级元素，与其对应的是内联元素，也叫行内标签，它们都是 HTML 规范中的概念。

<div> 标签的语法格式如下：

```
<div>
...
</div>
```

下面通过一个实例，使用 <div> 标签，对内容进行分组，制作一首古诗。首先通过 <p> 段落标签，完成古诗内容的制作；然后将古诗标题和古诗内容分成两组，便于后期维护管理，使用 <div> 标签，将古诗标题放在古诗内容的最外层。具体代码如下：

```
01  <!DOCTYPE html>
02  <html>
03  <head>
04  <!-- 指定网页编码格式 -->
05  <meta charset="UTF-8">
06  <!-- 指定页头信息 -->
07  <title>多标签分组 --div</title>
08  </head>
09  <!-- 插入古诗背景图片 -->
10  <body style="background:url(images/bg.jpg) no-repeat ">
11  <!-- 使用 <div> 标签对多个 <p> 段落标签进行分组 -->
12  <div align="right">
13  <p>锄禾日当午，汗滴禾下土。</p>
14  <p>谁知盘中餐，粒粒皆辛苦。</p>
15  </div>
16  <!-- 不属于 div 分隔标签的，未进行分组 -->
```

```
17  <p align="right">-- 古诗 --</p>
18  </body>
19  </html>
```

本实例的运行效果如图 4.7 所示。

图 4.7 活用文字装饰的网页效果

4.3.2 <div> 标签的应用

在应用 <div> 标签之前，先来了解 <div> 标签的属性。当网页加入层时，会经常用到 <div> 标签的属性。

<div> 标签的语法格式如下：

```
<div id="value" align="value" class="value" style="value">
</div>
```

其中各参数含义如下。

（1）id：<div> 标签的 id，也可以说是 <div> 标签的名字，常与 CSS 样式相结合，实现对网页中元素的控制。

（2）align：用于控制 <div> 标签中元素的对齐方式，其值可以是 left、center 和 right，分别用于设置元素的居左、居中和居右对齐。

（3）class：用于设置 <div> 标签中元素的样式，其值为 CSS 样式中的 class 选择符。

（4）style：用于设置 <div> 标签中元素的样式，其值为 CSS 属性值，各属性值应用分号分隔。

下面通过一个实例，使用 <div> 标签，完成一份个人简历。首先不使用 <div> 标签，通过 <h1> 标签和 <h5> 标签显示个人简历，然后使用 <div> 标签将"个人信息"和"教育背景"进行分组，以便更好地对分组内容进行样式控制，具体代码如下：

```
01  <!DOCTYPE html>
02  <html>
03  <head>
04  <!-- 指定网页编码格式 -->
05  <meta charset="UTF-8">
06  <!-- 指定页头信息 -->
```

```
07  <title>div-- 个人简历 </title>
08  </head>
09  <!-- 插入背景图片 -->
10  <body style="background-image:url(images/bg.jpg) ">
11  <br/><br/><br/><br/>
12  <!-- 使用 <div> 标签进行分组 -->
13  <div>
14  <h1><img src="images/1.png">  个人信息（Personal Info）</h1>
15  <hr/>
16      <h5> 姓名：李刚       出生年月：1996.05</h5>
17      <h5> 民族：汉           身高：177cm</h5>
18  </div>
19  <br>
20  <!-- 使用 <div> 标签进行分组 -->
21  <div>
22      <h1><img src="images/2.png">  教育背景（Education）</h1>
23      <hr/>
24      <h5>2005.07-2009.06    师范大学    市场营销（本
科）</h5>
25      <h5>2009.07-2012.06    师范大学    电子商务（研
究生）</h5>
26      <h5>2012.07-2015.06    师范大学    电子商务（博
士）</h5>
27  </div>
28  </body>
29  </html>
```

本实例的运行效果如图 4.8 所示。

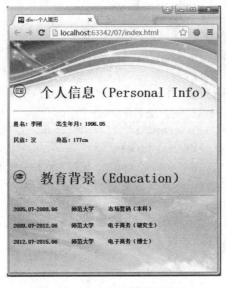

图 4.8　个人简历的界面效果

4.4　<span> 标签

大部分 HTML 标签都有其意义（如 <p> 标签创建段落、<h1> 标签创建标题等），然而 <span> 标签和 <div> 标签似乎没有任何内容上的意义，但它与 CSS 结合后，应用范围就非常广泛了。

4.4.1　<span> 标签的介绍

<span> 标签和 <div> 标签非常类似，是 HTML 中组合用的标签，可以作为插入 CSS 的容器，或插入 class、id 等语法内容的容器。

<span> 标签的语法格式如下：

```
<span>
...
</span>
```

下面通过一个实例，使用 <span> 标签，实现一个"我爱你"多国语言版本的便签。首先通过 <p> 段落标签显示便签的内容，然后在 <p> 段落标签内部使用 <span> 标签，将需要单独分组的内容放入 <span> 标签中，进行样式控制。具体代码如下：

```
01 <!DOCTYPE html>
02 <html>
03 <head>
04 <!-- 指定网页编码格式 -->
05 <meta charset="UTF-8">
06 <!-- 指定页头信息 -->
07 <title> 单标签分组 --span</title>
08 </head>
09 <!-- 插入背景图片 -->
10 <body style="background:url(images/bg.jpg) no-repeat ">
11 <!-- 界面样式控制 -->
12 <br><br><br><br><br><br><br><br><br><br><br>
13 <!-- 使用 <span> 标签对单标签进行分组 -->
14 <p><span style="color:red">" 我爱你 "</span> 这句话，不同的语言是怎么说的呢？
15 英语中是 <span style="color:red">"I love you"</span>,
16 日语中是 <span style="color:red">" 阿娜塔农扣头啊西戴斯 "</span>,
17 韩语中是 <span style="color:red">" 擦哪嘿 "</span>。</p>
18 </body>
19 </html>
```

本实例的运行效果如图 4.9 所示。

图 4.9　使用 <span> 标签的界面效果

4.4.2　<span> 标签的应用

<span> 标签是行内标签，<span> 标签的前后不会换行，它没有结构上的意义，是纯粹的应用样式，当其他行内元素都不合适时，可以使用 <span> 标签。

下面通过一个实例，使用 <span> 标签，实现一则公司的介绍短文。首先使用 <table> 表格标签，创建一个表格框架，然后使用 <p> 段落标签，显示公司介绍短文，最后通过 <span> 标签，将短文中的内容进行分组，强调的内容显示为红色或链接等。具体代码如下：

```
01  <!DOCTYPE html>
02  <html>
03  <head>
04  <!-- 指定网页编码格式 -->
05  <meta charset="UTF-8">
06  <!-- 指定页头信息 -->
07  <title>span 应用 </title>
08  </head>
09  <!-- 插入背景图片 -->
10  <body style="background:url(images/bg.jpg) no-repeat ">
11  <!-- 界面样式控制 -->
12  <br><br><br><br><br><br><br>
13  <!-- 使用 <span> 标签对单标签进行分组 -->
14  <p><span style="font-size: 24px;color: red"> 明日学院 </span>
15  是吉林省明日科技有限公司倾力打造的在线实用技能学习平台，
16  该平台于 2016 年正式上线，主要为学习者提供海量、优质的 <span>
17  <a href="http://www.mingrisoft.com/selfCourse.html"> 课程 </a></span>，
课程结构严谨，
18  用户可以根据自身的学习程度，
19  自主安排学习进度。<span style="color:black"><b> 我们的宗旨是，为编程学习者
提供一站式服务，
20  培养用户的编程思维。</b></span></p>
```

```
21 </body>
22 </html>
```

本实例的运行效果如图 4.10 所示。

图 4.10　段落换行标签的网页效果

第5章 列   表

本章学习 HTML 中的列表元素，列表形式在网站设计中占据比较大的比重，可以使网页上的信息整齐、直观地显示出来，便于用户理解。在后面的学习中会涉及大量列表元素的高级运用。

5.1 列表的标签

列表分为两种类型：一种是有序列表，另一种是无序列表。有序列表使用编号来记录项目的顺序，无序列表使用项目符号来标记无序的项目。

有序列表指按照数字或字母等顺序排列列表项目，如图 5.1 所示。

无序列表指以●、○、▽、▲等开头的，没有顺序的列表项目，如图 5.2 所示。

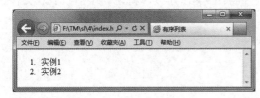

图 5.1 有序列表

图 5.2 无序列表

列表的主要标签如表 5.1 所示。

表 5.1 列表的主要标签

标 签	描 述
<ul>	无序列表
<ol>	有序列表
<dir>	目录列表
<dl>	定义列表
<menu>	菜单列表
<dt>、<dd>	定义列表的标签
<li>	列表项目的标签

5.2 无序列表

在无序列表中，各列表项间没有顺序级别之分，通常使用一个项目符号作为每个列表项的前缀。无序列表主要使用 <ul>、<dir>、<dl>、<menu>、<li> 几个标签，以及 type 属性。

5.2.1 无序列表标签

无序列表的特征在于提供一种不编号的列表方式，而在每个项目文字前，以符号作为分项标识。

具体语法如下：

```
<ul>
  <li> 第 1 项 </li>
  <li> 第 2 项 </li>
    …
</ul>
```

该语法使用 < ul ></ ul> 标签表示这个无序列表的开始和结束，<li> 表示这是一个列表项的开始。一个无序列表可以包含多个列表项。

下面通过一个实例，使用无序列表定义编程词典的模式分类，新建一个 HTML5 文件。具体代码如下：

```
01 <html>
02 <head>
03 <meta charset="UTF-8">
04     <title> 创建无序列表 </title>
05 </head>
06 <body>
07 <font size="+3" color="#0066FF"> 编程词典的模式分类：</font><br/><br/>
08 <ul>
09     <li> 入门模式 </li>
10     <li> 初级模式 </li>
11     <li> 中级模式 </li>
12 </ul>
13 </body>
14 </html>
```

保存并运行这段代码，可以看到在窗口中建立了一个无序列表，该列表共包含 3 个列表项，如图 5.3 所示。

图 5.3 创建无序列表

5.2.2 无序列表属性

在默认情况下，无序列表的项目符号是●，通过 type 属性可以调整无序列表的项目符号，避免列表符号单调。

具体语法如下：

```
<ul type= 符号类型 >
  <li> 第 1 项 </li>
  <li> 第 2 项 </li>
    …
</ul>
```

在该语法中，无序列表的其他属性不变，type 属性决定了列表项开始的符号。type 属性可以设置的类型值有 3 个，如表 5.2 所示，其中 disc 是默认类型值。

表 5.2 type 属性的符号类型

类 型 值	列表项目的符号
disc	●
circle	○
square	■

新建一个 HTML5 文件，在文件的 <body> 标签中输入如下代码：

```
01 <body>
02 <div class="box">
03 <div class="item">
04    <a href="#"><img src='images/2.jpg'/></a>
05    <p><a href="#"> 小米官网手机 </a></p>
06    <div class="eval">超好用，比我用过的耳机都好，声音简直是从脑子里发出的</div>
07 </div>
08 <!-- 此处代码与上面类似，省略 -->
09
10 <div class=""><div>
11
```

```
12
13  </div>
14
15  </body>
```

运行这段代码，可以看到项目符号类型可以设置为none，此时项目符号不会显示，如图5.4所示。

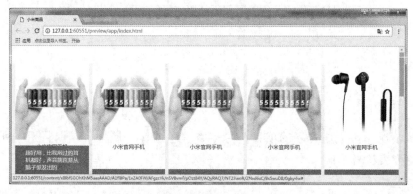

图 5.4 设置无序列表的项目符号为 none

无序列表的类型定义也可以在 <li> 标签中进行，其语法是 <li type= 符号类型 >，这样定义的结果是对单个项目进行定义，具体代码如下：

```
01  <html>
02  <head>
03      <title> 创建无序列表 </title>
04  </head>
05  <body>
06  <font size="+3" color="#00FF99"> 明日科技部门分布：</font><br/>
07  <ul>
08      <li type="circle"> 图书开发部 </li>
09      <li type="disc"> 软件开发部 </li>
10      <li type="square"> 质量部 </li>
11  </ul>
12  </body>
13  </html>
```

运行这段代码，效果如图5.5所示。

图 5.5 设置不同的项目符号

学习笔记

> 如果在开发过程中不需要无序列表的符号，则只需将无序列表的列表项目的序号类型设置为 none 即可，也可以将列表的 list-style 属性设置为 none。

5.3　有序列表

有序列表是使用编号（而不是项目符号）来编排项目的。列表中的项目以数字或英文字母开头，通常各项目之间有先后顺序。在有序列表中，主要使用 <ol> 和 <li> 两个标签，以及 type 属性。

5.3.1　有序列表标签

<ol> 和 <li> 两个标签的具体语法如下：

```
<ol>
  <li> 第 1 项 </li>
  <li> 第 2 项 </li>
  <li> 第 3 项 </li>
    …
</ol>
```

在该语法中，<ol> 和 </ol> 标签标志着有序列表的开始和结束，<li> 标签表示这是一个列表项的开始，在默认情况下，采用数字序号进行排列。

下面通过一个实例，运用有序列表输出古诗。具体代码如下：

```
01  </html>
02  <head>
03      <title> 创建有序列表 </title>
04  </head>
05  <body>
06  <font size="+4" color="#CC6600"> 江雪 </font><br />
07  <ol>
08      <li> 千山鸟飞绝 </li>
09      <li> 万径人踪灭 </li>
10      <li> 孤舟蓑笠翁 </li>
11      <li> 独钓寒江雪 </li>
12  </ol>
13  </body>
14  </html>
```

运行这段代码，可以看到有序列表前面包含顺序号，如图 5.6 所示。

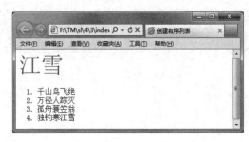

图 5.6　运用有序列表输出古诗

📋 **学习笔记**

在默认情况下，有序列表中的列表项采用数字序号进行排列，如果需要将列表序号改为其他类型（如以英文字母开头），则需要改变 type 属性。

5.3.2　有序列表属性

在默认情况下，有序列表的序号是数字，通过 type 属性可以调整序号的类型，如将其修改成字母等。

具体语法如下：

```
<ol type=序号类型 >
  <li>第 1 项 </li>
  <li>第 2 项 </li>
  <li>第 3 项 </li>
    …
</ol>
```

在该语法中，序号类型有 5 种，如表 5.3 所示。

表 5.3　有序列表的序号类型

type 取值	列表项目的序号类型
1	数字 1，2，3，4，…
a	小写英文字母 a，b，c，d，…
A	大写英文字母 A，B，C，D，…
i	小写罗马数字 i，ii，iii，iv，…
I	大写罗马数字 I，II，III，IV，…

下面通过一个实例，新建一个 HTML5 文件，使用有序列表制作一个商城网页。在 <body> 标签中添加如下代码：

```
01  <body>
02    <div class="mr-box">
03      <ol>
04        <li><img src="images/1.jpg">海外购 . 日本上线   跨境直邮 </li>
05        <li><img src="images/2.jpg">英美复活节折扣季 国际大牌免邮 </li>
06      <!-- 此处代码和上述代码相似，省略 -->
07      </ol>
08    </div>
09  </body>
```

为上面的 HTML 代码添加 CSS 样式，代码如下：

```
10  li{                            /* 网页中的 li 样式 */
11
12    list-style:none;
13    width:158px;
14    height:55px;
15    float: left;
16    background:#949494;
17    margin-top:300px;
18    margin-left:2px;
19    font-family: " 微软雅黑 ";
20    font-size:14px;
21    text-indent:2em;              /* 缩进 2em*/
22    text-align: center;
23    line-height: 20px;
24    color:#fff;
25    padding-top:10px;             /* 设置内边距 */
26  }
27  li img{
28    position:absolute;            /* 设置定位方式 */
29    top:0;
30    left:0;
31    display:none;
32  }
33  li:hover img{
34    display:block;
35  }
36  li:hover{                       /* 鼠标指针滑过时的样式 */
37    background:orange;
38  }
```

保存文件，运用谷歌浏览器打开该文件，将显示使用有序列表制作的商城网页，效果如图 5.7 所示。

图 5.7　有序列表制作的商城网页

学习笔记

　　如果在开发过程中不需要有序列表的序号，则只需将有序列表的列表项目的序号类型设置为 none 即可，也可以将列表的 list-style 属性设置为 none。

5.4　列表的嵌套

嵌套列表指的是多于一级层次的列表，在一级项目下可以存在二级项目、三级项目等。项目列表可以嵌套，以实现多级项目列表。

5.4.1　定义列表的嵌套

定义一个两级层次的列表，用于解释名词的定义，名词为第一层次，解释为第二层次，且不包含项目符号。

具体语法如下：

```
<dl>
  <dt> 名词一 </dt>
<dd> 解释 1</dd>
<dd> 解释 2</dd>
<dd> 解释 3</dd>
  <dt> 名词二 </dt>
<dd> 解释 1</dd>
<dd> 解释 2</dd>
<dd> 解释 3</dd>
  …
</dl>
```

在定义列表中，一个 <dt> 标签下可以有多个 <dd> 标签作为名词的解释和说明，以实现定义列表的嵌套。

下面通过一个实例，定义列表的第一层级用于放置标题，第二层级用于设置语句内容，且不包含项目符号。具体代码如下：

```
01 <html>
02 <head>
03     <title>定义列表嵌套</title>
04 </head>
05 <body>
06 <font color="#00FF00" size="+2">古诗介绍</font><br /><br/>
07 <dl>
08     <dt>赠孟浩然</dt><br/>
09     <dd>作者：李白</dd><br/>
10     <dd>诗体：五言律诗</dd><br/>
11     <dd>吾爱孟夫子，风流天下闻。<br/>
12         红颜弃轩冕，白首卧松云。<br/>
13         醉月频中圣，迷花不事君。<br/>
14         高山安可仰，徒此揖清芬。<br/>
15     </dd>
16     <dt>蜀相</dt><br/>
17     <dd>作者：杜甫</dd><br/>
18     <dd>诗体：七言律诗</dd><br/>
19     <dd>丞相祠堂何处寻？  锦官城外柏森森。<br/>
20         映阶碧草自春色，  隔叶黄鹂空好音。<br/>
21         三顾频烦天下计，  两朝开济老臣心。<br/>
22         出师未捷身先死，  长使英雄泪满襟。<br/>
23     </dd>
24 </body>
25 </html>
```

运行这段代码，效果如图 5.8 所示。

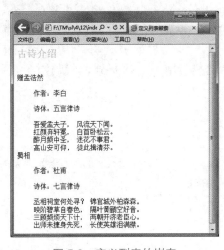

图 5.8　定义列表的嵌套

5.4.2 无序列表和有序列表的嵌套

最常见的列表嵌套模式就是无序列表和有序列表的嵌套，可以通过重复使用 <ol> 和 <ul> 标签来组合实现。

下面的代码就是利用无序列表和有序列表嵌套制作的商品导航栏：

```
01  <ul>
02   <li class="mr-hover"><a href="#"> 商品分类 </a>
03    <ol>
04      <div class="mr-item">
05       <ol>
06        <li><a href="#"> 女装 / 内衣 </a></li>
07        <li><a href="#"> 男装 / 运动户外 </a></li>
08       </ol>
09      <!-- 此处代码与上面类似，省略 -->
10   </div>
11     </ol>
12   </li>
13   <li class="mr-hover"><a href="#"> 春节特卖 </a>
14     <ul>
15      <div class="mr-shopbox">
16       <ul>
17        <li><a href="#"> 服装服饰 </a></li>
18        <li><a href="#"> 母婴会场 </a></li>
19       <!-- 此处代码与上面类似，省略 -->
20   </ul>
21      </div>
22     </ul>
23   </li>
24   <li class="mr-hover"><a href="#"> 会员 </a></li>
25   <li class="mr-hover"><a href="#"> 电器城 </a></li>
26   <li class="mr-hover"><a href="#"> 天猫会员 </a></li>
27  </ul>
```

为了控制网页的样式，这里运用了 CSS 样式，代码如下：

```
01  /* 商品分类子导航栏 */
02  .mr-item li {
03    width: 100%;
04  }
05  .mr-item li a {              /*li 的所有子元素 a 的样式 */
06    font-size: 14px;
07    font-family: " 微软雅黑 ";
08    color: #000;
09  }
10  .mr-item li:hover {          /* 鼠标指针滑过 li 时的样式 */
```

```
11    background: #fff;
12  }
13  .mr-item li a:hover {           /* 鼠标指针滑过 a 时的样式 */
14    color: #DD2727
15  }
16  /* 春节特卖子导航栏 */
17  .mr-shopbox li a {
18    text-decoration: none;
19    COLOR: #FFF;
20    font-size: 14px;
21    font-family: "宋体";
22  }
```

📋 **学习笔记**

　　在上面的代码中，为了控制网页布局和字体的样式，应用了 CSS 样式，应用的 CSS 样式的具体代码请参照配套资源中的源码。

　　运行这段代码，可以得到无序列表和有序列表嵌套制作的商城网页，效果如图 5.9 所示。

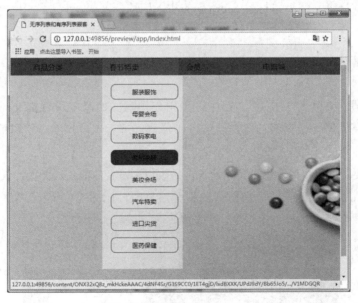

图 5.9　无序列表和有序列表嵌套制作的商城网页

第6章　表　单

在制作网页，特别是在制作动态网页时常常会用到表单。表单主要用来收集客户端提供的相关信息，使网页具有交互功能。表单是用户与网站实现交互的重要手段。在网页的制作过程中，常常需要使用表单，本章重点介绍表单中各标签的使用。

6.1　表单概述

表单的用途很多，在网站中无处不见。例如，在进行用户注册时，就必须通过表单填写用户的相关信息。本节主要介绍表单的概念和用途，并介绍 <form> 标签的属性及其含义，最后通过实例向读者介绍表单标签 <form> 的实际应用。

6.1.1　概述

表单通常设计在一个 HTML 文档中，当用户填写完信息并进行提交时，将表单的内容从客户端的浏览器传送到服务器上，经过服务器处理后，再将用户所需信息传回客户端的浏览器，这样网页就具有了交互性。

表单的主要功能是收集信息，具体地说，是收集浏览者的信息。例如，天猫 TMALL.com 的用户登录界面就是通过表单填写用户的相关信息的，如图 6.1 所示。在网页中，最常见的表单形式主要包括文本框、单选框、复选框、按钮等。

图 6.1　用户登录界面

6.1.2　表单标签 <form>

表单是网页上的一个特定区域,这个区域通过 <form> 标签声明,相当于一个表单容器,表示其他的表单标签只有在其范围内才有效,即在 <form> 与 </form> 之间的一切都属于表单的内容。这里的内容可以包含所有的表单控件,还可以包含任何必要的伴随数据,如控件的标签、处理数据的脚本或程序的位置等。

在表单的 <form> 标签中,还可以设置表单的基本属性,包括表单的名称、处理程序、传送方式等,其语法格式如下:

```
<form action="" name="" method="" enctype="" target="">
    ......
</form>
```

在上述语法中,各参数的属性值和含义如表 6.1 所示。

表 6.1　表单中 form 属性的值和含义

form 属性	含　义	说　明
action	表单的处理程序,即表单中收集的资料将要提交的程序地址	这一地址可以是绝对地址,也可以是相对地址,还可以是一些其他的地址,如 E-mail 地址等
name	为了防止表单信息在提交到后台处理程序时出现混乱而设置的名称	表单的名称尽量与表单的功能相符,且名称中不含有空格和特殊符号
method	定义处理程序从表单中获得信息的方式,有 get(默认值)和 post 两个值	get 方法是将表单数据直接附在 URL 之后发送,数据和 URL 以问号间隔; post 方法指表单数据是与 URL 分开发送的,用户端的计算机会通知服务器读取数据
enctype	表单信息提交的编码形式,其属性值有 text/plain、application/x-www-form-urlencoded 和 multipart/form-data 三个	text/plain 指以纯文本的形式传送; application/x-www-form-urlencoded 指默认的编码形式; multipart/form-data 指 MIME 编码,上传文件的表单必须选择该项
target	目标窗口的打开方式	其属性值和含义与链接标签中 target 相同

例如,下面的这段 HTML 代码就可以实现一个"甜橙音乐网"的登录界面:

```
01  <div class="mr-cont">
02      <form class="form" action="login.html" method="get" target= "blank">
03          <label class="login">
04              <img src="img/user.png">
05              <input type="text" placeholder="username">
06          </label>
07          <label class="login">
08              <img src="img/pass.png">
09              <input type="password" placeholder="password">
10          </label>
11          <input type="submit" value="ok" class="ok">
```

```
12        <input type="reset" value="clear" class="clear">
13      </form>
14    </div>
```

为了使整体网页美观整齐，使用 CSS 代码改变网页中各标签的样式和位置。具体 CSS 代码如下：

```
01  * {
02      margin: 0;
03      padding: 0;
04  }
05  .mr-cont {
06      width: 715px;
07      margin: 0 auto;
08      border: 1px solid #f00;
09      background: url(../img/login.jpg);
10  }
11  .form {
12      width: 350px;
13      padding: 130px 415px;
14  }
15  .login, .ok, .clear {
16      display: block;
17      margin-top: 40px;
18      position: relative;
19  }
20  .login img {
21      height: 42px;
22      border: 1px rgba(215, 209, 209, 1.00) solid;
23      background-color: rgba(215, 209, 209, 1.00);
24  }
25  .login input {
26      position: absolute;
27      height: 40px;
28      width: 170px;
29      font-size: 20px;
30  }
31  .ok, .clear {
32      width: 215px;
33      height: 40px;
34      border: none;
35      background: rgba(240, 62, 65, 1.00)
36  }
```

在上面的代码中，首先通过 <form> 标签声明此为表单模式，然后通过在表单内部设置表单信息的提交地址、传送信息的方式、打开新窗口的方式几个属性，最后在 <form>

标签内部添加其他标签。在谷歌浏览器中运行文件，显示效果如图 6.2 所示。

图 6.2　"甜橙音乐网"登录界面

6.2　输入标签

输入标签是 <input> 标签，通过设置其 type 属性改变其输入方式，而不同的输入方式又会导致其他参数的不同。例如，当 type 值为 text 时，其输入方式为单行文本框。根据输入方式的功能，可以将其分为文本框、单选框和复选框、按钮、图像域和文件域四大类，下面具体介绍 <input> 标签的使用方法。

6.2.1　文本框

表单中的文本框主要有两种，分别是单行文本框和密码输入框。不同的文本框对应的 type 属性值、表现形式和应用也各有差异。下面分别介绍单行文本框和密码输入框的功能与使用方式。

1. 单行文本框

text 属性用来设定在表单的文本框中输入任何类型的文本、数字或字母，输入的内容以单行显示，其语法格式如下：

```
<input type="text" name=" " size=" " maxlength=" " value=" ">
```

在该语法中，各参数的含义如下。

（1）name：文本框的名称，用于和网页中其他控件加以区别，命名时不能包含特殊字符，也不能以 HTML 预留作为名称。

（2）size：定义文本框在网页中显示的长度，以字符为单位。

（3）maxlength：定义在文本框中最多可以输入的文字数。

（4）value：定义文本框中的默认值。

2. 密码输入框

在表单中还有一种文本框，即密码输入框，输入到文本域中的文字均以星号"*"或圆点显示，其语法格式如下：

```
<input type="password" name="" size="" maxlength="" value="" />
```

该语法中的参数的含义和取值与单行文本框相同，此处不再重复。

下面通过一个实例，在 51 购商城的登录界面中，添加单行文本框和密码输入框。实现步骤如下。

新建一个 HTML 文件，然后通过将 <input> 标签的 type 属性值设置为 text 来实现输入账号文本框。代码如下：

```
01 <div class="mr-cont">
02     <form>
03         <!-- 使用<label>标签绑定单行文本框，实现当单击图片时文本框也能获取焦点 -->
04         <label><img src="img/user.png"><input type="text"></label>
05         <!-- 密码输入框 -->
06         <label><img src="img/pass.png"><input type="password"></label>
07     </form>
08 </div>
```

新建一个 CSS 文件，并链接到此 HTML 文件，然后使用 CSS 设置 form 表单的背景等样式。具体代码如下：

```
01 /* 网页整体布局 */
02 .mr-cont{
03     width: 365px;                      /* 整体大小 */
04     height: 375px;
05     margin: 20px auto;
06     border: 1px solid #f00;
07     background: url(../img/4-2.png);   /* 添加背景图片 */
08 }
09 /* 表单整体位置 */
10 form{
11     padding: 65px 50px;
12 }
13 label{
14     color: #fff;
15     display: block;
16     padding-top: 10px;
17     position: relative;
18 }
19 /* 设置单行文本框和密码输入框的样式 */
```

```
20  label input{
21      height: 25px;
22      width: 200px;
23      position: absolute;
24  }
25  label img{
26      height: 28px;
27  }
```

在谷歌浏览器中运行上述代码，效果如图 6.3 所示。

图 6.3 在网页中添加文本框

📋 **学习笔记**

上面实例中使用了 <label> 标签，<label> 标签可以实现绑定元素。简单地说，在正常情况下，如果要使某个 <input> 标签获取焦点，那么只有单击该标签才可以实现，而在使用 <label> 标签以后，只要单击与该标签绑定的文字或图片就可以获取焦点。

6.2.2 单选框和复选框

单选框和复选框经常用于问卷调查和购物车中结算商品等。其中单选框实现在一组选项中只选择其中的一个，多选框与之相反，可以实现多选甚至全选。

1. 单选框

在网页中，单选框用来让浏览者在答案之间进行单一的选择，在网页中以圆框表示，其语法格式如下：

<**input** type="**radio**" value="**单选框的取值** " name="**单选框名称** " checked= "**checked**"/>

在该语法中，各参数的含义如下。

（1）value：用来设置在用户选中该项目后，传送到处理程序中的值。

（2）name：单选框的名称，需要注意的是，在一组单选框中，其名称往往相同，这样，在传递时才能更好地对某一项选择内容的取值进行判断。

（3）checked：表示这一单选框默认被选中，在一组单选框中只能有一个单选框被设置为 checked。

2. 复选框

浏览者在填写表单时，有一些内容可以通过让浏览者进行多项选择的形式来实现。例如，在收集个人信息时，要求在个人爱好的选项中进行选择等。复选框能够进行项目的多项选择，以一个方框表示，其语法格式如下：

```
<input type="checkbox" value="复选框的值" name="名称" checked="checked" />
```

在该语法中，各参数的含义与单选框各参数的含义相同，此处不再赘述。但与单选框不同的是，在一组多选框中，可以设置多个复选框默认被选中。

下面通过一个实例，实现在购物车界面选择商品的功能，实现步骤如下。

（1）新建 HTML 文件，在 HTML 文件中，通过单选框实现商品的全选和全不选，并通过复选框实现逐个选择商品。HTML 代码如下：

```
01 <div class="mr-cont">
02    <form>
03    <!-- 使用 <label> 标签绑定单选框，当单击汉字"全选"或"全不选"时，也能选
中对应按钮 -->
04    <label><input type="radio" name="all"> 全选 </label>
05    <label><input type="radio" name="all"> 全不选 </label>
06    <!-- 复选框 -->
07    <input type="checkbox" class="checkbox1">
08    <input type="checkbox" class="checkbox1">
09    <input type="checkbox" class="checkbox1">
10    </form>
11 </div>
```

（2）新建 CSS 文件，在 CSS 文件中设置整体网页的大小、表单的位置，以及复选框的位置。具体代码如下：

```
12 /* 网页整体布局 */
13 .mr-cont{
14    width: 510px;
15    height: 405px;
16    margin: 20px auto;
17    border: 1px solid #f00;
18    background:url(../img/4-4.jpg);
19 }
20 /* 通过内边距调整表单位置 */
```

```
21  form{
22      padding-top: 10px;
23  }
24  /* 属性选择器设置复选框样式 */
25  [type="checkbox"]{
26      display: block;
27      height: 125px;
28  }
```

完成以后，在浏览器中运行代码，运行效果如图 6.4 所示。

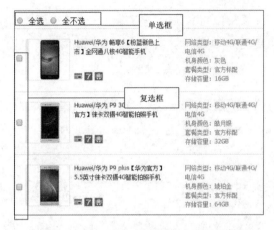

图 6.4　添加单选框和复选框的效果

📋 **学习笔记**

　　当设置单选框和多选框的某个按钮被默认选中时，checked="checked" 可以简写为 "checked"。

6.2.3　按钮

　　按钮是表单中不可缺少的一部分，主要分为"普通"按钮、"提交"按钮和"重置"按钮，3 种按钮的用途各不相同，希望读者在学习本节之后，能够灵活使用这 3 种按钮。

1. "普通"按钮

　　在网页中，"普通"按钮很常见，在提交网页、恢复选项时常常用到。"普通"按钮一般情况下要配合 JavaScript 来进行表单处理，其语法格式如下：

　　<input type="button" value=" 按钮的取值 " name=" 按钮名 " onclick=" 处理程序 "/>

　　在该语法中，各参数的含义如下。

（1）value：按钮上显示的文字。

（2）name：按钮名称。

（3）onclick：当单击按钮时进行的处理。

2. "提交" 按钮

"提交" 按钮是一种特殊的按钮，不需要设置 onclick 属性，在单击该类按钮时，可以实现表单内容的提交，其语法格式如下：

```
<input type="submit" name=" 按钮名 " value=" 按钮的取值 " />
```

学习笔记

> 当 "提交" 按钮没有设置按钮的取值时，其默认取值为 "提交"。也就是 "提交" 按钮上默认显示的文字为提交。

3. "重置" 按钮

单击 "重置" 按钮，可以清除表单的内容，并恢复默认的表单内容设定，其语法格式如下：

```
<input type="reset" name=" 按钮名 " value=" 按钮的取值 " />
```

学习笔记

> 在使用 "提交" 按钮和 "重置" 按钮时，其 name 和 value 的属性值的含义与 "普通" 按钮相同，此处不再过多描述。
>
> 当 "重置" 按钮没有设置按钮的取值时，该按钮上默认显示的文字为重置。

下面通过一个实例，使用 form 表单实现企业进销管理系统的登录界面。实现步骤如下。

（1）新建 HTML 文件，在 HTML 文件中插入 <input> 标签，并通过设置每个 <input> 标签的 type 属性，实现单选框和按钮。关键代码如下：

```
01  <div class="mr-cont">
02    <h2> 收货信息填写 </h2>
03    <form action="login.html">
04     <div> 姓名：
05       <input type="text"><span class="red">***** 必填项 </span>
06     </div>
07     <div> 电话：
08       <input type="text"><span class="red">***** 必填项 </span>
09     </div>
10     <div> 是否允许代收：
11       <label> 是 <input type="radio" name="receive" checked></label>
12       <label> 否 <input type="radio" name="receive"></label>
```

```
13        </div>
14        <div class="addr">地址：
15          <input type="text" placeholder="--省" size="5""--">
16          <input type="text" placeholder="--市" size="5">
17        </div>
18        <div>
19          <p>具体地址：<span class="red">*****必填项</span></p>
20          <textarea></textarea>
21        </div>
22        <div id="btn">
23          <!-- "提交"按钮，单击提交表单信息 -->
24          <input type="submit" value="提交">
25          <!-- "普通"按钮，通过 onclick 调用处理程序 -->
26          <input type="button" value="保存" onclick="alert('保存信息成功')">
27          <!-- "重置"按钮，单击后表单恢复默认状态 -->
28          <input type="reset" value="重填">
29        </div>
```

（2）新建 CSS 文件，在 CSS 文件中，设置网页的整体布局及各标签的样式，关键代码如下：

```
01  /* 网页整体布局 */
02  .mr-cont{
03      height: 474px;
04      width: 685px;
05      margin: 20px auto;
06      border: 1px solid #f00;
07      background: url(../img/bg.png);
08  }
09  .mr-cont div{
10      width: 400px;
11      text-align: center;
12      margin: 30px 0 0 140px;
13  }
14  #btn{
15      margin-top: 10px;
16  }
17  /* 设置"提交""保存""重填"按钮的大小 */
18  #btn input{
19      width: 80px;
20      height: 30px;
21  }
```

编辑完代码后，在谷歌浏览器中运行代码，运行效果如图 6.5 所示。

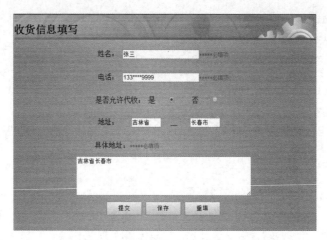

图 6.5　收货信息填写界面

6.2.4　图像域和文件域

图像域和文件域在网页中也比较常见。其中，图像域是为了解决表单中按钮比较单调，与网页内容不协调的问题；文件域常用于需要上传文件的表单中。

1. 图像域

图像域是指可以用在"提交"按钮位置上的图片，这张图片具有按钮的功能。使用默认的按钮形式往往会让人觉得单调。如果网页使用了较为丰富的色彩，或稍微复杂的设计，则使用表单默认的按钮形式有时甚至会破坏整体的美感。这时，可以使用图像域，创建和网页整体效果相统一的"图像提交"按钮。图像域的语法格式如下：

```
<input type="image" src=" " name=" " />
```

在该语法中，各参数的含义如下。

（1）src：设置图片地址，可以是绝对地址，也可以是相对地址。

（2）name：设置所要代表的按钮，如 submit、button 等，默认值为 button。

2. 文件域

在上传文件时常常用到文件域，用于查找硬盘中的文件路径，然后通过表单将选中的文件上传。在设置电子邮件、上传头像、发送文件时常常会看到这一控件，其语法格式如下：

```
<input type="file" accept="" name="" >
```

在该语法中，各参数的含义如下。

（1）accept：所接受的文件类别，有 26 种选择，可以省略，但不可以自定义文件类型。

（2）name：文件传输的名称，用于和网页中其他控件加以区别。

下面通过一个实例，实现一个在注册网页中上传头像的功能。具体实现步骤如下。

（1）新建一个 HTML 文件，在网页中插入 <input> 标签，并分别设置其 type 的属性值为 file 和 image。代码如下：

```
01  <div class="mr-cont">
02  <h2> 用户信息注册 </h2>
03      <form>
04          <!-- 文件域 -->
05          <input type="file" class="fill">
06          <!-- 图像域 -->
07          <input type="image" src="img/btn.jpg" class="btn">
08      </form>
09  </div>
```

（2）新建一个CSS文件，并通过CSS设置网页的背景图片，以及文件域和图像域的位置。代码如下：

```
01  .mr-cont{
02      width: 800px;
03      height: 600px;
04      margin: 20px auto;
05      text-align: center;
06      border: 1px solid #f00;
07      background: url(../img/bg.png);
08  }
09  /* 通过内边距调整标题位置 */
10  h2{
11      padding: 40px 0 0 0;
12  }
13  /* 表单整体样式 */
14  form{
15      width: 554px ;
16      height: 462px;
17      margin: 0 0 0 150px;
18      background: url(../img/4-9.png);
19  }
20  /* 文件域样式 */
21  [type="file"]{
22      display: block;
23      padding: 100px 0 0 175px;
24  }
25  /* 图像域样式 */
26  [type="image"]{
27      margin: 304px 0 0 100px;
28  }
```

本实例的运行效果如图 6.6 所示。

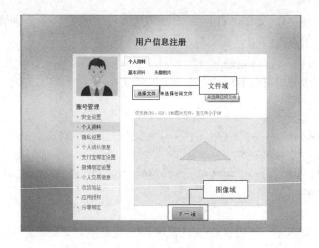

图 6.6 实现注册网页的上传头像和图片按钮

6.3 文本域和菜单列表控件

本节主要讲解文本域和列表。文本域和文本框的区别在于文本域可以显示多行文字。列表与单选框或多选框相比，既可以有多个选择项，又不浪费空间，还可以减少代码量。

6.3.1 文本域

在 HTML 中还有一种特殊定义的文本样式——文本域。在文本域中可以添加多行文字，从而可以输入更多的文本。这类控件在一些留言板中最为常见，其语法格式如下：

<**textarea** name="**文本域名称**" value="**文本域默认值**" rows="**行数**" cols="**列数**">
</**textarea**>

在该语法中，各参数的含义如下。

（1）name：文本域的名称。

（2）rows：文本域的行数。

（3）cols：文本域的列表。

（4）value：文本域的默认值。

下面通过一个实例，实现商品评价网页中的评价输入框，具体步骤如下。

（1）新建 HTML 文件，在 HTML 文件中插入文本域标签实现评价输入框，其代码如下：

```
01 <div class="mr-content">
02    <form>
03      <!-- 文本域 -->
04      <textarea cols="44" rows="9" class="mr-message"></textarea>
```

```
05        </form>
06  </div>
```

（2）新建一个 CSS 文件，通过 CSS 代码设置网页的背景图片，并改变文本域的位置。
代码如下：

```
01  .mr-content{
02        width:695px;
03        height:300px;
04        margin:0 auto;
05        background:url(../images/bg.png) no-repeat;
06        border:1px solid red;
07        }
08  /* 文本域样式 */
09  .mr-content textarea{
10        margin:103px 0 0 346px;
11        }
```

在谷歌浏览器中运行代码，效果如图 6.7 所示。

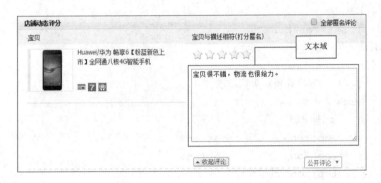

图 6.7　添加文本域的效果

6.3.2　菜单列表控件

菜单列表控件主要用来进行选择给定答案中的一项，这类选择往往答案比较多，使用单选框比较浪费空间。可以说，菜单列表控件主要是为了节省网页空间。菜单和列表都是通过 <select> 和 <option> 标签来实现的。

菜单是一种最节省空间的方式，在正常状态下只能看到一个选项，当单击按钮打开菜单后才能看到全部选项。

列表可以显示一定数量的选项，如果超出了这个数量，则会自动出现滚动条，浏览者可以通过拖动滚动条来查看各选项。

语法格式如下：

```
<select name="" size="" multiple=" multiple  >
```

```
<option value="" selected="selected">选项显示内容 </option>
<option value=" 选项值 ">选项显示内容 </option>
......
</select>
```

菜单和列表标签属性如表 6.2 所示。

表 6.2　菜单和列表标签属性

菜单和列表标签属性	描　　述
name	列表/菜单标签的名称，用于和网页中其他控件加以区别
size	定义列表/菜单文本框在网页中显示的长度
multiple	表示列表/菜单内容可多选
value	用于定义列表/菜单的选项值
selected	默认被选中

下面通过一个实例，实现个人资料填写网页，具体步骤如下。

（1）新建 HTML 文件，在 HTML 网页通过下拉列表实现星座、血型和生肖的选择。
部分 HTML 代码如下：

```
01 <div class="mr-cont">
02 <form>
03  <div class="mess">
04      <!-- 下拉列表实现星座选择 -->
05     <div> 星座:
06       <select>
07        <option> 水瓶座 </option>
08        <option> 金牛座 </option>
09        <option> 其他星座 </option>
10       </select>
11 </div>
12      <!-- 下拉列表实现血型选择 -->
13     <div> 血型:
14       <select>
15        <option>A 型 </option>
16        <option>B 型 </option>
17        <option>AB 型 </option>
18        <option>O 型 </option>
19       </select>
20     </div>
21      <!-- 下拉列表实现生肖选择 -->
22     <div> 生肖:
23       <select>
24        <option> 鼠 </option>
25        <option> 牛 </option>
26        <option> 其他 </option>
```

```
27        </select>
28      </div>
29      </div>
30    </form>
31  </div>
```

（2）新建 CSS 文件，在 CSS 文件中改变 HTML 中各标签的样式和布局。关键代码如下：

```
01  .mr-cont{
02      height: 360px;
03      width: 915px;
04      margin: 20px auto;
05      border: 1px solid #f00;
06      background: rgba(181, 181, 255,0.65);
07  }
08  .type{
09      width: 285px;
10      height: 180px;
11      float: left;
12  }
13  .type div{
14      width: 350px;
15      height: 30px;
16      margin: 30px 0 0 60px;
17  }
```

在谷歌浏览器中运行代码，效果如图 6.8 所示。

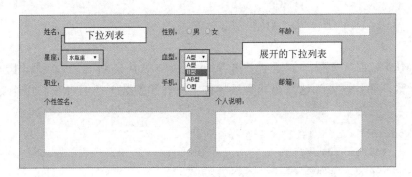

图 6.8　个人资料填写界面

第 7 章　多媒体

在 HTML5 出现之前，要在网络上展示视频、音频、动画，除了使用第三方自主开发的播放器，使用较多的工具应该就是 Flash 了，但是它们都需要在浏览器中安装播放 Flash 的插件才能使用，而且有时速度很慢。HTML5 的出现解决了这个问题。HTML5 中提供了音频、视频的标准接口，通过 HTML5 中的相关技术，视频、动画、音频等多媒体播放再也不需要安装插件了，只需一个支持 HTML5 的浏览器即可。

7.1　HTML5 多媒体的简述

Web 上的多媒体指的是音效、音乐、视频和动画。多媒体来自多种不同的格式，它可以是我们听到或看到的任何内容，如文字、图片、音乐、音效、录音、电影、动画。在因特网上，我们会经常发现嵌入网页中的多媒体元素，现代浏览器已支持多种多媒体格式。本章对不同的多媒体格式及其在网页中的使用方法进行介绍。

7.1.1　HTML4 中多媒体的应用

在 HTML5 之前，如果开发者想要在 Web 网页中包含视频，则必须使用 <object> 和 <embed> 元素。而且还要为这两个元素添加许多属性和参数。在 HTML4 中多媒体的应用代码如下：

```
01 <object width="425" height="344">
02   <param name="movie" value="http://www.mingribook.com" />
03   <param name="allowFullScreen" value="true" />
04   <param name="aiiowscriptaccess" value="always" />
05   <embed src="http://www.mingribook.com"
06         type="application/x-shockwave-flash"
07         allowscriptaccess="always"
08         allowFullScreen="true" width="425" height="344">
09   </embed>
10 </object>
```

从上面的代码可以看出，在 HTML4 中使用多媒体有如下缺点。

（1）代码冗长而笨拙。

（2）需要使用 Flash 插件。如果用户没有安装 Flash 插件，则不能播放视频，画面上会出现一片空白。

7.1.2　HTML5 网页中的多媒体

HTML5 中新增了两个元素——video 元素与 audio 元素。video 元素专门用来播放网络上的视频或电影，audio 元素专门用来播放网络上的音频。如果使用这两个元素，就不需要使用其他插件了，只需使用支持 HTML5 的浏览器即可。表 7.1 中介绍了目前浏览器对 video 元素与 audio 元素的支持情况。

表 7.1　目前浏览器对 video 元素与 audio 元素的支持情况

浏　览　器	支 持 情 况
Chrome	8 位有符号整数
Firefox	16 位有符号整数
Opera	32 位有符号整数
Safari	64 位有符号整数

这两个元素的使用方法都很简单，首先以 audio 元素为例，在使用 audio 元素时，只需把播放音频的 URL 地址指定给元素的 src 属性即可。audio 元素使用方法如下：

```
<audio src="http://mingri/demo/test.mp3">
您的浏览器不支持 audio 元素！
</audio>
```

通过这种方法，可以把指定的音频数据直接嵌入网页中，其中"您的浏览器不支持 audio 元素！"为在不支持 audio 元素的浏览器中所显示的替换文本。

video 元素的使用方法也很简单，在使用 video 元素时，只需设定好元素的长、宽等属性，并把播放视频的 URL 地址指定给该元素的 src 属性即可。video 元素的使用方法如下：

```
<video width="640" height="360" src=" http://mingri/demo/test.mp3">
您的浏览器不支持 video 元素！
</video>
```

另外，还可以通过使用 source 元素来为同一个媒体数据指定多个播放格式与编码格式，以确保浏览器可以从中选择一种自己支持的播放格式进行播放，浏览器的选择顺序为代码中的书写顺序，它会从上往下判断自己对该播放格式是否支持，直到自己支持的播放格式。source 元素的使用方法如下：

```
<video width="640" height="360">
<!-- 在 Ogg Theora 格式、Quicktime 格式与 MP4 格式中选择自己支持的播放格式。 -->
<source src="demo/sample.ogv" type="video/ogg; codecs='theora, vorbis'"/>
<source src="demo/sample.mov" type="video/quicktime"/>
</video>
```

source 元素具有以下两个属性。

（1）src 属性：播放媒体的 URL 地址。

（2）type 属性：表示媒体类型，其属性值为播放文件的 MIME 类型，该属性中的 codecs 参数表示所使用的媒体的编码格式。

因为各个浏览器对各种媒体类型及编码格式的支持情况不同，所以使用 source 元素来指定多种媒体类型是非常有必要的。

IE9：支持 H.264 和 VP8 视频编码格式；支持 MP3 和 WAV 音频编码格式。

Firefox 4 及以上、Opera 10 及以上：支持 Ogg Theora 和 VP8 视频编码格式；支持 Ogg Vorbis 和 WAV 音频编码格式。

Chrome 6 及以上：支持 H.264、VP8 和 Ogg Theora 视频编码格式；支持 Ogg Vorbis 和 MP3 音频编码格式。

7.2　多媒体元素基本属性

video 元素与 audio 元素具有的属性大致相同，以下是这两个元素具有的一些属性。

1. src 属性和 autoplay 属性

src 属性用于指定媒体数据的 URL 地址；autoplay 属性用于指定媒体是否在网页加载后自动播放。两者的使用方法如下：

```
<video src="sample.mov" autoplay="autoplay"></video>
```

2. perload 属性

perload 属性用于指定视频或音频数据是否预加载。如果使用预加载，则浏览器会预先将视频或音频数据进行缓冲，这样可以加快播放速度，因为播放时数据已经预先缓冲完毕。perload 属性有 3 个可选值，分别是 none、metadata 和 auto，默认值为 auto。

（1）none 表示不进行预加载。

（2）metadata 表示只预加载媒体的元数据（媒体字节数、第一帧、播放列表、持续时间等）。

（3）auto 表示预加载全部视频或音频数据。

perload 属性的使用方法如下：

```
<video src="sample.mov" preload="auto"></video>
```

3. poster（video 元素的独有属性）属性和 loop 属性

当视频不可用时，可以使用 poster 属性向用户展示一张替代用的图片。当视频不可用时，最好使用 poster 属性，以免展示视频的区域出现一片空白。poster 属性的使用方法如下：

```
<video src="sample.mov" psoter="cannotuse.jpg"></video>
```

loop 属性用于指定是否循环播放视频或音频，使用方法如下：

```
<video src="sample.mov" autoplay="autoplay" loop="loop"></video>
```

4．controls 属性、width 属性和 height 属性（width 属性和 height 属性是 video 元素的独有属性）

controls 属性指定是否为视频或音频添加浏览器自带的播放用的控制条，控制条中有播放、暂停等按钮。controls 属性的使用方法如下：

```
<video src="sample.mov" controls="controls"></video>
```

图 7.1 为 Google Chrome 5.0 浏览器自带的播放视频或音频的控制条外观。

图 7.1　Google Chrome 5.0 浏览器自带的播放视频或音频的控制条外观

学习笔记

开发者也可以在脚本中自定义控制条，而不使用浏览器默认的。

width 属性和 height 属性用于指定视频的宽度与高度（以像素为单位），使用方法如下：

```
<video src="sample.mov" width="500" height="500"></video>
```

5．error 属性

在读取、使用媒体数据的过程中，正常情况下 error 属性为 null，但是如果任何时候出现错误，则该属性将返回一个 MediaError 对象，该对象的 code 属性返回对应的错误状态码，其可能值的含义如下。

（1）MEDIA_ERR_ABORTED（数值 1）：媒体数据的下载过程由于用户的操作原因而终止。

（2）MEDIA_ERR_NETWORK（数值 2）：确认媒体资源可用，但是在下载时会出现网络错误，媒体数据的下载过程终止。

（3）MEDIA_ERR_DECODE(数值 3）：确认媒体资源可用，但是在解码时会发生错误。

（4）MEDIA_ERR_SRC_NOT_SUPPORTED（数值 4）：媒体资源不可用，媒体格式不被支持。

error 属性为只读属性。

读取错误状态的代码如下：

```
01 <video id="videoElement" src="mingri.mov">
02    <script>
03       var video=document.getElementById("video Element");
```

```
04          video.addEventListener("error",function(){
05              {
06                  var error=video.error;
07                  switch (error.code)
08                  {
09                      case 1:
10                          alert("视频的下载过程终止。");
11                          break;
12                      case 2:
13                          alert("网络发生故障，视频的下载过程终止。");
14                          break;
15                      case 3:
16                          alert("解码失败。");
17                          break;
18                      case 4:
19                          alert("不支持播放的视频格式。");
20                          break;
21                      default:
22                          alert("发生未知错误。");
23                  }
24              },false);
25      </script>
```

6. networkState 属性

networkState 属性在媒体数据加载过程中读取当前网络的状态，其各个值的含义如下。

（1）NETWORK_EMPTY（数值 0）：元素处于初始状态。

（2）NETWORK_IDLE（数值 1）：浏览器已选择好使用哪种编码格式来播放媒体，但尚未建立网络连接。

（3）NETWORK_LOADING（数值 2）：媒体数据加载中。

（4）NETWORK_NO_SOURCE（数值 3）：没有支持的编码格式，不执行加载操作。

networkState 属性为只读属性，读取网络状态的实例代码如下：

```
01  <script>
02      var video = document.getElementById("video");
03      video.addEventListener("progress", function(e)
04      {
05          var networkStateDisplay=document.getElementById ("networkState");
06          if(video.networkState==2)
07          {
08              networkStateDisplay.innerHTML="加载中 ...["+e.loaded+"/"+ e.total+
"byte]";
09          }
10          else if(video.networkState==3)
```

```
11              {
12                  networkStateDisplay.innerHTML=" 加载失败 ";
13              }
14          },false);
15  </script>
```

7. currentSrc 属性和 buffered 属性

可以用 currentSrc 属性来读取播放中媒体数据的 URL 地址，该属性为只读属性。

buffered 属性返回一个实现 TimeRanges 接口的对象，以确认浏览器是否已缓存媒体数据。TimeRanges 对象表示一段时间范围，在大多数情况下，该对象表示的时间范围是一个单一的以 "0" 开始的范围，但是如果浏览器发出 Range Request 请求，那么 TimeRanges 对象表示的时间范围将是多个时间范围。

TimeRanges 对象具有一个 length 属性，表示有多少个时间范围，多数情况下当存在时间范围时，该值为 "1"；当不存在时间范围时，该值为 "0"。TimeRanges 对象有两个方法：start(index) 和 end(index)，多数情况下只需将 index 设置为 "0" 即可。当用 element.buffered 语句来实现 TimeRanges 接口时，start(0) 表示当前缓存区内是从媒体数据的什么时间开始进行缓存的，end(0) 表示当前缓存区内的结束时间。

buffered 属性为只读属性。

8. readyState 属性

readyState 属性为只读属性，该属性返回媒体当前播放位置的就绪状态，其各个值的含义如下。

（1）HAVE_NOTHING（数值 0）：没有获取媒体的任何信息，当前播放位置没有可播放数据。

（2）HAVE_METADATA（数值 1）：已经获取足够的媒体数据，但是当前播放位置没有有效的媒体数据（获取的媒体数据无效，不能播放）。

（3）HAVE_CURRENT_DATA（数值 2）：当前播放位置已经有可以播放的数据，但没有获取可以让播放器前进的数据。当媒体为视频时，表示已获取当前帧的数据，但还没有获取下一帧的数据，或者当前帧是播放的最后一帧。

（4）HAVE_FUTURE_DATA（数值 3）：当前播放位置已经有可以播放的数据，而且也获取了可以让播放器前进的数据。当媒体为视频时，表示已获取当前帧的数据，而且也获取了下一帧的数据；当当前帧是播放的最后一帧时，readyState 属性不可能为 HAVE_FUTURE_DATA。

（5）HAVE_ENOUGH_DATA（数值 4）：当前播放位置已经有可以播放的数据，而且也获取了可以让播放器前进的数据，同时浏览器确认媒体数据以某一速度进行加载，可以保证有足够的后续数据进行播放。

9. seeking 属性和 seekable 属性

seeking 属性返回一个布尔值，表示浏览器是否正在请求某一特定播放位置的数据，true 表示浏览器正在请求数据，false 表示浏览器已停止请求。

seekable 属性返回一个 TimeRanges 对象，该对象表示请求到的数据的时间范围。当媒体为视频时，开始时间为请求到第一帧视频数据的时间，结束时间为请求到最后一帧视频数据的时间。

seeking 属性和 seekable 属性均为只读属性。

10. currentTime 属性、startTime 属性和 duration 属性

currentTime 属性用于读取媒体的当前播放位置，可以通过修改 currentTime 属性来修改当前播放位置。如果在修改的位置上没有可用的媒体数据，那么将抛出 INVALID_STATE_ERR 异常；如果修改的位置超出了浏览器在一次请求中可以请求的数据范围，那么将抛出 INDEX_SIZE_ERR 异常。

startTime 属性用于读取媒体播放的开始时间，通常为 "0"。

duration 属性用于读取媒体文件总的播放时间。

11. played 属性、paused 属性和 ended 属性

played 属性返回一个 TimeRanges 对象，从该对象中可以读取媒体文件已播放部分的时间段。开始时间为已播放部分的开始时间，结束时间为已播放部分的结束时间。

paused 属性返回一个布尔值，表示媒体是否暂停播放，true 表示媒体暂停播放，false 表示媒体正在播放。

ended 属性也返回一个布尔值，表示媒体是否播放完毕，true 表示媒体播放完毕，false 表示没有播放完毕。

played 属性、paused 属性和 ended 属性均为只读属性。

12. defaultPlaybackRate 属性和 playbackRate 属性

defaultPlaybackRate 属性用于读取或修改媒体默认的播放速度。

playbackRate 属性用于读取或修改媒体当前的播放速度。

13. volume 属性和 muted 属性

volume 属性用于读取或修改媒体的播放音量，范围为 "0" 到 "1"，"0" 为静音，"1" 为最大音量。

muted 属性用于读取或修改媒体的静音状态，该值为布尔值，true 表示媒体处于静音状态，false 表示媒体处于非静音状态。

7.3　多媒体元素常用方法

7.3.1　多媒体播放时的方法

多媒体元素常用方法如下。

（1）使用 play() 方法播放视频，并将 paused 属性的值强行设为 false。

（2）使用 pause() 方法暂停播放视频，并将 paused 属性的值强行设为 true。

（3）使用 load() 方法重新载入视频，并将 playbackRate 属性的值强行设为 defaultPlaybackRate 属性的值，且强行将 error 属性的值设为 null。

为了展示视频在播放时应用的方法和多媒体的基本属性，在控制视频的播放时，并没有应用浏览器自带的控制条来控制视频的播放，而是通过添加"播放""暂停""停止"按钮来控制视频的播放、暂停和停止，并通过制作美观的进度条来显示播放视频的进度。

添加按钮及进度条的步骤如下。

（1）首先，在 HTML5 文件中添加视频，添加"播放""暂停"等功能按钮的 HTML 代码。具体代码如下：

```
01 <body>
02 <!-- 添加视频  start-->
03 <div class="videoContainer">
04   <!-- timeupdate 事件: 当前播放位置（currentTime 属性）改变   -->
05   <video id="videoPlayer"  ontimeupdate="progressUpdate()" >
06     <source src="butterfly.mp4" type="video/mp4">
07     <source src="butterfly.webm" type="video/webm">
08   </video>
09 </div>
10 <!-- 添加视频  end-->
11 <!-- 进度条和时间显示区域 start-->
12 <div class="barContainer">
13   <div id="durationBar">
14     <div id="positionBar"><span id="displayStatus"> 进度条 .</span></div>
15   </div>
16 </div>
17 <!-- 进度条和时间显示区域   end-->
18 <!--6 个功能按钮  start-->
19 <div class="btn">
20   <button onclick="play()"> 播放 </button>
21   <button onclick="pause()"> 暂停 </button>
22   <button onclick="stop()"> 停止 </button>
23   <button onclick="speedUp()"> 加速播放 </button>
24   <button onclick="slowDown()"> 减速播放 </button>
25   <button onclick="normalSpeed()"> 正常速度 </button>
```

```
26  </div>
27  <!--6 个功能按钮    end-->
28  </body>
```

（2）首先为"播放""暂停""停止"功能按钮绑定 3 个 onclick 事件，通过多媒体播放时的方法即可实现。然后为"加速播放""减速播放""正常速度"功能按钮绑定 3 个 onclick 事件，在函数内部改变 playbackRate 属性的值，即可实现不同速度的播放。最后实现进度条内部动态显示播放时间。显示播放时间具体的实现方法是：首先通过 currentTime 属性和 duration 属性获取当前播放位置与视频播放总时间；然后利用 Math.round 对获取的时间进行处理，保留两位小数；最后通过 innerHTML 属性将时间的值写入 <span> 标签中。具体的实现代码如下：

```
29  <script>
30      var video;
31      var display;
32      window.onload = function() {          // 网页加载时执行的匿名函数
33        video = document.getElementById("videoPlayer"); // 获取 videoPlayer
元素
34        display = document.getElementById("displayStatus");// 通过 id 获取
span 元素
35      }
36      function play() {              // 播放函数
37        video.play();                // 多媒体播放时的方法
38      }
39      function pause() {
40        video.pause();               // 多媒体播放时的方法
41      }
42      // 使用 currentTime 属性改变当前播放位置，触发 timeUpdate 事件
43      function stop() {              // 单击"停止"按钮，视频停止播放的函数
44        video.pause();
45        video.currentTime = 0;       // 当前播放位置 =0
46      }
47      function speedUp() {           // 加速播放视频函数
48        video.play();
49        video.playbackRate = 2;      // 播放速度
50      }
51      function slowDown() {          // 减速播放视频函数
52        video.play();
53        video.playbackRate = 0.5;
54      }
55      function normalSpeed() {       // 正常速度播放视频函数
56        video.play();
57        video.playbackRate = 1;
58      }
```

```
59      // 进程更新函数
60      function progressUpdate() {
61        var positionBar = document.getElementById("positionBar");  // 通
过 id 获取进度条元素
62        // 时间转换为进度条的宽度
63        positionBar.style.width = (video.currentTime / video.duration *
100) + "%";
64          // 播放时间通过 innerHTML() 方法添加到 <span> 标签内部（进度条），使它显
示于网页上
65        displayStatus.innerHTML = (Math.round(video.currentTime*100)/100) +
" 秒 ";
66      }
67    </script>
```

本实例的运行结果如图 7.2 所示。

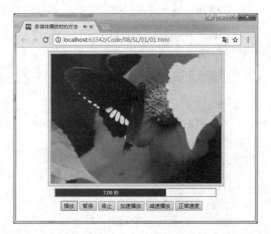

图 7.2　多媒体播放时的方法和属性的综合运用实例

7.3.2　canPlayType(type) 方法

使用 canPlayType(type) 方法测试浏览器是否支持指定的媒介类型，该方法的定义如下：

```
var support=videoElement.canPlayType(type);
```

其中，videoElement 表示网页上的 video 元素或 audio 元素。canPlayType(type) 方法使用一个参数 type，该参数的指定方法与 source 元素的 type 参数的指定方法相同，都使用播放文件的 MIME 类型来指定，可以在指定的字符串中加上表示媒体编码格式的 codes 参数。

canPlayType(type) 方法返回以下 3 个可能值（均为浏览器判断的结果）。

（1）空字符串：浏览器不支持此种媒体类型。

（2）maybe：浏览器可能支持此种媒体类型。

（3）probably：浏览器确定支持此种媒体类型。

7.4 多媒体元素重要事件

7.4.1 事件处理方式

在利用 video 元素或 audio 元素读取或播放媒体数据时，会触发一系列的事件，如果使用 JavaScript 来捕捉这些事件，就可以处理这些事件了。对于这些事件的捕捉及处理，可以按以下两种方式进行。

（1）监听的方式。使用 addEventListener(事件名,处理函数,处理方式) 方法对事件的发生进行监听，该方法的定义如下：

```
videoElement.addEventListener(type,listener,useCapture);
```

其中，videoElement 表示网页上的 video 元素或 audio 元素；type 表示事件名称；listener 表示绑定的函数；useCapture 是一个布尔值，表示该事件的响应顺序，该值如果为 true，则浏览器采用 Capture 响应方式，如果为 false，则浏览器采用 bubbing 响应方式，一般情况下为 false，默认情况下也为 false。

（2）直接赋值的方式。该事件处理方式为 JavaScript 中常见的获取事件句柄的方式，代码如下：

```
<video id="video1" src="mrsoft.mov" onplay="begin_playing()"></video>
function begin_playing()
{
…（省略代码）
};
```

7.4.2 事件介绍

浏览器在请求、下载、播放媒体数据一直到播放结束这一系列过程中，到底会触发哪些事件？接下来进行具体介绍。

（1）loadstart 事件：浏览器开始请求媒体数据。

（2）progress 事件：浏览器正在获取媒体数据。

（3）suspend 事件：浏览器非主动获取媒体数据，且没有加载完整个媒体数据。

（4）abort 事件：浏览器在完全加载前终止获取媒体数据，但是并不是由错误引起的。

（5）error 事件：获取媒体数据出错。

（6）emptied 事件：媒体元素的网络状态突然变为未初始化。发生 emptied 事件可能的原因有两个：①在载入媒体过程中突然发生一个致命错误；②当浏览器正在选择支持的播放格式时，又调用了 load() 方法重新载入媒体。

（7）stalled 事件：浏览器获取媒体数据异常。

（8）play 事件：即将开始播放，当执行 play() 方法时触发，或数据下载后元素被设为 autoplay（自动播放）属性时触发。

（9）pause 事件：暂停播放，当执行 pause() 方法时触发。

（10）loadedmetadata 事件：浏览器获取完媒体数据的时长和字节。

（11）loadeddata 事件：浏览器已加载当前播放位置的媒体数据。

（12）waiting 事件：播放由于下一帧无效（如未加载）而停止（但浏览器确认下一帧会马上有效）。

（13）playing 事件：已经开始播放。

（14）canplay 事件：浏览器能够开始播放，但估计以当前速度播放不能直接将媒体播放完（播放期间需要缓冲）。

（15）canplaythrough 事件：浏览器估计以当前速度直接播放可以直接播放完整个媒体资源（播放期间不需要缓冲）。

（16）seeking 事件：浏览器正在请求数据（seeking 属性值为 true）。

（17）seeked 事件：浏览器停止请求数据（seeking 属性值为 false）。

（18）timeupdate 事件：当前播放位置（currentTime 属性）改变，可能是播放过程中的自然改变，也可能是人为改变，或者由于播放不能连续而发生的跳变。

（19）ended 事件：播放由于媒体结束而停止。

（20）ratechange 事件：默认播放速度（defaultPlaybackRate 属性）改变或播放速度（playbackRate 属性）改变。

（21）durationchange 事件：媒体时长（duration 属性）改变。

（22）volumechange 事件：音量（volume 属性）改变或静音（muted 属性）。

7.4.3　事件实例

下面通过一个实例，在网页中显示要播放的多媒体文件，同时显示多媒体文件的总时间，当单击"播放"按钮时，显示当前播放的时间。多媒体文件的总时间与当前播放的时间将以"秒 / 秒"的形式显示。

本实例实现的步骤如下。

（1）通过 <video> 标签添加多媒体文件，代码如下：

```
01    <!-- 添加视频 -->
02  <video id="video">
03         <source  src="butterfly.mp4" type="video/mp4" />
04         <source  src="butterfly.webm" type="video/webm" />
05    </video>
```

（2）在网页中添加 <button> 和 <span> 标签，分别用于放置"播放""暂停"按钮，以及媒体的总时间、当前播放时间。实现的 HTML 代码如下：

```
06 <!-- 播放按钮和播放时间 -->
07 <button id="playButton" onclick="playOrPauseVideo()">播放</button>
08 <span id="time"></span>
```

（3）给 video 元素添加事件监听，用 addEventListener() 方法对 playEvent 事件进行监听（loadeddata 事件），在该函数中用秒来显示当前播放时间。同时触发 onclick 事件，调用 play() 方法。在 play() 方法中对播放的进度进行判断，当播放完毕后，将当前播放位置 currentTime 置 0，并通过三元运算符执行播放或暂停，实现的代码如下：

```
09 // 播放暂停
10 var play=document.getElementById("playButton");     // 获取按钮元素
11 play.onclick = function () {
12     if (video.ended) {              // 如果媒体播放完毕，则播放时间从 0 开始
13         video.currentTime = 0;
14     }
15     video[video.paused ? 'play' : 'pause']();   // 通过三元运算符执行播放和暂停
16 };
17
18 video.addEventListener('play', playEvent, false);  // 使用事件播放
19 video.addEventListener('pause', pausedEvent, false);// 播放暂停
20 video.addEventListener('ended', function () {  // 播放完毕后停止播放
21     this.pause();                              // 显示暂停播放
22 }, false);
23 }
```

（4）显示播放时间。获取 video 元素的 currentTime 属性值和 duration 属性值，currentTime 属性值和 duration 属性值默认的单位是秒，当前播放时间是以"当前时间 / 总时间"的形式输出的。具体的实现方法是：首先通过 currentTime 属性和 duration 属性，获取当前播放位置和视频播放总时间；然后利用 Math. floor 对获取的时间取整；最后通过 innerHTML() 方法将值写入 <span> 标签中。具体实现的代码如下：

```
24 // 显示时间进度
25 function playOrPauseVideo() {
26     var video = document.getElementById("video");
27     // 使用事件监听方式，捕捉 timeupdate 事件
28     video.addEventListener("timeupdate", function () {
29         var timeDisplay = document.getElementById("time");
30         // 用秒数来显示当前播放进度
31         timeDisplay.innerHTML = Math.floor(video.currentTime) + " / " +
Math.floor(video.duration) + "（秒）";
32     }, false);
```

（5）使用 video 元素的 addEventListener() 方法对 play、pause、ended 等事件进行监听，同时绑定 playEvent()、pausedEvent() 函数，在这两个函数中，实现按钮交替地显示文字"播放"和"暂停"。实现代码如下：

```
33 // 绑定 onclick 事件：播放暂停
```

```
34    var play=document.getElementById("playButton");  // 获取按钮元素
35     play.onclick = function () {
36        if (video.ended) {           //ended 为 video 元素的属性
37            video.currentTime = 0; // 如果媒体播放完毕，则播放时间从 0 开始
38        }
39        video[video.paused ? 'play' : 'pause']();  // 通过三元运算符执行
播放和暂停
40     };
41      // 按钮交替地显示"播放"和"暂停"
42     video.addEventListener('play', playEvent, false);  // 使用事件播放
43            video.addEventListener('pause', pausedEvent, false);    // 播放
暂停
44            video.addEventListener(vended, function () {   // 播放完毕
后停止播放
45               this.pause();     // 显示暂停播放
46            }, false);
47     function playEvent() {
48      video.play();
49      play.innerHTML = '暂停';
50   }
51   function pausedEvent() {
52    video.pause();
53    play.innerHTML = '播放';
54   }
55   }
```

本实例的运行结果如图 7.3 所示。

图 7.3　利用 addEventListener() 方法添加多媒体事件实例

第二篇　CSS篇

第8章　CSS3概述

CSS（Cascading Style Sheet，层迭样式表，又称层叠样式表）是早在几年前就问世的一种样式表语言，至今还没有完成所有规范化草案的制定。虽然最终的、完整的、规范权威的 CSS3 标准还没有尘埃落定，但是各主流浏览器已经开始支持其中的绝大部分特性。如果想成为前卫的高级网页设计师，就应该从现在开始积极学习和实践，本章对 CSS3 的新特性、常用属性，以及常用的几种 CSS3 选择器进行详细讲解。

8.1　CSS3 简介

本节是了解性的内容，主要为大家介绍 CSS 的发展历史，并通过举例向大家演示 CSS 的基本语法。而 CSS 的具体使用，会在后面的小节进行具体介绍。

8.1.1　CSS3 的发展史

CSS 是一种网页控制技术，采用 CSS 技术，可以有效地对网页布局、字体、颜色、背景和其他效果实现更加精准的控制。网页最初是用 HTML 标签定义网页文档及格式的，如标题标签 <h1>、段落标签 <p> 等，但是这些标签无法满足更多的文档样式需求。为了解决这个问题，1995 年，W3C（World Wide Web Consortium）成立，CSS 的创作成员全部成为 W3C 的工作小组，并全力以赴负责研发 CSS 标准。1996 年 CSS 初稿完成，同年 12 月，CSS 的第一份正式标准（Cascading Style Sheets Level1，CSS1）完成，成为 W3C 的推荐标准。自 CSS1 版本之后，又在 1998 年 5 月发布了 CSS2 版本，在 CSS2 中开始使用样式表结构。又过了 6 年，也就是 2004 年，CSS2.1 正式推出，它在 CSS2 的基础上略微做了改动，删除了许多诸如 text-shadow 等浏览器不支持的属性。

现在使用的 CSS 基本上是在 1998 年推出的 CSS2 的基础上发展而来的。20 年前，在互联网刚开始普及时，就能够使用样式表对网页进行视觉效果的统一编辑，确实是一件可喜的事情。但是在此之后，CSS 基本上没有很大的变化，一直到 2010 年终于推出了一个全新的版本——CSS3。

与 CSS 以前的版本相比，CSS3 的变化是革命性的，而不仅限于局部功能的修订和完善。

尽管 CSS3 的一些特性还不能被很多浏览器支持，或者说支持得还不够好，但是它依然让我们看到了网页样式的发展方向和使命。

8.1.2　一个简单的 CSS 实例

简单地说，CSS3 通过几行代码就可以实现很多以前需要使用脚本才能实现的效果，这不仅简化了设计师的工作，还能加快网页载入速度。CSS3 的语法格式如下：

```
selector {property:value}
```

在该语法中，各参数的含义如下。

（1）selector：选择器。CSS 可以通过某种选择器选中想要改变样式的标签。

（2）property：希望改变样式的标签的属性。

（3）value：属性值。

下面通过实现添加网页背景，以及设置文字阴影来演示 CSS 的使用过程。实例运行效果如图 8.1 所示。

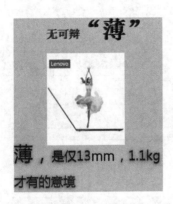

图 8.1　添加网页背景和文字阴影后的效果

首先，建立一个 HTML 文件，在 HTML 文件中通过添加标签来完成网页的基本内容，具体代码如下：

```
01    <div class="mr-box">
02        <div class="mr-shadow"><font> 无可辩 </font>"薄" </div>
03        <div class="mr-shadow1">薄，<font> 是仅 13mm，1.1kg 才有的意境 </font></div>
04    </div>
```

然后，建立一个 CSS 文件，这里，先讲解如何创建一个 CSS 文件：首先，进入 JetBrains WebStorm 主界面，如图 8.2 所示，在主菜单中依次单击"File"→"New"→"Stylesheet"选项，将弹出如图 8.3 所示的对话框；然后，在图 8.3 中的"Name"文本框中输入文件的名称（test）；最后，单击"OK"按钮，将跳转至如图 8.4 所示的窗口，此时一个 CSS 文件就创建完成了。

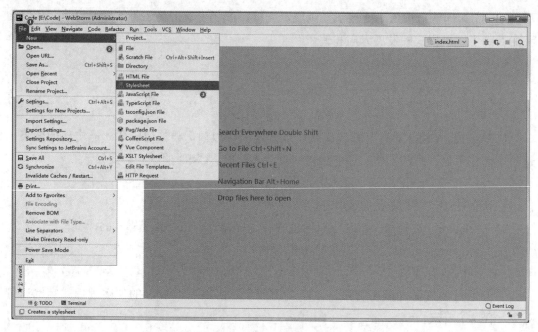

图 8.2　JetBrains WebStorm 主界面

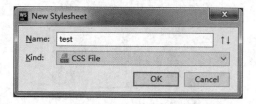

图 8.3　给 CSS 文件命名

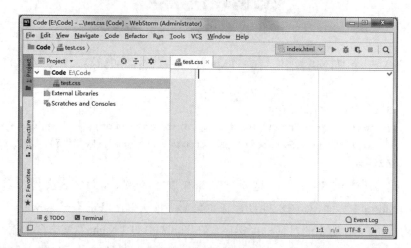

图 8.4　CSS 文件窗口

CSS 文件创建完成以后，在如图 8.4 所示的代码编辑区中输入如下代码：

```
01  .mr-box{                              /* 设置网页的总体样式 */
02      width: 421px;                     /* 设置网页的大小 */
03      height: 480px;
04      margin: 0 auto;                   /* 左、右外边距自动居中 */
05      background: no-repeat url(../images/1.jpg) #E0D4D4 47% 43%; /* 设置网页
背景 */
06      background-size: 220px 254px;     /* 设置网页背景的尺寸 */
07  }
08  /* 设置第一部分文字的样式 */
09  .mr-shadow {
10      margin-left:100px;                /* 设置文字的左边距 */
11      color: #dc1844;                   /* 设置文字的颜色 */
12      font: 900 64px/64px sans-serif;   /* 设置文字的粗细、大小和字体 */
13  /* 设置文字的阴影，参数含义分别是水平方向位移、垂直方向位移、阴影宽度、阴影颜色 */
14      text-shadow: -1px 0 0 #0a0a0a, -4px 0 0 #6f3b7b, -6px 0 0 #080808,
-8px 0 0 #121ff1;
15  }
16  .mr-shadow font{
17      font-size:30px;
18      }
19  .mr-shadow1 {                         /* 设置第二部分文字样式 */
20      color:#6C0305;                    /* 设置文字的颜色 */
21      margin-top: 264px;                /* 设置向上的外边距 */
22      font: 100 54px/64px ' 黑体 ';
23      text-shadow:0 -1px 0 #ca3636,0 2px 0 #ea1414,2px -2px 1px #c3d259,
-2px 2px 15px #674242;
24      }
25  .mr-shadow1 font{
26      font-size:35px;
27  }
```

最后，用户需要将 CSS 文件链接到 HTML 文件。在 HTML 文件的 <head> 标签中添加如下代码：

```
<link href="css/css.css" type="text/css" rel="stylesheet">
```

其中，href 表示 CSS 文件的地址；type 表示链接文件的类型；rel 表示链接文件与该 HTML 文件的关系。type 属性和 rel 属性的属性值是不需要用户改变的。

📖 学习笔记

上面链接 CSS 文件的代码，在正常情况下，可以写在 HTML 文件的任意位置，如 <body> 标签中或上方都可以，但是，由于在浏览网页时，系统加载文件的顺序为自上而下，为了让网页内容在加载出来时就显示其样式，所以上面这句代码一般写在 <head> 标签中或 <head> 标签与 <body> 标签之间。

8.2　CSS3 中的选择器

前面我们了解了 CSS 可以改变 HTML 中标签的样式，那么 CSS 是如何改变 HTML 中标签的样式的呢？简单地说，就是告诉 CSS 三个问题：改变谁、改什么、怎么改。在告诉 CSS 改变谁时就需要用到选择器。选择器是用来选择标签的方式的。例如，ID 选择器是通过 ID 来选择标签的，类选择器是通过类名来选择标签的。改什么，就是告诉 CSS 改变这个标签的什么属性；怎么改，是指定这个属性的属性值。

举个例子，如果要将 HTML 中的所有 <p> 标签的文字变成红色，那么需要通过标签选择器告诉 CSS 要改变所有 <p> 标签，将它的颜色属性改为红色。清楚了这三个问题，CSS 就可以为我们服务了。

📋 **学习笔记**

> 选择器选中的是所有符合条件的标签，因此不一定只有一个标签。

8.2.1　标签选择器与属性选择器

1．标签选择器

最常见的 CSS 选择器是标签选择器。换句话说，文档的标签就是最基本的选择器。如果设置 HTML 样式，那么选择器通常是某个 HTML 标签，如 <b>、<h1>、<a>，有时甚至可以是 HTML 本身，具体代码格式如下：

```
html{color:black;}
h1{color:red;}
a{color:yellow;}
```

也可以将某个样式从一个标签切换到另一个标签。例如，将上面的红色 <h1> 标签里面的文字设置为红色的段落文本，即：

```
html{color:black;}
p{color:red;}
a{color:yellow;}
```

2．属性选择器

属性选择器是通过属性来选择标签的，这些属性既可以是标准属性（HTML 中默认的属性，如 <input> 标签中的 type 属性），又可以是自定义属性。

在 HTML 中，通过各种各样的属性可以给标签增加很多附加信息。例如，在一个 HTML 网页中，插入多个 <p> 标签，并为每个 <p> 标签设定不同的属性，实现代码如下：

```
01  <p font="fontsize">编程图书</p>    <!-- 设置 font 属性的属性值为 fontsize -->
02  <p color="red">PHP 编程</p>         <!-- 设置 color 属性的属性值为 red -->
```

```
03  <p color="red">Java 编程 </p>        <!-- 设置 color 属性的属性值为 red -->
04  <p font="fontsize"> 当代文学 </p>  <!-- 设置 font 属性的属性值为 fontsize-->
05  <p color="green"> 盗墓笔记 </p>     <!-- 设置 color 属性的属性值为 green-->
06  <p color="green"> 明朝那些事 </p>   <!-- 设置 color 属性的属性值为 green -->
```

在 HTML 中为标签添加属性之后，就可以在 CSS 中使用属性选择器选择对应的标签来改变样式了。在使用属性选择器时，需要声明属性与属性值，声明方法如下：

```
[att=val]{}
```

其中，att 代表属性；val 代表属性值。例如，下面的代码就可以实现为相应的 <p> 标签设置样式：

```
01  [color=red]{         /* 选择所有 color 属性的属性值为 red 的 <p> 标签 */
02     color: red;       /* 设置其字体颜色为红色 */
03  }
04  [color=green]{        /* 选择所有 color 属性的属性值为 green 的 <p> 标签 */
05     color: green;      /* 设置其字体颜色为绿色 */
06  }
07  [font=fontsize]{      /* 选择所有 font 属性的属性值为 fontsize 的 <p> 标签 */
08     font-size: 20px;   /* 设置其字体大小为 20px*/
09  }
```

📋 **学习笔记**

在给元素定义属性和属性值时，可以任意定义属性，但是要尽量做到"见名知意"，即只要看到这个属性名和属性值，自己就知道设置这个属性的用意。

下面通过一个实例，使用属性选择器，实现一个商城首页的手机风暴版块，主要步骤如下。

（1）新建一个 HTML 文件，通过 <img> 和 <p> 标签添加图片与文字，代码如下：

```
01  <div class="mr-right">
02      <!-- 通过 <img> 标签添加 5 张手机图片 -->
03  <img src="images/8-1a.jpg" alt="" att="a">
04  <img src="images/8-1b.jpg" alt="" att="b"><br/>
05  <img src="images/8-1c.jpg" alt="" att="c">
06  <img src="images/8-1d.jpg" alt="" att="d">
07  <img src="images/8-1e.jpg" alt="" att="e">
08      <!-- 通过 <img> 标签添加购物车侧图片 -->
09  <img src="images/8-1g.jpg" alt="" class="mr-car1">
10  <img src="images/8-1g.jpg" alt="" class="mr-car2">
11  <img src="images/8-1g.jpg" alt="" class="mr-car3">
12  <img src="images/8-1g.jpg" alt="" class="mr-car4">
13  <img src="images/8-1g.jpg" alt="" class="mr-car5">
14  <!-- 通过 <p> 和 <span> 标签添加手机型号与价格 -->
15  <p class="mr-price1">OPPO R9 Plus<br/><span>3499.00</span></p>
```

```
16    <p class="mr-price2">vivo Xplay6<br/><span>4498.00</span></p>
17    <p class="mr-price3">Apple iPhone 7<br/><span>5199.00</span></p>
18    <p class="mr-price4">360 NS4<br/><span>1249.00</span></p>
19    <p class="mr-price5"> 小米 Note4<br/><span>1099.00</span></p>
20  </div>
```

（2）使用属性选择器改变网页中手机图片的大小和位置，代码如下：

```
01  /* 选择 HTML 中 att 属性分别为 a、b、c、d、e 的标签，即选中 5 部手机 */
02  [att=a],[att=b],[att=c],[att=d],[att=e]{
03      width:180px;              /* 设置宽度 */
04      height:182px;             /* 设置高度 */
05  }
06  [att=a]{                      /* 使用属性选择器选择 HTML 中 att 的属性值为 a 的标签 */
07      left:140px;
08      top:20px;
09      }
10  [att=b]{                      /* 使用属性选择器设置第 2 张手机图片的大小和位置 */
11      left:700px;
12      top:20px;
13      }
14  [att=c]{                      /* 使用属性选择器设置第 3 张手机图片的大小和位置 */
15      left:400px;
16      top:180px;
17  }
```

完成代码编译后，在浏览器中运行，效果如图 8.5 所示。

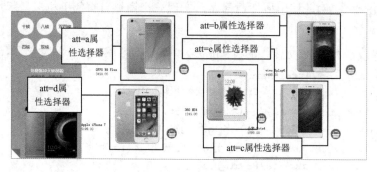

图 8.5　商城首页的手机风暴版块

📋 **学习笔记**

　　本实例综合使用类选择器和属性选择器，其中类选择器主要实现购物车和手机型号文字的样式。详细代码请参照配套资源中的源码。

8.2.2　类选择器和 ID 选择器

在 CSS 中，除了属性选择器，类选择器和 ID 选择器也是被广泛支持的选择器。在某些方面，这两种选择器比较类似，不过也有一定的区别。

第一个区别，ID 选择器前面有一个 "#" 符号，称为棋盘号或井号，其语法格式如下：

```
#intro{color:red;}
```

而类选择器前面有一个 "." 号，即英文格式下的半角句号，其语法格式如下：

```
.intro{color:red;}
```

第二个区别，ID 选择器引用的是 id 属性的值，类选择器引用的是 class 属性的值。

📖 **学习笔记**

> 在一个网页中，标签的 class 属性可以定义多个，而 id 属性只能定义一个。例如，在一个网页中，只能有一个标签的 id 的属性值为 intro。

下面通过一个实例，使用类选择器和 ID 选择器实现一个商城首页的爆款特卖版块，主要实现步骤如下。

（1）新建一个 HTML 文件，在该文件中，首先通过 <div> 标签对网页进行布局，然后通过 <img> 标签和 <p> 标签添加手机的图片、价格和型号等。代码如下：

```
01  <div id="mr-content">
02    <div class="mr-top">爆款特卖 </div>
03    <div class="mr-bottom">
04      <div class="mr-block1"><img src="images/8-2.jpg"class="mr-img">
<!-- 添加手机图片 -->
05        <p class="mr-title">华为 Mate8</p            <!-- 添加文字 -->
06        <div>
07          <div class="mr-mon">￥2998.00</div>
08          <div class="mr-minute">秒杀 </div>
09        </div>
10      </div>
11      <div class="mr-block1"> <img src="images/8-2c.jpg"class="mr-img">
12        <p class="mr-title">华为 Mate9</p>
13        <div>
14          <div class="mr-mon">￥4798.00</div>
15          <div class="mr-minute">秒杀 </div>
16        </div>
17      </div>
18    </div>
19  </div>
```

（2）新建一个 CSS 文件，通过外部样式将其引入 HTML 文件中，然后使用 ID 选择器和类选择器设置图片与文字的大小、位置等，关键代码如下：

```
01  /* 网页中只有一个 mr-content，因此使用 ID 选择器 */
02  #mr-content{
03      width:1090px;              /* 设置整体网页宽度为 1090px*/
04      height:390px;             /* 设置整体网页高度为 390px*/
05      margin:0 auto;            /* 设置内容在浏览器中自适应 */
06      background:#ffd800;       /* 设置整体网页的背景颜色 */
07      border:1px solid red;     /* 设置整体内容边框 */
08      text-align:left;          /* 文字的对齐方式为向左对齐 */
09      }
10  .mr-top{                      /* 设置标题的属性 */
11      width:1073px;             /* 设置宽度 */
12      height:60px;              /* 设置高度 */
13      padding:20px 0 0 10px;    /* 设置内边距 */
14      color:#8a5223;            /* 设置字体颜色 */
15      font-size:32px;           /* 设置字体大小 */
16      font-weight:bolder;       /* 设置字体粗细 */
17      }
18  .mr-bottom{
19      width:1200px;             /* 设置内容部分宽度 */
20      height:336px;             /* 设置内容部分高度 */
21      }
22  .mr-block1{
23      width:260px;              /* 设置宽度 */
24      height:300px;             /* 设置高度 */
25      float:left;               /* 设置浮动 */
26      text-align: center;
27      margin-left:10px;         /* 设置向左的外边距 */
28      background:#FFF;          /* 设置背景 */
29  }
```

在浏览器中运行，效果如图 8.6 所示。

图 8.6　商城首页的爆款特卖版块

学习笔记

在上面的实例中，省略了 HTML 中间两部分的图片、文字的代码，实例的详细代码请参照配套资源中的源码。

8.2.3　伪类选择器和伪元素选择器

当我们浏览网页时，常遇到一种情况，就是每当将鼠标指针放在某个元素上时，这个元素就会发生一些变化。例如，当鼠标指针滑过导航栏时，就会展开导航栏里的内容。这些特效的实现都离不开伪类选择器。而伪元素选择器则是用来表示使用普通标签无法轻易修改的部分，如一段文字中的第一个文字等。

1.　伪类选择器

伪类选择器是 CSS 中已经定义好的选择器，因此程序员不能随意命名。伪类选择器用来对某种特殊状态的目标元素应用样式。例如，用户正在单击的元素，或者鼠标指针正在经过的元素等。伪类选择器主要有以下四种。

（1）:link：表示对未访问的超链接应用样式。

（2）:visited：表示对已访问的超链接应用样式。

（3）:hover：表示对鼠标指针所停留处的元素应用样式。

（4）:active：表示对用户正在单击的元素应用样式。

例如，下面的代码就是通过伪类选择器来改变特定状态的标签样式的：

```
01  a:link {              /* 表示对未访问的链接应用样式 */
02     color: #000;       /* 设置其字体颜色为黑色 */
03  }
04  a:visited {           /* 表示对已访问的链接应用样式 */
05     color: #f00;       /* 设置其字体颜色为红色 */
06  }
07  .hov:hover {          /* 表示对鼠标指针所停留处的类名为 hov 的元素应用样式 */
08     border: 2px red solid;/* 添加边框 */
09  }
10  .act:active {         /* 表示对鼠标指针所停留处的类名为 act 的元素应用样式 */
11     background: #ffff00; /* 添加背景颜色 */
12  }
```

学习笔记

:link 和 :visited 只对链接标签起作用，而对其他标签无效。

在使用伪类选择器时，它们在样式表中的顺序是很重要的，如果顺序不当，那么程序员可能无法得到希望的样式。:hover 伪类选择器必须定义在 :link 和 :visited 两个伪类选择器之后，而 :actived 伪类选择器则必须在 :hover 之后。为了方便记忆，可以采用"爱恨原则"，即"L(:link)oV(:visited)e, H(:hover)A(:actived)te"。

2. 伪元素选择器

伪元素选择器是用来改变文档中特定部分的效果样式的，而这一部分是通过普通的选择器无法定义的部分。CSS3 中有以下四种常用的伪元素选择器。

（1）:first-letter：该选择器对应的 CSS 样式对指定对象内的第一个字符起作用。

（2）:first-line：该选择器对应的 CSS 样式对指定对象内的第一行内容起作用。

（3）:before：该选择器与内容相关的属性结合使用，用于在指定对象内部的前端添加内容。

（4）:after：该选择器与内容相关的属性结合使用，用于在指定对象内部的尾端添加内容。

例如，下面的代码就是通过伪元素选择器向网页中添加内容，并修改类名为 txt 的标签中的第一行文字，以及 <p> 标签第一个文字的样式的。

```
01  .txt:first-line{                          /* 设置第一行文本的样式 */
02      font-size: 35px;                      /* 设置第一行文本的字体 */
03      height: 50px;                         /* 设置第一行文本的高度 */
04      line-height: 50px;                    /* 设置第一行的行高 */
05      color: #000;                          /* 设置第一行文本的颜色 */
06  }
07  p:first-letter{                           /* 设置 <p> 标签中第一个文字的样式 */
08      font-size: 30px;                      /* 设置字体大小 */
09      margin-left: 20px;                    /* 设置向左的外边距 */
10      line-height: 30px;                    /* 设置行高 */
11  }
12  .txt:after{                          /* 在类名为 txt 的 <div> 后面添加内容 */
13      content: url("../img/phone1.png");  /* 添加的内容为 1 张图片，url 为图
片地址 */
14      position: absolute;                  /* 设置添加图片的定位方式 */
15      top:75px;        /* 设置图片位置，相对于类名为 cont 的 <div> 的下方 75px*/
16      left:777px;      /* 设置图片位置，相对于类名为 cont 的 <div> 的右方 777px*/
17  }
```

下面通过一个实例，结合类选择器、伪类选择器和伪元素选择器实现对 vivo X9s 手机的宣传网页的美化。具体实现步骤如下。

首先在 HTML 网页中添加标签、文字介绍、超链接，由于这里的超链接没有跳转的网页，所以链接地址用"#"代替。具体代码如下：

```
01  <div class="cont">
02      <h1><a href="#">vivo X9s</a></h1>
```

03　　　`<div` class=`"top">` 更强大的分屏多任务 3.0`<br>` 新增对 QQ 浏览器、天猫等应用的分屏功能，大幅增加了可以一屏两用的场景，不仅可以边看视频边回复，还可以边聊天边购物、写文档、回邮件、看新闻 `</div>`

04　`</div>`

然后新建一个 CSS 文件，在 CSS 文件中设置网页的大小、外边矩等基本布局。具体代码如下：

```
01  .cont{                              /* 类选择器设置网页的整体大小和背景图片 */
02      width: 1536px;                  /* 设置整体网页宽度为 1536px*/
03      height: 840px;                  /* 设置网页整体高度为 840px*/
04      margin:0 auto;                  /* 设置网页外边距上下为 0，左右自适应 */
05      text-align: center;             /* 文字对齐方式为居中对齐 */
06      background: url("../img/bg.jpg");   /* 为网页设置背景图片 */
07  }
08  h1{                                 /* 通过标签选择器选择 h1 标题标签 */
09      padding-top: 80px;              /* 设置向上的内边距 */
10  }
11  .top{                               /* 使用类选择器，改变主体内容的样式 */
12      line-height: 30px;              /* 类选择器设置行高为 30px*/
13      margin: 0 auto;                 /* 设置主体部分的外边距 */
14      text-align: center;             /* 设置文字的对齐方式为居中对齐 */
15      width: 650px;                   /* 设置主体部分的宽度为 650px*/
16      font-size: 20px                 /* 设置文字的大小 */
17  }
```

最后使用伪元素选择器向网页中添加图片，并设置部分文字的样式。具体代码如下：

```
18  .top:after{                         /* 在类名为 top 的 <div> 后面添加内容 */
19      content: url("../img/phone.png");  /* 添加的内容为 1 张图片，url 为图片
地址 */
20      display: block;                 /* 设置显示方式 */
21      margin-top: 50px;               /* 设置添加内容的向上的外边距 */
22  }
23  .top:first-line{                    /* 类选择器中第一行文本的样式 */
24      font-size: 30px;                /* 设置第一行文本的文字大小 */
25      line-height: 90px;              /* 设置第一行的行高 */
26  }
27  a:link{                             /* 设置未被访问的超链接的样式 */
28    text-decoration: none;            /* 取消其默认的下画线 */
29      color: #000;                    /* 设置字体颜色为黑色 */
30  }
31  a:visited{                          /* 设置访问后的超链接的样式 */
32      color: purple;                  /* 设置访问后的超链接的字体颜色为紫色 */
33  }
34  a:hover{                            /* 设置鼠标指针悬停在超链接上的样式 */
```

```
35        text-decoration: underline; /* 类选择器设置鼠标指针滑过时在文字下方出现
下画线 */
36        color: #B49668;                /* 设置鼠标指针悬停在超链接上时的字体颜色 */
37 }
38 a:active{                             /* 设置正在被单击的超链接的样式 */
39        color: red;                    /* 设置正在被单击的超链接的字体颜色 */
40        text-decoration: none;         /* 取消正在被单击的超链接的下画线 */
41 }
```

编辑完代码以后在浏览器中运行，网页效果如图 8.7 所示。在运行效果图中，当超链接 "vivo X9s" 分别处于未被访问、鼠标指针悬停、正在被单击及单击以后这 4 种状态时的文字效果是不相同的，这 4 种效果都是通过伪类选择器实现的。而文本内容的第一行文本的字体变大，以及文本下方的图片都是通过伪元素选择器实现的。

图 8.7　vivo X9s 手机的宣传网页

8.2.4　其他选择器

1. 后代选择器

后代选择器又称包含选择器，后代选择器可以选择作为某元素后代的元素。

可以通过定义后代选择器来创建一些规则，使这些规则在某些文档结构中发挥作用，而在另一些文档结构中不发挥作用。

下面举例说明。如果只希望将 h1 元素后代 em 元素里的文本变为红色，而不改变其他 em 元素里文本的颜色，则可以这样写：

```
h1 em{color:red;}
```

上面这个规则会把 h1 元素后代 em 元素的文本变为红色，而其他文本则不会被这个规则选中，即：

```
<h1><em> 我变红色 </em></h1>
<p><em> 我不变色 </em></p>
```

在后代选择器中，规则左边的选择器一端包括两个或多个用空格分隔的选择器。选择器之间的空格是一种结合符。每个空格结合符可以解释为"……在……找到""……作为……的一部分""……作为……的后代"，但是要求必须从右向左读选择器。

2. 子代选择器

与后代选择器相比，子代选择器只能选择作为某元素子元素的元素。子代选择器用"＞"作为结合符。

如果用户不希望选择任意的后代元素，而是希望缩小范围，只选择某个元素的子元素，则可使用子代选择器。

例如，只想选择 h1 元素的子元素 strong 元素，可以这样写：

```
h1>strong{color:red;}
```

这个规则会把第一个 h1 元素下面的 strong 变为红色，而第二个 h1 元素中的 strong 不受影响，即：

```
<h1><strong> 我变红色 </strong></h1>
<h1><em><strong> 我不变色 </strong></em></h1>
```

3. 相邻兄弟元素选择器

相邻兄弟元素选择器可选择紧接在另一元素后的元素，且二者有相同的父元素，相邻兄弟元素选择器使用 "+" 作为结合符。

如果需要选择紧接在另一元素后的元素，且二者有相同的父元素，则可以使用相邻兄弟元素选择器。

例如，将紧接在 h1 元素后出现的段落变为黄色，可以这样写：

```
h1+p{color:yellow;}
```

8.3　常用属性

本节详细介绍 CSS 中的常用属性，在浏览网页时，网页中美观大方的图片、整齐划一的文字等都是通过 CSS 中的这些属性改变其在网页中的位置、背景及文字样式来实现的。本节对 CSS3 中文本、背景和列表的相关属性进行讲解。

8.3.1　文本相关属性

文本相关属性用于控制整个段落或整个 <div…/> 标签的显示效果，包括文字的缩进、段落内文字的对齐等显示方式。下面对常用的几种文本属性进行介绍。

1. 文字

文字是网页设计最基础的部分，一个标准的文字网页可以起传达信息的作用。对文字进行格式化，通常可以使用以下两种方式。

（1）直接使用标签 <h1>（标题 1）将一行文本设置为标题 1 格式，或使用 <b>（粗体标签）将选中的文本字符设置为加粗格式。

（2）使用 CSS，即层叠样式表。CSS 是一种对文本进行格式化操作的高级技术，它从一个较高的级别上对文本进行控制。CSS 的特点是可以对文本的格式进行精确的控制，并且可以在文档中实现格式的自动更新。利用 CSS 可以对现有的标签格式进行重新定义，也可以自行将某些格式组合定义为新的样式，甚至可以将格式信息定义于文档之外。

1）字体设置

在 HTML 中，文字的字体是通过 <font face=" 字体名称 "> 来设置的，而在 CSS 中，文字的字体是通过 font-family 属性来进行控制的。例如：

```
<style>
p{
font-family: SimSun, Microsoft YaHei;
}
</style>
```

以上语句声明了 HTML 网页中 <p> 标签的字体名称，并同时声明了两个字体名称，分别是 SimSun（宋体）和 Microsoft YaHei（微软雅黑）。含义是告诉浏览器首先在访问者的计算机中寻找 SimSun 字体，若没有 SimSun 字体，则寻找 Microsoft YaHei 字体；若两种字体都没有，则使用浏览器的默认字体。font-family 属性可以同时声明多种字体，字体之间用逗号分隔。

📋 **学习笔记**

不要使用中文（全角）的双引号，而要使用英文（半角）的双引号。

2）文字大小设置

在网页中通过文字的大小来突出主题是很常用的方法，CSS 是通过 font-size 属性来控制文字大小的，该属性的值可以使用多种长度单位。

（1）长度单位 px。

px 是一个长度单位，表示在浏览器上 1 个像素的大小。因为不同访问者的显示器的分辨率不同，而且每个像素的实际大小也不同，所以 px 被称为相对单位，即相对于 1 个像素的比例。在 CSS 中，除了可以使用 px 作为长度单位，还可以使用表 8.1 中列出的 5 种单位设置大小（包括文字、div 的高度和宽度等），这 5 种单位都被称为绝对长度单位，它们不会随显示器的变化而变化。

表 8.1　绝对长度单位及其含义

绝对长度单位	说　　明
in	inch，英寸
cm	centimeter，厘米
mm	millimeter，毫米
pt	point，印刷的点数，在一般的显示器中 1pt 相当于 1/72inch
pc	pica，1pc=12pt

（2）长度单位 em 和 ex。

此外，还有两个比较特殊的长度单位：em 和 ex。它们和 px 类似，也是相对长度单位。1em 表示的长度是其父元素中字母 m 的标准宽度，1ex 表示的长度是字母 x 的标准高度。当父元素的文字大小变化时，使用这两个单位的子元素的大小会同比例变化。

在进行文字排版时，有时会要求第一个字母比其他字母大很多，并下沉显示，此时就可以使用这个单位。例如，对 <p> 标签设置 first-letter 样式，然后编写 CSS 样式代码，代码如下：

```
.firstLetter{
font-size:3em;
float:left;
}
```

此时，首字母就变为标准大小的 3 倍，并且因为设置了向左浮动而实现了下沉显示。

3）文字颜色设置

在 HTML 网页中，颜色统一采用 RGB 格式，也就是通常人们所说的"红绿蓝三原色"模式。每种颜色都由这 3 种颜色的不同比重组成，分为 0 到 255 档。当红、绿、蓝 3 个分量都设置为 255 时就是白色。例如，rgb(100%,100%,100%) 和 #FFFFFF 都指白色，其中，#FFFFFF 为十六进制的表示方法，前两位为红色分量，中间两位是绿色分量，最后两位是蓝色分量。"FF"即十进制数 255。

文字的各种颜色配合其他网页元素组成了整个五彩缤纷的网页。在 CSS 中，文字颜色是通过 color 属性来设置的。例如：

```
h3{color:blue;}
h3{color:#0000ff;}
h3{color:#00f;}
h3{color:rgb(0,0,255);}
h3{color:rgb(0%,0%,100%);}
```

第 1 种方式是使用颜色的英文名称作为属性值的。

第 2 种方式是最常用的十六进制数值表示方式。

第 3 种方式是第 2 种方式的简写方式。例如，#aabbcc 的颜色值，可以简写为 #abc。

第 4 种方式是分别给出红、绿、蓝 3 个颜色分量的十进制数值。

第 5 种方式是分别给出红、绿、蓝 3 个颜色分量的百分比。

学习笔记

如果读者对颜色的表示方式还不熟悉，或者希望了解各种颜色的具体名称，则建议读者在互联网上继续检索相关信息。

4）文字的水平对齐方式设置

在 CSS 中，文字的水平对齐是通过属性 text-align 来控制的，它的值可以设置为左、中、右和两端对齐等。控制段落文字的对齐方式就像在 Word 中一样方便。例如，下面的代码将使 h1 标题文字居中对齐：

```
h1{text-align:center}
```

想要左对齐或右对齐，只需将 text-align 属性设置为 left 或 right 即可。如果要设置两端对齐，就将 text-align 属性设置为 justify。

5）段首缩进设置

在 CSS 中，段首缩进是通过 text-indent 属性来设置的，只需直接将缩进距离作为数值即可。对于中文网页，只需将其设置为 2em 即可。代码如下：

```
p{text-indent:2em}
```

学习笔记

中文排版的习惯是在每个段落的开头都空两格（英文排版没有这个习惯），因此，段首的缩进控制对中文网页特别有用。

2. 文本

1）文本自动换行

当 HTML 元素不足以显示它里面的所有文本时，浏览器会自动换行显示它里面的所有文本。浏览器默认换行的规则是：对于西方文字，浏览器只会在半角空格、连字符的位置换行，不会在单词中间换行；对于中文，浏览器可以在任何一个中文字符后换行。

有些时候，希望浏览器可以在西方文字的单词中间换行，此时可借助 word-break 属性。如果把 word-break 属性设置为 break-all，则可让浏览器在单词中间换行。

下面通过一个实例，演示 word-break 属性的功能，实现效果如图 8.8 所示。

新建一个 HTML 文件，添加两个 <div> 标签，内容如图 8.8 所示，并为这两个 <div> 标签分别设置不同的 word-break 属性值，代码如下：

```
<style>
div{
width:192px;
height:50px;
border:1px solid red;
}
</style>
```

```
<body>
<!-- 不允许在单词中间换行 -->
word-break:keep-all <div style="word-break:keep-all">
Behind every successful man there is a lot unsuccessful yeas. </div>
<!-- 指定允许在单词中间换行 -->
word-break:break-all <div style="word-break:break-all">
Behind every successful man there is a lot unsuccessful yeas. </div>
</body>
```

图 8.8　在单词中间换行

📋 **学习笔记**

目前，Firefox 和 Opera 两个浏览器都不支持 word-break 属性，而 Internet Explorer、Safari、Chrome 都支持该属性。

2）长单词和 URL 地址换行

对于西方文字，浏览器在半角空格或连字符的位置换行。因此，浏览器不能对较长的单词进行自动换行。当浏览器窗口比较窄时，文字会超出浏览器的窗口，此时浏览器下部会出现滚动条，用户可以通过拖动滚动条的方法来查看没有在当前窗口显示的文字。

但是，这种比较长的单词出现的机会不是很大，而大多数超出当前浏览器窗口的情况是出现在显示比较长的 URL 地址时。因为在 URL 地址中没有半角空格，所以当 URL 地址中没有连字符时，浏览器在显示时是将其视为一个比较长的单词来进行显示的。

在 CSS3 中，使用 word-wrap 属性来实现长单词与 URL 地址的自动换行。word-wrap 属性可以使用的属性值为 normal 与 break-word。当使用 normal 属性值时，浏览器保持默认处理，只在半角空格或连字符的位置换行。当使用 break-word 属性值时，浏览器可在长单词或 URL 地址中间换行。

例如，在网页中添加两个 <div> 标签，并设置不同的 word-wrap 属性值，代码如下：

```
01 <!DOCTYPE html>
02 <html>
03 <head>
04     <meta http-equiv="Content-Type" content="text/html; charset=GBK" />
```

```
05      <title> 文本相关属性设置 </title>
06      <style type="text/css">
07      /* 为 div 元素增加边框 */
08      div{
09          border:1px solid #000000;
10          height: 55px;
11          width:140px;
12      }
13      </style>
14  </head>
15  <body>
16  <!-- 不允许在长单词、URL 地址中间换行 -->
17  word-wrap:normal <div style="word-wrap:normal;">
18  Our domain is http://www.mingribook.com</div>
19  <!-- 允许在长单词、URL 地址中间换行 -->
20  word-wrap:break-word <div style="word-wrap:break-word;">
21  Our domain is http://www.mingribook.com</div>
22  </body>
23  </html>
```

在浏览器中浏览该网页，可以看到如图 8.9 所示的效果。

图 8.9　在 URL 地址中间换行

需要指出的是，word-break 与 word-wrap 属性的作用并不相同，它们的区别如下。

word-break：将该属性设为 break-all，可以让组件内每一行文本的最后一个单词自动换行。

word-wrap：该属性会尽量让长单词、URL 地址不换行。即使将该属性设为 break-word，浏览器也会尽量让长单词、URL 地址单独占用一行，只有当一行文本不足以显示这个长单词、URL 地址时，浏览器才会在长单词、URL 地址中间换行。

8.3.2　背景相关属性

背景属性是给网页添加背景色或者背景图像所用的 CSS 样式中的属性，它的能力远远超过 HTML。通常，我们给网页添加背景主要用到以下几个属性。

（1）添加背景颜色——background-color，语法如下：

```
background-color: color|transparent
```

其中，color 表示设置背景的颜色，它可以采用英文单词、十六进制数、RGB、HSL、

HSLA 和 RGBA 等表示方法；transparent 表示背景颜色透明。

（2）添加 HTML 中标签的背景图像——background-image。这与在 HTML 中插入图片不同，背景图像放在网页的最底层，文字和图片等都位于其上，语法如下：

```
background-image:url()
```

其中，url 为图像的地址（可以是相对地址，也可以是绝对地址）。

（3）设置图像的平铺方式——background-repeat，语法如下：

```
background-repeat: inherit|no-repeat|repeat|repeat-x|repeat-y
```

在 CSS 样式中，background-repeat 属性包含表 8.2 中列出的 5 个属性值。

表 8.2　background-repeat 的属性值及其含义

属 性 值	含　　义
inherit	从父标签继承 background-repeat 属性的设置
no-repeat	背景图像只显示一次，不重复
repeat	在水平和垂直方向上重复显示背景图像
repeat-x	只沿 x 轴方向重复显示背景图像
repeat-y	只沿 y 轴方向重复显示背景图像

（4）设置背景图像是否随网页中的内容滚动——background-attachment，语法如下：

```
background-attachment:scroll|fixed
```

其中，scroll 表示当网页滚动时，背景图像随网页一起滚动；fixed 表示将背景图像固定在网页的可见区域。

（5）设置背景图像在网页中的位置——background-position，语法如下：

```
background-position: length|percentage|top|center|bottom|left|right
```

在 CSS 样式中，background-position 属性包含表 8.3 中列出的 7 个属性值。

表 8.3　background-position 的属性值及其含义

属 性 值	含　　义
length	设置背景图像与网页边距水平和垂直方向的距离，单位为 cm、mm、px 等
percentage	根据网页标签框的宽度和高度的百分比放置背景图像
top	设置背景图像顶部居中显示
center	设置背景图像居中显示
bottom	设置背景图像底部居中显示
left	设置背景图像左部居中显示
right	设置背景图像右部居中显示

📋 **学习笔记**

当需要为背景设置多个属性时，可以将属性写为 background，然后将各属性值写在一行，并以空格间隔。例如：

```
01  .mr-cont{
02     background-image: url(../img/bg.jpg);
03     background-position: left top;
04     background-repeat: no-repeat;
05  }
```

上面代码分别定义了背景图像及其位置和重复方式，但是代码比较多，为了简化代码也可以写成以下形式：

```
01  .mr-cont{
02     background: url(../img/bg.jpg) left top no-repeat;
03  }
```

下面通过一个实例，为 51 购商城的登录界面设置一张背景图像，并设置背景图像的位置、重复方式和背景颜色，其关键代码如下：

```
01  .bg{
02     width: 1000px;                                    /* 设置宽度为1000px*/
03     height:465px;                                     /* 设置高度为465px*/
04     margin:0 auto; /* 设置外边距：上、下外边距为0，左、右外边距为默认外边距 */
05     background-image: url("../images/1.jpg");     /* 添加背景图像 */
06     background-position: 10px top;                    /* 设置背景图像的位置 */
07     background-repeat: no-repeat;      /* 设置背景图像的重复方式为不重复 */
08     background-color: #fd7a72;         /* 设置背景颜色 */
09     border:2px solid red; /* 设置边框宽度为2px，线性为实线，颜色为红色 */
10  }
```

完成代码编辑后，在浏览器中运行代码，效果如图 8.10 所示。

图 8.10　为登录界面设置背景图像

📋 **学习笔记**

上面的代码片段仅实现了为网页插入背景图像，本实例实现登录界面的具体代码请参照配套资源中的源码。

（6）指定背景的显示范围——background-clip。

在 HTML 网页中，一个具有背景的元素通常由内容（content）区、内边距（padding）

区、边框（border）区、外边距（margin）区构成，如图 8.11 所示。

图 8.11　一个具有背景的元素结构示意图

　　元素背景的显示范围在 CSS2 与 CSS2.1、CSS3 中并不相同。在 CSS2 中，背景的显示范围是指内边距之内的范围，不包括边框；在 CSS2.1 和 CSS3 中，背景的显示范围是指包括边框在内的范围。在CSS3 中，可以使用 background-clip 属性来指定背景的覆盖范围。如果将 background-clip 的属性值设定为 border-box，则背景的覆盖范围包括边框区；如果将 background-clip 的属性值设定为 padding-box，则背景的覆盖范围不包括边框区。

　　background-clip 属性的语法格式如下：

```
background-clip: border-box | padding-box | content-box | text
```

在该语法中，各参数的含义如下。

① border-box：从边框区（不含边框区）开始向外裁剪背景。

② padding-box：从内边距区（不含内边距区）开始向外裁剪背景。

③ content-box：从内容区开始向外裁剪背景。

④ text：从前景内容的形状（如文字）作为裁剪区域向外裁剪，使用该属性值可以实现使用背景作为填充色之类的遮罩效果。

　　下面通过一个实例，演示 background-clip 属性值间的区别，效果如图 8.12 所示。

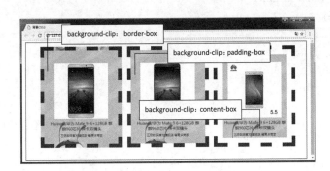

图 8.12　background-clip 的属性实例

　　创建 3 个 <li> 标签，并为这 3 个 <li> 标签设置不同的 background-clip 属性。代码如下：

```
01  <div class="mr-box">
02    <ul>
```

```
03      <li class="mr-li1"> <img src="images/1.jpg"> <a href="#">Huawei/ 华为
Mate 9 6+128GB 麒麟 960 芯片 徕卡双摄像头 </a> <a href="#"style="font-size:12px;"> 三际
数码官方旗舰店   等更多商家 </a> </li>
04      </ul>
05  <!-- 此处代码与上面相似，省略部分 -->
06  </div>
```

📋 **学习笔记**

在上面的代码中，为了控制网页内容的样式，应用了 CSS 样式，应用的 CSS 文件的具体代码请参照配套资源中的源码。

（7）指定背景图像的起点——background-origin。

在 CSS3 之前，背景图像的起点是从边框以内开始的，而在 CSS3 中，提供了 background-origin 属性，用于指定图像的起始点，即从哪里开始显示背景图像。

background-origin 属性的语法格式如下：

```
background-origin:border-box | padding-box | content-box
```

在该语法中，各参数的含义如下。

① border-box：从边框区（含边框区）开始显示背景图像。

② padding-box：从内边距区（含内边距区）开始显示背景图像。

③ content-box：从内容区开始显示背景图像。

例如，定义 3 个 <div> 标签，并为这 3 个 <div> 标签设置不同的 background-origin 属性，代码如下：

```
01 <style>
02 div {
03      background-image: url(9.jpg);        /* 设置背景图像 */
04      background-repeat: no-repeat;        /* 背景图像不重复 */
05      width: 250px;
06      height: 120px;
07      border: 8px dashed #333;             /* 设置虚线边框 */
08      margin: 10px;                        /* 设置外边距 */
09      padding: 8px;                        /* 设置内边距 */
10 }
11 .b1 {
12       background-origin: border-box; /* 从边框区（不含边框区）开始向外显示
背景 */
13 }
14 .b2 {
15       background-origin: padding-box; /* 从内边距区（不含内边距区）开始向外
显示背景 */
16 }
17 .b3 {
```

```
18      background-origin: content-box; /* 从内容区开始向外显示背景 */
19 }
20 </style>
```

本实例的运行结果如图 8.13 所示。

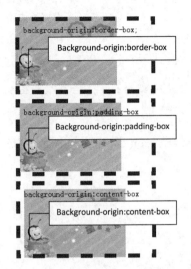

图 8.13　background-origin 的属性实例

（8）指定背景图像的尺寸——background-size。

在 CSS3 之前，设置的背景图像都是以原始尺寸显示的。不过，在 CSS3 中，提供了用于指定背景图像的 background-size 属性。background-size 属性的语法格式如下：

```
background-size:[ <length> | <percentage> | auto ] | cover | contain
```

在该语法中，各参数的含义如下。

① <length>：是由浮点数字和单位标识符组成的长度值，不可为负值。该参数可以设置一个值，也可以设置两个值，如果只设置一个值，则为宽度值，图像将被等比例缩放，否则分别为宽度值和高度值。

② <percentage>：取值为 0%～100%，不可为负值。该参数可以设置一个值，也可以设置两个值，如果只设置一个值，则为宽度的百分比，图像将被等比例缩放，否则分别为宽度的百分比和高度的百分比。

③ auto：背景图像的原始尺寸。

④ cover：将背景图像进行等比缩放直到完全覆盖容器，背景图像有可能超出容器。

⑤ contain：将背景图像进行等比缩放直到宽度或高度与容器的宽度或高度相等，背景图像始终被包含在容器内。

例如，定义 3 个 <div> 标签，并为这 3 个 <div> 标签设置不同的 background-size 属性，代码如下：

```
01 <style>
02 div {
```

```
03        background-image: url(9.jpg);        /* 设置背景图像 */
04        background-repeat: no-repeat;        /* 背景图像不重复 */
05        width: 250px;
06        height: 120px;
07        border: 8px dashed #333;        /* 设置虚线边框 */
08        margin: 10px;                   /* 设置外边距 */
09        padding: 8px;                   /* 设置内边距 */
10 }
11 .b1 {
12        background-size: cover;         /* 将背景图像进行等比缩放直到完全覆盖容器 */
13 }
14 .b2 {
15        background-size: contain;  /* 将背景图像进行等比缩放直到宽度或高度与容
器的宽度或高度相等 */
16 }
17 .b3 {
18        background-size: 50%;  /* 将背景图像进行等比例缩放直到容器宽度的 50%*/
19 }
20 </style>
```

本实例的运行结果如图 8.14 所示。

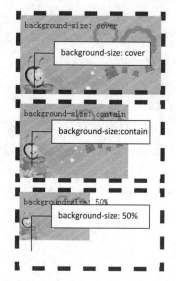

图 8.14　background-size 的属性实例

（9）多背景图像。

在 CSS3 之前，一个容器只能设置一个背景图像，如果重复设置，那么后设置的背景图像将覆盖以前的背景图像。但是在 CSS3 中，新增了允许同时指定多个背景图像的功能。

实际上，CSS3 并没有为实现多背景图像提供对应的属性，而是通过为 background-image、background-repeat、background-position 和 background-size 等属性提供多个属性值（各

个属性值之间以英文逗号分隔）来实现的。

　　例如，为网页中的 <div> 标签设置 3 张背景图像，其中，一张为水平方向重复，两张不重复，并设置其不同的显示位置，代码如下：

```
01 <style>
02 div{
03     width:800px;                          /* 设置宽度 */
04     height:470px;                         /* 设置高度 */
05      background-image:url(android.png),url(mouse.png),url(background00.jpg);                                  /* 设置背景图像 */
06     background-repeat:repeat-x,no-repeat,no-repeat; /* 设置重复方式 */
07     background-position:top,center,left top;        /* 设置显示位置 */
08 }
09 </style>
10 <div></div>
```

本实例的运行结果如图 8.15 所示。

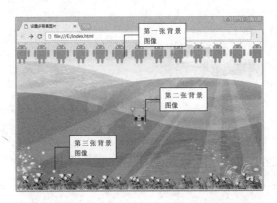

图 8.15　background−size 的属性实例

8.3.3　列表相关属性

　　HTML 中提供了列表标签，通过列表标签可以将文字或其他 HTML 元素以列表的形式依次排列。为了更好地控制列表的样式，CSS 提供了一些属性，通过这些属性可以设置列表的项目符号的种类、图片和排列位置等。下面仅列举列表中常用的 CSS 属性。

　　（1）list-style：简写属性，将所有用于列表的属性设置在一个声明中。

　　（2）list-style-image：将图像设置为列表项标志。

　　（3）list-style-position：列表中列表项标志的位置。

　　（4）list-style-type：设置列表项标志的类型。

　　下面通过一个实例，实现购物商城的导航栏，并使用 CSS3 中的列表相关属性添加列表项的项目图标，以美化网页，具体实现步骤如下。

首先，建立一个 HTML 文件，在 HTML 文件中添加无序列表标签，并添加内容，具体代码如下：

```
01 <div class="cont">
02    <div class="top">
03       <ul>
04          <li> 商品分类 </li>
05          <li> 春节特卖 </li>
06          <li> 会员特价 </li>
07          <li> 鲜果时光 </li>
08          <li> 机友必看 </li>
09       </ul>
10    </div>
11    <div class="bottom">
12       <ul>
13          <li> 女装 / 内衣 </li>
14          <li> 男装 / 户外 </li>
15          <li> 女鞋 / 男鞋 </li>
16          <li> 手表 / 饰品 </li>
17          <li> 美妆 / 家居 </li>
18          <li> 零食 / 鲜果 </li>
19          <li> 电器 / 手机 </li>
20       </ul>
21    </div>
22 </div>
```

然后，建立一个 CSS 文件，在 CSS 文件中先设置网页整体的大小和布局，再设置横向导航栏与侧边导航栏的大小等样式。具体代码如下：

```
01 *{                                      /* 通配选择器，选中网页中的所有标签 */
02    margin:0;                            /* 清除网页中所有标签的外边距 */
03    padding:0;                           /* 清除网页中所有标签的内边距 */
04 }
05 .cont{                                  /* 类选择器设置网页的整体样式 */
06    height: 400px;                       /* 设置网页的整体高度 */
07    width: 800px;                        /* 设置网页的整体宽度 */
08    margin: 0 auto;                      /* 使内容在网页中左右自适应 */
09    background: url("../img/bg.jpg") no-repeat;/* 设置背景图像及其重复方式 */
10    background-size: 100% 100%;          /* 设置背景图像的尺寸 */
11 }
12 .top{                                   /* 设置上方导航栏的样式 */
13    height: 30px;                        /* 设置上方导航栏的高度 */
14    background: #ff0000;                 /* 设置上方导航栏的背景颜色 */
15    text-align: left;                    /* 设置列表对齐方式 */
16 }
17 .bottom{                                /* 设置侧边导航栏的样式 */
```

```
18      width: 210px;                           /* 设置侧边导航栏的宽度 */
19      text-align: left;                       /* 设置侧边导航栏的对齐方式 */
20      margin-left: 10px;                      /* 设置向左的外边距 */
21  }
```

最后，分别设置两个导航栏中列表项的样式。具体代码如下：

```
22  .top ul>:first-child{                       /* 单独设置导航栏中第一项的样式 */
23      width: 250px;                           /* 设置导航栏中第一项的宽度 */
24  }
25  .top ul li{                                 /* 设置导航栏中其他列表项的样式 */
26      text-align: center;                     /* 设置文字的对齐方式 */
27      width: 130px;                           /* 设置其他列表项的宽度 */
28      list-style-type: none;                  /* 设置列表项的项目符号的类型 */
29      float: left;                            /* 设置列表项的浮动方式 */
30      line-height: 30px;                      /* 设置行高 */
31  }
32  .bottom ul li{                              /* 设置侧边导航栏的列表项的样式 */
33      text-align: center;                     /* 设置列表项中文字的对齐方式 */
34      height: 40px;                           /* 设置列表项的高度 */
35      list-style-image: url("../img/list1.png");  /* 设置列表项的图标 */
36      list-style-position: inside;            /* 设置列表项图标的位置 */
37      border-radius: 10px;                    /* 设置列表项的圆角边框 */
38      margin-top: 5px;                        /* 设置列表项向上的外边距 */
39      border: 1px dashed red;                 /* 设置边框样式 */
40  }
41  .bottom ul li:hover{                        /* 设置鼠标指针滑过列表项时的样式 */
42      list-style-image: url("../img/list2.png");  /* 设置列表项的项目符号 */
43      background: rgba(255,255,255,0.5);      /* 设置背景颜色 */
44  }
```

编辑完代码后，在浏览器中运行，网页效果如图 8.16 所示。

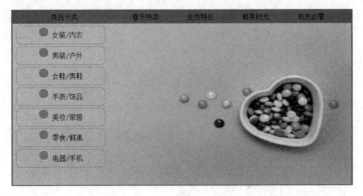

图 8.16　购物商城导航栏

第 9 章　CSS3 中的布局常用属性

9.1　框模型

在进行网页设计时，经常需要为某些元素设置边框。例如，为图片、表格、<div> 标签等添加边框。在 CSS3 之前，可以设置的边框特征包括边框的线宽、颜色和样式。CSS3 中又新增加了用于设置边框图片、圆角半径、块阴影和倒影的属性。下面分别进行介绍。

9.1.1　概述

框模型（Box model，也译作盒模型）是 CSS 非常重要的概念，也是比较抽象的概念，CSS 框模型规定了元素框处理元素内容、内边距、边框和外边距的方式。

框模型的最内部分是实际的内容，直接包围内容的是内边距。内边距呈现了元素的背景。内边距的边缘是边框。边框以外是外边距，外边距默认是透明的，因此不会遮挡其后的任何元素，如图 9.1 所示。

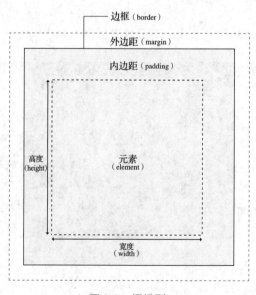

图 9.1　框模型

　　文档树中的元素都产生矩形的框，这些框影响了元素内容之间的距离、元素内容的位置、背景图像的位置等。而浏览器根据视觉格式化模型将这些框布局成访问者看到的样子。

　　综上所述，要掌握使用 CSS 布局的技巧，就需要深入了解框模型和视觉格式化模型的原理。

9.1.2　内、外边距的相关属性

　　CSS 中提供了设置对象的内边距和外边距的一些属性，通过这些属性，可以设置对象与对象之间的距离，也可以设置对象与内容之间的距离。下面分别介绍这些属性。

1. 设置内边距

　　内边距是对象的内容与对象边框之间的距离，可以通过 padding 属性对它进行设置。该属性可指定 1～4 个属性值，各属性值以空格分隔。padding 属性的语法格式如下：

```
padding:length;
```

其中，length 为百分比或长度数值。百分比是基于父对象的宽度。

　　padding 属性可以通过以下几种方式设置对象的内边距。

　　（1）只设置 1 个属性值：用于设置全部的内边距。

　　（2）设置 2 个属性值：第 1 个用于设置上、下方向的内边距，第 2 个用于设置左、右方向的内边距。

　　（3）设置 3 个属性值：第 1 个用于设置上方的内边距，第 2 个用于设置左、右方向的内边距，第 3 个用于设置下方的内边距。

　　（4）提供 4 个属性值：按照上、右、下、左的顺序依次指定内边距。

　　例如，应用 padding 属性设置 <td> 标签的全部内边距均为 5px，代码如下：

```
01 <style>
02 td {
03     padding: 5px; /* 设置单元格的内边距全部为 5px*/
04 }
05 </style>
06 </head>
07 <body>
08 <table width="60%" border="0" align="center" cellpadding="0"
cellspacing="1" bgcolor="#3F873B">
09   <tr bgcolor="#D9EE9F" align="center">
10    <td width="14%">祝福对象 </td>
11    <td width="11%">祝福者 </td>
12    <td width="35%">字条内容 </td>
13   </tr>
14   <tr bgcolor="#E8F3D1">
15    <td align="center"> 琦琦 </td>
```

```
16    <td align="center">wgh</td>
17    <td> 愿你健康、快乐地学习！</td>
18    </tr>
19 </table>
```

在 IE 浏览器的运行结果如图 9.2 所示。

祝福对象	祝福者	字条内容
琦琦	wgh	愿你健康、快乐地学习！

图 9.2　为 <td> 标签设置内边距

2. 设置外边距

外边距是对象与对象之间的距离，可以通过 margin 属性对它进行设置。该属性可指定 1~4 个属性值，各属性值以空格分隔。margin 属性的语法格式如下：

```
margin : auto | length;
```

其中，auto 表示默认的外边距；length 为百分比或长度数值。

margin 属性可以通过以下几种方式设置对象的外边距。

（1）只设置 1 个属性值：用于设置全部的外边距。

（2）设置 2 个属性值：第 1 个用于设置上、下方向的外边距，第 2 个用于设置左、右方向的外边距。

（3）设置 3 个属性值：第 1 个用于设置上方的外边距，第 2 个用于设置左、右方向的外边距，第 3 个用于设置下方的外边距。

（4）提供 4 个属性值：按照上、右、下、左的顺序依次指定外边距。

下面通过一个实例，在商品详情网页，应用 padding 属性和 margin 属性设置 <li> 标签的内、外边距，最终效果如图 9.3 所示。

图 9.3　为 <li> 标签设置内、外边距

通过设置不同的 margin 值和 padding 值，网页会呈现如图 9.3 所示的效果，部分代码如下：

```
01 <style>
02 .mr-shop-box li {
```

```
03        list-style: none;
04        float: left;
05        width: 230px;
06        height: 230px;
07        margin-left: 13px;              /* 距左边外边距为13px*/
08        padding: 10px 10px 10px 18px; /* 内边距上、右、下均为10px、左边为18px*/
09        border: 1px solid #F1F1F1;
10 }
11 .mr-shop-box li:hover {
12        border: 1px solid #FE6717;/* 边框相关属性 */
13 }
14 </style>
15 <div class="mr-shop-box">
16 <ul>
17   <li><a href="#"><img src="images/1.jpg"></a></li>
18   <li><a href="#"><img src="images/2.jpg"></a></li>
19   <li><a href="#"><img src="images/3.jpg"></a></li>
20   <li><a href="#"><img src="images/4.jpg"></a></li>
21 </ul>
22 <div>
```

📋 **学习笔记**

　　CSS 中还提供了 margin-top、margin-right、margin-bottom 和 margin-left 4 个属性，用于单独指定某一方向的外边距。

9.1.3　边框的相关属性

　　设置边框的颜色需要使用 border-color 属性来实现。可以将 4 条边设置为相同的颜色，也可以设置为不同的颜色。border-color 属性的语法格式如下：

```
border-color:属性值 ;
```

　　该属性的属性值为颜色名称或表示颜色的 RGB 值，建议使用 #rrrgggbb、#rgb、rgb() 等表示的 RGB 值。例如，红色可以用 red 表示，也可以用 #FF0000、#f00 或 rgb(255,0,0) 表示。

　　border-color 属性可以通过以下几种方式设置边框的颜色。

　　（1）只设置 1 个属性值：用于设置全部 4 条边框的颜色。

　　（2）设置 2 个属性值：第 1 个用于设置上边框和下边框的颜色，第 2 个用于设置左边框和右边框的颜色。

　　（3）设置 3 个属性值：第 1 个用于设置上边框的颜色，第 2 个用于设置左边框和右边框的颜色，第 3 个用于设置下边框的颜色。

　　（4）设置 4 个属性值：按照上、右、下、左的顺序设置 4 条边框的颜色。

📋 **学习笔记**

> border-color 属性只有在设置了 border-style 属性（但不能将 border-style 的属性值设置为 none），且不能将 border-width 属性值设置为 0px 时下才有效，否则不显示边框。

例如，通过 4 种不同的方式为 <div> 标签设置边框颜色。代码如下：

```
01 <style type="text/css">
02 div {
03     border: solid 3px;          /* 设置边框的宽度为 3px 的直线 */
04     width: 34px;                /* 设置 <div> 的宽度 */
05     height: 34px;               /* 设置 <div> 的高度 */
06     float: left;                /* 设置浮动在左侧 */
07     margin: 6px;                /* 设置外边距 */
08 }
09 #a {
10     border-color: #00FF00;      /* 设置全部边框都为绿色 */
11 }
12 #b { /* 设置上边框为黑色、右边框为红色、下边框为绿色、左边框为黄色 */
13     border-color: #000000 #FF2200 #00FF00 #FFFF00;
14 }
15 #c {
16     border-color: #00FF00 #FF0000;    /* 设置上、下边框为绿色，左、右边框
为红色 */
17 }
18 #d {
19     border-color: #000000 #FF2200 #FFFF00;/* 设置上边框为黑色，左、右边
框为红色，下边框为黄色 */
20 }
21 </style>
22 </head>
23 <body>
24 <div id="a"></div>
25 <div id="b"></div>
26 <div id="c"></div>
27 <div id="d"></div>
28 </body>
```

运行本实例，在谷歌浏览器中将显示如图 9.4 所示的运行结果。

图 9.4　设置不同的边框颜色

学习笔记

CSS 中还提供了 border-top-color、border-right-color、border-bottom-color 和 border-left-color 4 个属性，用于单独指定某一个边框的颜色。

9.2　定位相关属性

CSS 中提供了一些用于设置对象位置的属性，通过这些属性可指定对象的定位方式、层叠顺序，以及与其父对象顶部、底部、左侧和右侧的距离。下面分别介绍这些属性。

9.2.1　概述

在一个文本中，任何一个元素都被文本限制了自身的位置。但是通过 CSS，可以使这些元素改变自己的位置。CSS 定位，简单来说，就是利用 position 属性，使元素出现在定义的位置上。

定位的基本思想很简单，可以将元素框定义在其正常位置应该出现的位置，或者相对于其他元素，甚至可以出现在任何我们想要它出现的位置。

CSS 为定位提供了一些属性，利用这些属性，可以建立列式布局，将布局的一部分与另一部分重叠，还可以完成通常需要使用多个表格才能完成的任务。

9.2.2　设置定位方式

CSS 中提供了用于设置定位方式的属性——position，其语法格式如下：

```
position : static / absolute / fixed / relative;
```

在该语法中，各参数的含义如下。

（1）static：无特殊定位，对象遵循 HTML 定位规则。在使用该属性值时，top、right、bottom 和 left 等属性设置无效。

（2）absolute：绝对定位，使用 top、right、bottom 和 left 等属性指定绝对位置。使用该属性值可以让对象漂浮于网页之上。

（3）fixed：固定定位，对象位置固定，不随滚动条移动而改变位置。Firefox 浏览器支持该属性值。

（4）relative：相对定位，遵循 HTML 定位规则，并由 top、right、bottom 和 left 等属性决定位置。

下面通过一个实例，在商城主页，应用相对定位设置 <div> 标签的定位方式，实现当鼠标指针滑到每个选项时，相应的内容就会呈现出来，如图 9.5 所示。

图 9.5　相对定位使用实例

在 <div> 标签上设置相对定位，并在它的父元素 <li> 标签上设置相对定位，使网页呈现如图 9.5 所示的效果，部分代码如下：

```
01 li {
02     list-style-type: none;
03     width: 202px;
04     height: 31px;
05     text-align: center;
06     background: #ddd;
07     line-height: 31px;
08     font-family: "微软雅黑";
09     font-size: 14px;
10     position: relative;
11 }
12 .mr-shop li .mr-shop-items {   /* 设置定位的 <div> 标签的样式 */
13     width: 864px;
14     height: 496px;
15     background: #eee;
16     position: relative;   /* 为 <div> 设置相对定位 */
17     left: 202px;
18     top: 0;
19     display: none;
20 }
```

📋 学习笔记

在上面的代码中，为了控制网页内容的样式，应用了 CSS 样式，应用的 CSS 文件的具体代码请参见配套资源中的源码。

9.2.3 浮动

　　float 是 CSS 样式中的定位属性，用于设置标签对象（如 <div> 标签、<span> 标签、<a> 标签、<em> 标签等）的浮动布局。浮动，也就是我们所说的标签对象浮动居左靠左（float:left）和浮动居右靠右（float:right）。

　　下面通过一个实例，在商品详情网页，将 <li> 标签设置为向左浮动，如图 9.6 所示。

图 9.6　为 <li> 标签设置浮动属性

　　新建一个 HTML 文件，在文件中使用无序列表，并为 < li > 标签设置浮动属性，具体代码如下：

```
01 <style>
02 * {
03     margin: 0;
04     padding: 0;
05 }
06 .mr-shop {
07     width: 1048px;
08     margin: 0 auto;
09     background: #f3f0f0;/* 背景颜色 */
10     height: 490px;
11     border: 2px solid red;
12 }
13 .mr-shop-box {
14     width: 1101px;
15     height: 238px;
16     margin: 0 auto;
17     margin-left: 35px;
18 }
```

```
19  .mr-shop-box li {
20      list-style: none;          /* 列表属性 */
21      float: left;               /* 设置浮动方向为向左浮动 */
22      width: 230px;
23      height: 230px;
24      margin-left: 13px;         /* 距左边外边距为 13px*/
25  }
26  </style>
27  <body>
28  <div class="mr-shop">
29  <div class="mr-shop-box">
30  <ul>
31    <li><a href="#"><img src="images/1.jpg"></a></li>
32  <!-- 此处代码和上面相似，省略 -->
33  </ul>
34  <div> </div>
35  </body>
```

第 10 章　CSS3 中的动画与变形

CSS3 中新增了一些用来实现动画效果的属性，通过这些属性可以实现以前通常需要使用 JavaScript 或 Flash 才能实现的效果。例如，对 HTML 元素进行旋转、缩放、平移、倾斜，以及添加过渡效果等，并且可以将这些变化组合成动画效果来进行展示。本章对 CSS3 新增的这些属性进行详细介绍。

10.1　2D 变换——transform

10.1.1　transform 的基本属性值

CSS3 中提供了 transform 和 transform-origin 两个用于实现 2D 变换的属性。其中，transform 属性用于实现旋转、缩放、平移和倾斜等 2D 变换，transform-origin 属性用于设置中心点的变换。下面分别介绍如何实现旋转、缩放、平移和倾斜等 2D 变换，以及设置中心点的变换。

transform 属性的属性值及其含义如表 10.1 所示。

表 10.1　transform 属性的属性值及其含义

值 / 函数	含　义
none	表示无变换
translate(<length>[,<length>])	表示进行 2D 平移。第一个参数对应 X 轴，第二个参数对应 Y 轴。如果第二个参数未提供，则其默认值为 0
translateX(<length>)	表示在 X 轴（水平方向）上实现平移。参数 length 表示移动的距离
translateY(<length>)	表示在 Y 轴（垂直方向）上实现平移。参数 length 表示移动的距离
scaleX(<number>)	表示在 X 轴上进行缩放
scaleY(<number>)	表示在 Y 轴上进行缩放
scale(<number>[,<number>])	表示进行 2D 缩放。第一个参数对应 X 轴，第二个参数对应 Y 轴。如果第二个参数未提供，则其默认值为第一个参数的值
skew(<angle>[,<angle>])	表示进行 2D 倾斜。第一个参数对应 X 轴，第二个参数对应 Y 轴。如果第二个参数未提供，则其默认值为 0
skewX(<angle>)	表示在 X 轴上进行倾斜

续表

值 / 函数	含　义
skewY(<angle>)	表示在 Y 轴上进行倾斜
rotate(<angle>)	表示进行 2D 旋转。参数 <angle> 用于指定旋转的角度
matrix(<number>,<number>,<number>, <number>,<number>,<number>)	代表一个基于矩阵变换的函数。它以一个包含 6 个值（a, b, c, d, e, f）的变换矩阵的形式指定一个 2D 变换，相当于直接应用一个 [a b c d e f] 变换矩阵。也就是说，基于 X 轴（水平方向）和 Y 轴（垂直方向）重新定位元素，此属性值的使用涉及数学中的矩阵

学习笔记

　　transform 属性支持一个或多个变换函数。也就是说，通过 transform 属性可以实现旋转、缩放、平移和倾斜等组合的变换效果，如实现平移并旋转的效果。但是在为其指定多个属性值时，不是使用常用的逗号"，"进行分隔，而是使用空格进行分隔。

10.1.2　应用 transform 属性实现旋转

　　应用 transform 属性的 rotate(<angle>) 函数可以实现 2D 旋转。参数 <angle> 用于指定旋转的角度，其值可取正或负，正值代表顺时针旋转，负值代表逆时针旋转。在使用该函数之前，可以应用 transform-origin 属性定义变换的中心点。

　　例如，应用 transform 属性的 rotate() 函数分别实现顺时针旋转 30° 和逆时针旋转 30°，关键代码如下：

```
01 #rotate{
02     -moz-transform:rotate(30deg);        /*Firefox 下顺时针旋转 30°*/
03     -webkit-transform:rotate(30deg);     /*Chrome 下顺时针旋转 30°*/
04     -o-transform:rotate(30deg);          /*Opera 下顺时针旋转 30°*/
05     -ms-transform:rotate(30deg);         /*IE 下顺时针旋转 30°*/
06 }
07 #rotate1{
08     -moz-transform:rotate(-30deg);       /*Firefox 下逆时针旋转 30°*/
09     -webkit-transform:rotate(-30deg);    /*Chrome 下逆时针旋转 30°*/
10     -o-transform:rotate(-30deg);         /*Opera 下逆时针旋转 30°*/
11     -ms-transform:rotate(-30deg);        /*IE 下逆时针旋转 30°*/
12 }
```

　　在为图片添加了上面的动画效果后，将显示如图 10.1 所示的效果，其中虚线框位置为原图位置。

图 10.1　应用 transform 属性旋转图片

10.1.3　应用 transform 属性实现缩放

应用 transform 属性的 scale(<number>[,<number>])、scaleX(<number>)、scaleY(<number>) 函数可以实现 2D 缩放。其中，scale(<number>[,<number>]) 函数可以实现在 X 轴和 Y 轴上的同时缩放，而 scaleX(<number>) 和 scaleY(<number>) 函数则用于单独实现在 X 轴或 Y 轴上的缩放。当使用 scale(<number>[,<number>]) 函数时，如果只指定一个参数，那么在 X 轴和 Y 轴上都缩放此参数指定的比例。

实现缩放的这 3 个函数的参数值都是自然数（可以为正、负、小数），其绝对值大于 1，代表放大；绝对值小于 1，代表缩小。当参数值为负数时，对象反转。当参数值为 1 时，表示不进行缩放。

📋 **学习笔记**

> 当使用 scaleX(<number>) 或 scaleY(<number>) 函数时，实现的是非等比例的缩放，即只能在 X 轴上进行缩放或只能在 Y 轴上进行缩放。

例如，应用 transform 属性的 scale() 函数实现在 X 轴和 Y 轴上同时缩放不同的比例，以及应用 scaleX() 函数实现在 X 轴上的缩放，关键代码如下：

```
01 #xy{
02     -moz-transform:scale(0.7,0.8);      /*Firefox 下在 X 轴和 Y 轴上进行缩放 */
03     -webkit-transform:scale(0.7,0.8); /*Chrome 下在 X 轴和 Y 轴上进行缩放 */
04     -o-transform:scale(0.7,0.8);        /*Opera 下在 X 轴和 Y 轴上进行缩放 */
05     -ms-transform:scale(0.7,0.8);       /*IE 下在 X 轴和 Y 轴上进行缩放 */
06 }

07 #x{
08     -moz-transform:scaleX(1.2);        /*Firefox 下在 X 轴上进行缩放 */
09     -webkit-transform:scaleX(1.2);     /*Chrome 下在 X 轴上进行缩放 */
10     -o-transform:scaleX(1.2);  /*Opera 下在 X 轴上进行缩放 */
11     -ms-transform:scaleX(1.2); /*IE 下在 X 轴上进行缩放 */
12 }
```

在为图片添加了上面的动画效果后，将显示如图 10.2 所示的效果，其中虚线框位置为原图位置。

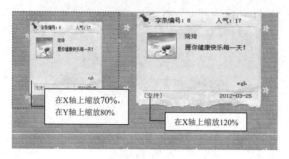

图 10.2　应用 transform 属性缩放图片

10.1.4　应用 transform 属性实现平移

应用 transform 属性的 translate(<length>[,<length>])、translateX(<length>) 和 translateY(<length>) 函数可以实现 2D 平移。其中，translate(<length>[,<length>]) 函数可以实现在 X 轴和 Y 轴上的同时平移，translateX(<length>) 和 translateY(<length>) 函数用于单独实现在 X 轴或 Y 轴上的平移。如果将 translate(<length>[,<length>]) 函数中的第一个参数设置为 0，那么可以实现 translateY(<length>) 函数的效果；如果将第二个参数设置为 0，那么可以实现 translateX(<length>) 函数的效果。

实现平移的这 3 个函数的参数值都是像素值，可以是正值也可以是负值，当 X 轴为正值时代表向右移动，当 X 轴为负值时代表向左移动；当 Y 轴为正值时代表向下移动，当 Y 轴为负值时代表向上移动。

学习笔记

> 目前主流浏览器并不支持标准的 transform 属性，因此在实际开发中还需要添加各浏览器厂商的前缀。例如，需要为 Firefox 浏览器添加 "-moz-" 前缀；为 Chrome 浏览器添加 "-webkit-" 前缀；为 Opera 浏览器添加 "-o-" 前缀；为 IE 浏览器添加 "-ms-" 前缀。

例如，应用 transform 属性的 translate() 函数实现在 X 轴和 Y 轴上的同时平移，以及应用 translateX() 函数实现在 X 轴上的平移，关键代码如下：

```
01  #xy{
02      -moz-transform:translate(100px,80px);/*Firefox 下在 X 轴和 Y 轴上进行平移 */
03      -webkit-transform:translate(100px,80px);/*Chrome 下在 X 轴和 Y 轴上
进行平移 */
04      -o-transform:translate(100px,80px); /*Opera 下在 X 轴和 Y 轴上进行平移 */
```

```
05        -ms-transform:translate(100px,80px);  /*IE 下在 X 轴和 Y 轴上进行平移 */
06  }

07  #x{
08        -moz-transform:translateX(300px);  /*Firefox 下在 X 轴上进行平移 */
09        -webkit-transform:translateX(300px);  /*Chrome 下在 X 轴上进行平移 */
10        -o-transform:translateX(300px);    /*Opera 下在 X 轴上进行平移 */
11        -ms-transform:translateX(300px);   /*IE 下在 X 轴上进行平移 */
12  }
```

在为图片添加了上面的动画效果后，将显示如图 10.3 所示的效果，其中虚线框位置为原图位置。

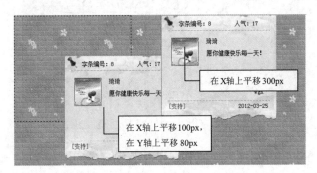

图 10.3　应用 transform 属性平移图片

10.1.5　应用 transform 属性实现倾斜

应用 transform 属性的 skew(<angle>[,<angle>])、skewX(<angle>)、skewY(<angle>) 函数可以实现倾斜。其中，skew(<angle>[,<angle>]) 函数可以实现在 X 轴和 Y 轴上的同时倾斜，skewX(<angle>) 和 skewY(<angle>) 函数用于单独实现在 X 轴或 Y 轴上的倾斜。如果将 skew(<angle>[,<angle>]) 函数中的第一个参数设置为 0，那么可以实现 skewY(<angle>) 函数的效果；如果将第二个参数设置为 0，那么可以实现 skewX(<angle>) 函数的效果。

实现倾斜的这 3 个函数的参数值都是度数，单位为 deg（角度），可以为正数也可以为负数。

例如，应用 transform 属性的 skew() 函数实现在 X 轴和 Y 轴上的同时倾斜，以及应用 skewX() 函数实现在 X 轴上的倾斜，关键代码如下：

```
01  #xy{
02        -moz-transform:skew(3deg,30deg);  /*Firefox 下在 X 轴和 Y 轴上进行倾斜 */
03        -webkit-transform:skew(3deg,30deg); /*Chrome 下在 X 轴和 Y 轴上进行倾斜 */
04        -o-transform:skew(3deg,30deg);    /*Opera 下在 X 轴和 Y 轴上进行倾斜 */
05        -ms-transform:skew(3deg,30deg);   /*IE 下在 X 轴和 Y 轴上进行倾斜 */
06  }
```

```
07  #x{
08      -moz-transform:skewX(30deg);        /*Firefox 下在 X 轴上进行倾斜 */
09      -webkit-transform:skewX(30deg);     /*Chrome 下在 X 轴上进行倾斜 */
10      -o-transform:skewX(30deg);          /*Opera 下在 X 轴上进行倾斜 */
11      -ms-transform:skewX(30deg);         /*IE 下在 X 轴上进行倾斜 */
12  }
```

在为图片添加了上面的动画效果后，将显示如图 10.4 所示的效果，其中虚线框位置为原图位置。

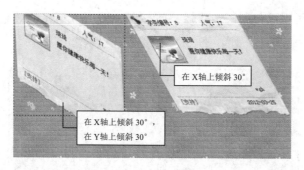

图 10.4　应用 transform 属性倾斜图片

接下来通过一个实例，实现在商品列表中，分别为不同的商品图片添加旋转、缩放、平移、倾斜的效果。最终效果如图 10.5 和图 10.6 所示。

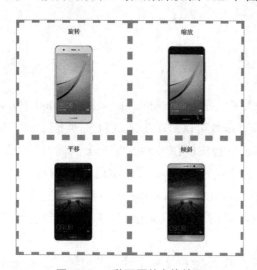

图 10.5　4 种不同的变换效果

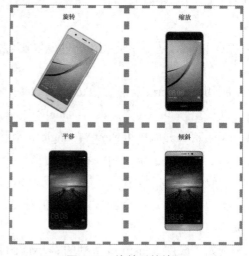

图 10.6　旋转后的效果

（1）新建一个 HTML 文件，然后通过 <img> 标签添加 4 张要实现动画效果的图片，关键代码如下：

```
01  <html>
02  <head>
03  <meta charset="UTF-8">
04  <title> 鼠标指针划过，手机旋转 </title>
```

```
05 <link href="css/mr-style.css" rel="stylesheet" type="text/css">
06 </head>
07 <body>
08 <div class="mr-content">
09   <div class="mr-block">
10    <h2> 旋转 </h2>
11    <img src="images/10-1.jpg" alt="img1" class="mr-img1">  <!-- 添加图片 -->
12   </div>
13   <div class="mr-block">
14    <h2> 缩放 </h2>                       <!-- 添加 h2 标题文字 -->
<img src="images/10-1a.jpg" alt="img1" class="mr-img2"> </div>
15   <div class="mr-block">
16    <h2> 平移 </h2>
17    <img src="images/10-1b.jpg" alt="img1" class="mr-img3"> </div>
18   <div class="mr-block">
19    <h2> 倾斜 </h2>
20    <img src="images/10-1c.jpg" alt="img1" class="mr-img4"> </div>
21 </div>
22 </body>
23 </html>
```

（2）新建一个 CSS 文件，通过外部样式将其引入 HTML 文件中，通过 transform 属性的 rotate() 函数实现旋转效果，关键代码如下：

```
01 .mr-content .mr-block .mr-img1:hover{
02    -moz-transform:rotate(30deg);       /*Firefox 下顺时针旋转 30° */
03    -webkit-transform:rotate(30deg);    /*Chrome 下顺时针旋转 30° */
04    -o-transform:rotate(30deg);         /*Opera 下顺时针旋转 30° */
05    -ms-transform:rotate(30deg);        /*IE 下顺时针旋转 30° */
06    }
```

（3）通过 transform 属性的 scale() 函数实现缩放效果，关键代码如下：

```
07 .mr-content .mr-block .mr-img2:hover{
08    -moz-transform:scaleX(2);           /*Firefox 下在 X 轴上进行缩放 */
09    -webkit-transform:scaleX(2);        /*Chrome 下在 X 轴上进行缩放 */
10    -o-transform:scaleX(2);             /*Opera 下在 X 轴上进行缩放 */
11    -ms-transform:scaleX(2);            /*IE 下在 X 轴上进行缩放 */
12    }
```

（4）通过 transform 属性的 translate() 函数实现平移效果，关键代码如下：

```
13 .mr-content .mr-block .mr-img3:hover{
14    -moz-transform:translateX(60px); /*Firefox 下在 X 轴上进行平移 */
15    -webkit-transform:translateX(60px); /*Chrome 下在 X 轴上进行平移 */
16    -o-transform:translateX(60px);      /*Opera 下在 X 轴上进行平移 */
17    -ms-transform:translateX(60px);     /*IE 下在 X 轴上进行平移 */
18    }
```

（5）通过 transform 属性的 skew() 函数实现倾斜效果，关键代码如下：

```
19  .mr-content .mr-block .mr-img4:hover{
20      -moz-transform:skew(3deg,30deg);    /*Firefox 下在 X 轴和 Y 轴上进行倾斜 */
21      -webkit-transform:skew(3deg,30deg);  /*Chrome 下在 X 轴和 Y 轴上进行倾斜 */
22      -o-transform:skew(3deg,30deg);       /*Opera 下在 X 轴和 Y 轴上进行倾斜 */
23      -ms-transform:skew(3deg,30deg);      /*IE 下在 X 轴和 Y 轴上进行倾斜 */
24      }
```

10.1.6 变形原点

CSS3 中提供了 transform-origin 属性，用于变换中心点。该属性可以提供两个参数值，也可以提供一个参数值。如果提供两个参数值，则第一个参数值表示横坐标，第二个参数值表示纵坐标；如果只提供一个参数值，则该参数值表示横坐标，纵坐标将默认为 50%。

📋 学习笔记

目前主流浏览器并不支持标准的 transform-origin 属性，因此在实际开发中需要添加各浏览器厂商的前缀。

transform-origin 属性的语法格式如下：

```
transform-origin: [ <percentage> | <length> | left | center ① | right ]
[ <percentage> | <length> | top | center ② | bottom ]?
```

transform-origin 属性的属性值及其含义如表 10.2 所示。

表 10.2　transform-origin 属性的属性值及其含义

属 性 值	含　　义
<percentage>	用百分比指定坐标值。可以为负值
<length>	用长度指定坐标值。可以为负值
left	指定原点的横坐标为 left，居左
center ①	指定原点的横坐标为 center，居中
right	指定原点的横坐标为 right，居右
top	指定原点的纵坐标为 top，居顶
center ②	指定原点的纵坐标为 center，居中
bottom	指定原点的纵坐标为 bottom，居底

例如，更改变换的中心点为左上角，关键代码如下：

```
01  #rotate{
02      -moz-transform-origin:bottom right;  /*Firefox 下设置中心点为右下角 */
03      -ms-transform-origin:top left;       /*Firefox 下设置中心点为左上角 */
04      -webkit-transform-origin:bottom;     /*Firefox 下设置中心点为底下角 */
05      -moz-transform:rotate(30deg);        /*Firefox 下顺时针旋转 30°*/
```

```
06          -webkit-transform:rotate(30deg);   /*Chrome 下顺时针旋转 30°*/
07          -o-transform:rotate(30deg);        /*Opera 下顺时针旋转 30°*/
08          -ms-transform:rotate(30deg);       /*IE 下顺时针旋转 30°*/
09      }
```

在为图片添加了上面的动画效果后，将显示如图 10.7 所示的效果，其中虚线框位置为原图位置。

图 10.7　变换中心点的效果

10.2　过渡效果——transition

CSS3 提供了用于实现过渡效果的 transition 属性，该属性可以控制 HTML 元素的某个属性发生改变所经历的时间，并以平滑渐变的方式发生改变，从而形成动画效果。本节对 transition 属性进行详细讲解。

10.2.1　指定参与过渡的属性

在 CSS3 中使用 transition-property 属性可以指定参与过渡的属性，该属性的语法格式如下：

```
transition-property: all | none | <property>[ ,<property> ]*
```

其中，all 为默认值，表示所有可以进行过渡的 CSS 属性；none 表示不指定过渡的 CSS 属性；<property> 表示指定要进行过渡的 CSS 属性，可以同时指定多个属性值，以逗号 "," 进行分隔。

📋 学习笔记

　　目前主流浏览器并不支持标准的 transition-property 属性，因此在实际开发中需要添加各浏览器厂商的前缀。

10.2.2　指定过渡的持续时间

在 CSS3 中使用 transition-duration 属性可以指定过渡的持续时间，该属性的语法格式如下：

```
transition-duration: <time>[ ,<time> ]*
```

其中，<time> 用于指定过渡的持续时间，默认值为 0，如果存在多个属性值，则以逗号"，"进行分隔。

📋 **学习笔记**

目前主流浏览器并不支持标准的 transition-duration 属性，因此在实际开发中需要添加各浏览器厂商的前缀。

10.2.3　指定过渡的延迟时间

在 CSS3 中使用 transition-delay 属性可以指定过渡的延迟时间，即延迟多长时间才开始过渡，该属性的语法格式如下：

```
transition-delay: <time>[ ,<time> ]*
```

其中，<time> 用于指定过渡的延迟时间，默认值为 0，如果存在多个属性值，则以逗号"，"进行分隔。

📋 **学习笔记**

目前主流浏览器并未支持标准的 transition-delay 属性，因此在实际开发中需要添加各浏览器厂商的前缀。

10.2.4　指定过渡的动画类型

在 CSS3 中使用 transition-timing-function 属性可以指定过渡的动画类型，该属性的语法格式如下：

```
transition-timing-function: linear | ease | ease-in | ease-out | ease-
in-out | cubic-bezier(x1,y1,x2,y2)[ ,linear | ease | ease-in | ease-out |
ease-in-out | cubic-bezier(x1,y1,x2,y2) ]*
```

transition-timing-function 属性的属性值及其含义如表 10.3 所示。

表 10.3　transition-timing-function 属性的属性值及其含义

属 性 值	含　义
linear	线性过渡，即匀速过渡。等同于贝塞尔曲线 (0.0,0.0,1.0,1.0)

属 性 值	含 义
ease	平滑过渡,过渡的速度会逐渐慢下来。等同于贝塞尔曲线 (0.25,0.1,0.25,1.0)
ease-in	由慢到快,即逐渐加速。等同于贝塞尔曲线 (0.42,0,1.0,1.0)
ease-out	由快到慢,即逐渐减速。等同于贝塞尔曲线 (0,0,0.58,1.0)
ease-in-out	由慢到快再到慢,即先加速后减速。等同于贝塞尔曲线 (0.42,0,0.58,1.0)
cubic-bezier(x1,y1,x2,y2)	特定的贝塞尔曲线类型,如图 10.8 所示。函数中的 x1 和 y1 用来确定图 10.8 中的 $P1$ 点的位置,x2 和 y2 用来确定图 10.8 中的 $P2$ 点的位置。其中,4 个参数值需在 [0, 1] 区间,否则无效

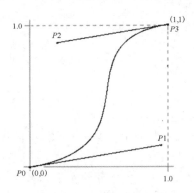

图 10.8　贝塞尔曲线示意图

📋 **学习笔记**

目前主流浏览器并不支持标准的 transition-timing-function 属性,因此在实际开发中需要添加各浏览器厂商的前缀。

下面通过一个实例,利用 transition 属性实现 4 种不同的动态效果,效果如图 10.9 所示。

图 10.9　transition 属性实现的效果图

（1）首先新建一个 HTML 文件，然后通过 <figcaption> 标签进行布局，并通过 <p> 标签添加文字。关键代码如下：

```
01 <figure class="effect-julia">
02    <img src="img/img1.jpg" alt="img21"/>     <!-- 添加图片 -->
03     <figcaption>
04       <h2>Huawei<span>/ 华为 P9</span></h2>    <!-- 添加 h2 标题文字 -->
05       <div>
06         <p> 价格：3388.00，4G 全网通 </p><!-- 通过 <p> 标签添加文字 -->
07         <p>P9 系列支持当天发货 </p>
08         <br>
09         <p> 全网通手机高配 </p>
10         <br>
11       </div>
12     </figcaption>
13   </figure>
14   <figure class="effect-apollo">
15    <img src="img/img2.jpg" alt="img22"/>
16     <figcaption>
17       <h2>Huawei<span>/ 华为 Mate9</span></h2>
18       <p> 华为 Mate9 手机 64G 高配 </p>
19     </figcaption>
20   </figure>
21  </div>
22  <div class="grid">
23   <figure class="effect-steve">
24    <img src="img/img3.jpg" alt="img33"/>
25     <figcaption>
26       <h2>Huawei<span>/ 华为 Mate9 Pro</span></h2>
27       <p>4GB+64G 全网通手机 mate9</p>
28     </figcaption>
29   </figure>
30   <figure class="effect-moses">
31    <img src="img/img4.jpg" alt="img20"/>
32     <figcaption>
33       <h2>Huawei<span>/ 华为 Mate8</span></h2>
34       <p> 华为 mate8 移动版 4G 手机 6.0 英寸 </p>
35     </figcaption>
36   </figure>
```

（2）新建一个 CSS 文件，并通过外部样式将其引入 HTML 文件中。实现图 10.9 中 "1" 部分动画效果的关键代码如下：

```
01 figure.effect-julia {
02    background: #2f3238;                    /* 设置背景 */
```

```
03  }
04  figure.effect-julia img {
05      max-width: none;                      /* 设置最大宽度 */
06      height: 430px;                        /* 设置高度 */
07      transition: opacity 1s, transform 1s;/* 设置过渡属性和时间 */
08  }
09  figure.effect-julia figcaption {
10      text-align: left;                     /* 设置文本对齐方式 */
11  }
12  figure.effect-julia h2 {
13      position: relative;                   /* 设置定位 */
14      padding: 0.5em 0;                     /* 设置内边距 */
15  }
16  figure.effect-julia p {
17      display: inline-block;
18      margin: 0 0 0.25em;
19      padding: 0.4em 1em;
20      background: rgba(255,255,255,0.9);
21      color: #2f3238;                       /* 设置字体颜色 */
22      font-weight: 500;                     /* 设置字体粗细 */
23      font-size: 75%;                       /* 设置字体大小 */
24      transition: opacity 0.35s, transform 0.35s;
25      transform: translate(-360px,0);       /* 设置平移 */
26  }
27  figure.effect-julia p:first-child {
28      transition-delay: 0.15s;              /* 设置过渡的延迟时间 */
29  }
30  figure.effect-julia p:nth-of-type(2) {
31      transition-delay: 0.1s;
32  }
33  figure.effect-julia p:nth-of-type(3) {
34      transition-delay: 0.05s;
35  }
36  figure.effect-julia:hover img {
37      opacity: 0.4;                         /* 设置透明度 */
38      transform: scale(1.1,1.1);            /* 设置缩放 */
39  }
40  figure.effect-julia:hover p {
41      opacity: 1;
42      transform: translate(0,0);            /* 设置平移 */
43  }
```

（3）实现图 10.9 中"2"部分动画效果的关键代码如下：

```
44  figure.effect-apollo img {
```

```
45        opacity: 0.95;
46        transition: opacity 0.35s, transform 0.35s;
47  /* 设置过渡属性和时间 */
48        transform: scale(1.05,1.05);
49  }
50  figure.effect-apollo figcaption::before {
51        .../* 部分与本节无关的 CSS 代码已被省略 */
52        transition: transform 0.6s;
53          transform: scale(1.9,1.4) rotate3d(0,0,1,45deg)
translate3d(0,-100%,0);
54  /* 设置缩放、旋转、平移 */
55  }
56  figure.effect-apollo p {
57        .../* 部分设置位置及其他与本节无关的 CSS 代码已被省略 */
58        transition: opacity 0.35s;
59  }
60  figure.effect-apollo h2 {
61        text-align: left;
62  }
63  figure.effect-apollo:hover img {
64        opacity: 0.6;
65        transform: scale3d(1,1,1);
66  }
67  figure.effect-apollo:hover figcaption::before {
68          transform: scale3d(1.9,1.4,1) rotate3d(0,0,1,45deg)
translate3d(0,100%,0);
69  }
70  figure.effect-apollo:hover p {
71        opacity: 1;
72        transition-delay: 0.1s;
73  /* 设置过渡的延迟时间 */
74  }
```

（4）实现图 10.9 中"3"部分动画效果的关键代码如下：

```
75  figure.effect-steve:before,
76  figure.effect-steve h2:before {
77        .../* 部分设置位置及其他与本节无关的 CSS 代码已被省略 */
78        transition: opacity 0.35s;
79  }
80  figure.effect-steve img {
81        opacity: 1;
82        transition: transform 0.35s;
83        transform: perspective(1000px) translate3d(0,0,0);
84  }
```

```
85  figure.effect-steve p {
86      .../* 部分设置位置及其他与本节无关的 CSS 代码已被省略 */
87      transition: opacity 0.35s, transform 0.35s;
88      transform: scale(0.9,0.9);
89  /* 设置缩放 */
90  }
91  figure.effect-steve:hover img {
92      transform: perspective(1000px) translate3d(0,0,21px);
93  }
94  figure.effect-steve:hover p {
95      opacity: 1;
96      transform: scale3d(1,1,1);
97  }
```

（5）实现图 10.9 中 "4" 部分动画效果的关键代码如下：

```
98  figure.effect-moses img {
99      opacity: 0.85;
100      transition: opacity 0.35s;
101  }
102  figure.effect-moses h2 {
103      .../* 部分设置位置及其他与本节无关的 CSS 代码已被省略 */
104      transition: transform 0.35s;
105      transform: translate3d(10px,10px,0);
106  }
107  figure.effect-moses p {
108      .../* 部分设置位置及其他与本节无关的 CSS 代码已被省略 */
109      transition: opacity 0.35s, transform 0.35s;
110      transform: translate3d(-50%,-50%,0);
111  }
112  figure.effect-moses:hover h2 {
113      transform: translate3d(0,0,0);
114  }
115  figure.effect-moses:hover p {
116      opacity: 1;
117      transform: translate3d(0,0,0);
118  }
119  figure.effect-moses:hover img {
120      opacity: 0.6;
121  }
```

10.3 动画——Animation

10.3.1 关键帧

在实现 Animation 动画时,需要先定义关键帧,定义关键帧的语法格式如下:

```
@keyframes name '{' <keyframes-blocks> '}';
```

对定义关键帧的语法中各属性值的说明如下。

(1) name:定义一个动画名称,该动画名称将被 animation-name 属性(指定动画名称属性)使用。

(2) <keyframes-blocks>:定义动画在不同时间段的样式规则,该属性值包括以下两种形式。

① 使用关键字 from 和 to 定义关键帧的位置,实现从一个状态过渡到另一个状态,语法格式如下:

```
from{
    属性1:属性值1;
    属性2:属性值2;
    …
    属性n:属性值n;
}
to{
    属性1:属性值1;
    属性2:属性值2;
    …
    属性n:属性值n;
}
```

例如,定义一个名称为 opacityAnim 的关键帧,用于实现从完全透明到完全不透明的动画效果,可以使用下面的代码:

```
@-webkit-keyframes opacityAnim{
    from{opacity:0;}
    to{opacity:1;}
}
```

② 使用百分比定义关键帧的位置,通过百分比来指定过渡的各个状态,语法格式如下:

```
百分比1{
    属性1:属性值1;
    属性2:属性值2;
    …
    属性n:属性值n;
}
…
```

```
百分比 n{
    属性 1：属性值 1；
    属性 2：属性值 2；
    …
    属性 n：属性值 n；
}
```

📋 **学习笔记**

在指定百分比时，一定要加 %，如 0%、50% 和 100% 等。

例如，定义一个名称为 complexAnim 的关键帧，实现将对象从完全透明到完全不透明，再逐渐收缩到 80%，最后从完全不透明过渡到完全透明的动画效果，可以使用下面的代码：

```
@-webkit-keyframes complexAnim{
    0%{opacity:0;}
    20%{opacity:1;}
    50%{-webkit-transform:scale(0.8);}
    80%{opacity:1;}
    100%{opacity:0;}
}
```

10.3.2　动画属性

要实现 Animation 动画，在定义了关键帧以后，就需要使用动画相关属性来控制关键帧的变化。CSS 为 Animation 动画提供了以下 9 个属性。

（1）animation：复合属性，用于指定对象应用的动画特效。

（2）animation-name：用于指定对象应用的动画名称。

（3）animation-duration：用于指定对象动画的持续时间，单位为 s，如 1s、5s 等。

（4）animation-timing-function：用于指定对象动画的过渡类型，其值与 transition-timing-function 属性值相关。

（5）animation-delay：用于指定对象动画的延迟时间，单位为 s，如 1s、5s 等。

（6）animation-iteration-count：用于指定对象动画的循环次数，infinite 表示无限循环。

（7）animation-direction：用于指定对象动画在循环中是否反向运动，值为 normal（默认值）表示正常方向，值为 alternate 表示正常方向与反向交替。

（8）animation-play-state：用于指定对象动画的状态，值为 running（默认值）表示运动，值为 paused 表示暂停。

（9）animation-fill-mode：用于指定对象动画时间之外的状态，值为 none（默认值）表示不设置对象动画之外的状态；值为 forwards 表示设置对象状态为动画结束时的状态；值为 backwards 表示设置对象状态为动画开始时的状态；值为 both 表示设置对象状态为动画结束或开始时的状态。

📋 **学习笔记**

> 目前只有 Firefox、Chrome 和 Safari 浏览器支持与 Animation 动画相关的属性，其他主流浏览器还不支持，但是这 3 个浏览器也并不支持标准的与 Animation 动画相关的属性，需要为 Firefox 浏览器添加 -moz- 前缀；为 Chrome 和 Safari 浏览器添加 -webkit- 前缀。

下面通过一个实例，利用 Animation 属性实现在 51 购商城中商品详情里滚动播出广告，效果如图 10.10 所示。

图 10.10　滚动广告

（1）新建一个 HTML 文件，通过 <p> 标签添加广告文字，关键代码如下：

```
01  <div class="mr-content">
02    <div class="mr-news">
03      <div class="mr-p">
04        <p> 华为年度盛典 </p>          <!-- 通过 <p> 标签添加广告文字 -->
05        <p> 惊喜连连 </p>
06        <p> 新品手机震撼上市 </p>
07        <p> 折扣多多 </p>
08        <p> 不容错过 </p>
09        <p> 惊喜购机有好礼 </p>
10        <p> 满减优惠 </p>
11        <p> 神秘幸运奖 </p>
12        <p> 华为等你带回家 </p>
13      </div>
14    </div>
15  </div>
```

（2）新建一个 CSS 文件，并通过外部样式将其引入 HTML 文件中，通过 animation 属性实现滚动播出广告，关键代码如下：

```
01  .mr-p{
02      height: 30px;                    /* 设置宽度 */
03      margin-top: 0;                   /* 设置外边距 */
04      color: #333;                     /* 设置字体颜色 */
```

```
05      font-size: 24px;                        /* 设置字体大小 */
06      animation: lun 10s linear infinite; /* 设置动画 */
07      }
08  @-webkit-keyframes lun {                    /* 通过百分比指定过渡各个状态的时间 */
09      0%{margin-top:0;}
10      10%{margin-top:-30px;}
11      20%{margin-top:-60px;}
12      30%{margin-top:-90;}
13      40%{margin-top:-120px;}
14      50%{margin-top:-150px;}
15      60%{margin-top:-180;}
16      70%{margin-top:-210px;}
17      80%{margin-top:-240px;}
18      90%{margin-top:-270px;}
19      100%{margin-top:-310px;}
20      }
```

第 11 章　响应式网页设计

响应式网页设计 (Responsive Web Design) 指的是网页设计应根据设备环境（屏幕尺寸、屏幕定向、系统平台等）和用户行为（改变窗口大小等）进行相应的响应与调整。具体的实现方式由多方面组成，包括弹性网格和布局、图片和 CSS 媒体查询的使用等。无论用户正在使用计算机还是智能手机，无论屏幕是大屏还是小屏，网页都应该自动响应式布局，为用户提供良好的使用体验。

11.1　概述

响应式网页设计是目前流行的一种网页设计形式，主要特色是网页布局能根据不同设备（计算机或智能手机）让内容进行适应性的展示，从而使用户在不同设备上都可以友好地浏览网页内容。

11.1.1　响应式网页设计的概念

响应式网页设计针对计算机、智能手机等设备，实现了在智能手机等多种智能移动终端流畅浏览的效果，能够防止网页变形，使网页自动切换分辨率、图片尺寸及相关脚本功能等，以适应不同的设备，并可在不同浏览终端进行网站数据的同步更新，可以为不同终端的用户提供更加舒适的界面和更好的用户体验。51 购商城主界面（计算机端和移动端）如图 11.1 所示，设计并实现了响应式网页布局。

图 11.1　51 购商城主页界面（计算机端和移动端）

11.1.2　响应式网页设计的优点、缺点和技术原理

1. 响应式网页设计的优点和缺点

响应式网页设计是最近几年流行的较前端的技术，它提升了用户的使用体验但也有自身的不足。下面简单介绍一下。

1）优点

（1）对用户友好。响应式设计可以向用户提供友好的网页界面，可以适应几乎所有设备的屏幕。

（2）后台数据库统一。也就是说，在计算机端编辑好网站内容后，手机等智能移动浏览终端能够同步显示修改之后的内容，网站数据的管理更加及时和便捷。

（3）方便维护。如果开发一个独立的移动端网站和计算机端网站，那么这无疑会增加更多的网站维护工作；但如果只设计一个响应式网站，那么维护的成本将会很低。

2）缺点

（1）延长了加载时间。在响应式网页设计中，增加了很多检测设备特性的代码，如设备的宽度、分辨率和类型等内容。同样也延长了网页读取代码的加载时间。

（2）开发时间。与开发一个仅适配计算机端的网站相比，开发响应式网站的确是一项耗时的工作。因为考虑设计的因素会更多，如各个设备中网页布局的设计、图片在不同终端中大小的处理等。

2. 响应式网页设计的技术原理

（1）<meta> 标签。它位于文档的头部，不包含任何内容，<meta> 标签是对网站发展非常重要的标签，可以用于鉴别作者、设定网页格式、标注内容提要和关键字、刷新网页等，它给浏览器回应一些有用的信息，以帮助浏览器正确和精确地显示网页内容。

（2）使用媒体查询（也称媒介查询）适配对应样式。通过不同的媒体类型和条件定义样式表规则，获取的值可以设置设备的手持方向（水平还是垂直）、分辨率等。

（3）使用第三方框架。例如，使用 Bootstrap 框架可以更快捷地实现网页的响应式设计。

📖 **学习笔记**

> Bootstrap 框架是基于 HTML5 和 CSS3 开发的响应式前端框架，包含丰富的网页组件，如按钮组件、下拉菜单组件和导航组件等。

11.2　像素和屏幕分辨率

响应式设计的关键是适配不同类型的终端显示设备。在讲解响应式设计技术之前，应先了解物理设备中关于屏幕适配的常用术语，如像素、屏幕分辨率、设备像素和CSS像素等，有助于理解响应式设计的实现过程。

11.2.1　像素和屏幕分辨率

　　像素，全称为图像元素，是数字图像中的一个最小单位。像素是尺寸单位，不是画质单位。将一张数字图片放大数倍，会发现图像都是由许多色彩相近的小方点组成的。51购商城的 Logo 图片放大后，效果如图 11.2 所示。

图 11.2　51 购商城 Logo 的放大界面

　　屏幕分辨率就是屏幕上显示的像素的个数，以水平分辨率和垂直分辨率来衡量大小。当屏幕分辨率低时（如 640×480），在屏幕上显示的像素的个数少，但尺寸比较大。当屏幕分辨率高时（如 1600×1200），在屏幕上显示的像素的个数多，但尺寸比较小。分辨率 1600×1200 的意思是水平方向含有的像素数为 1600 个，垂直方向含有的像素数为 1200 个。在屏幕尺寸一样的情况下，分辨率越高，显示效果就越精细和细腻。手机屏幕分辨率示意图如图 11.3 所示。

图 11.3　手机屏幕分辨率示意图

11.2.2 设备像素和 CSS 像素

1. 设备像素

设备像素是物理概念，指的是设备中使用的物理像素。例如，iPhone 5 的屏幕分辨率为 640px×1136px。衡量一个物理设备屏幕分辨率的高低使用 ppi，即像素密度，表示每英寸（1in=2.54cm）拥有的像素的个数。ppi 的数值越高，代表屏幕能以更高的像素密度显示图像。表 11.1 列举了常见机型的设备参数。

表 11.1 常见机型的设备参数

设　　备	屏幕大小/in	屏幕分辨率/像素	像素密度/ppi
MacBook Air	13.3	2580×1600	227
华硕 R405	14	1366×768	113
HUAWEI MatePad	10.4	2000×1200	225
iPhone 4S	3.5	960×640	326
小米手机 2	4.3	1280×720	342
华为 P20	5.8	1080×2244	428

2. CSS 像素

CSS 像素是网页编程的概念，指的是 CSS 样式代码中使用的逻辑像素。在 CSS 规范中，长度单位可以分为两类，即绝对单位和相对单位。px 是一个相对单位，相对的是设备像素。

设备像素和 CSS 像素的换算是通过设备像素比来完成的，设备像素比，即缩放比例，在获得设备像素比后，便可得知设备像素与 CSS 像素之间的比例。当这个比为 1 时，表示使用 1 个设备像素显示 1 个 CSS 像素；当这个比为 2 时，表示使用 4 个设备像素显示 1 个 CSS 像素；当这个比为 3 时，表示使用 9（3×3）个设备像素显示 1 个 CSS 像素。

关于设计师和前端工程师之间的协同工作，一般由设计师按照设备像素为单位制作设计稿，前端工程师参照相关的设备像素比，进行换算和编码。

📋 **学习笔记**

> 关于 CSS 像素和设备像素之间的换算关系，不是响应式网页设计的关键知识内容。因此只需了解相关基本概念即可。

11.3　视口

视口和窗口是对应的概念。视口是与设备相关的一个矩形区域，其坐标单位与设备相关。在使用代码布局时，使用的坐标总是窗口坐标，而实际的显示或输出设备却各有自己的坐标。

11.3.1 视口概述

1. 桌面浏览器中的视口

视口的概念，在桌面浏览器中，等于浏览器中 Window 窗口的概念。视口中的像素指的是 CSS 像素，视口大小决定了网页布局的可用宽度。视口的坐标是逻辑坐标，与设备无关。桌面浏览器中的视口如图 11.4 所示。

图 11.4 桌面浏览器中的视口

2. 移动浏览器中的视口

移动浏览器中的视口分为可见视口和布局视口。由于移动浏览器宽度的限制，在有限的宽度内可见部分装不下所有内容，所以在移动浏览器中通过 <meta> 标签引入了 viewport 属性，用来处理可见视口与布局视口的关系。引入代码形式如下：

```
<meta name="viewport" content="width=device-width, initial-scale=1.0>
```

11.3.2 视口常用属性

viewport 属性表示设备屏幕上用来显示的网页区域，具体而言，就是移动浏览器上用来显示网页的区域，但 viewport 属性又不局限于浏览器可视区域的大小，它可能比浏览器的可视区域大，也可能比浏览器的可视区域小。常见设备上浏览器的 viewport 宽度如表 11.2 所示。

表 11.2 常见设备上浏览器的 viewport 宽度

设　　备	宽度/px
iPhone	980
iPad	980
Android HTC	980

续表

设　　备	宽度/px
Chrome	980
IE	1024

<meta> 标签中 viewport 属性首先是由苹果公司在 Safari 浏览器中引入的，目的是解决移动设备的 viewport 属性不局限于浏览器可视区域的大小这一问题。后来安卓和各大浏览器厂商也都纷纷效仿，引入了对 viewport 属性的支持。事实证明，viewport 属性对响应式网页设计起了重要作用。表 11.3 列出了 viewport 属性中常用的属性值及其含义。

表 11.3　viewport 属性中常用的属性值及其含义

属　性　值	含　　义
width	设定布局视口宽度
height	设定布局视口高度
initial-scale	设定网页初始缩放比例（0～10）
user-scalable	设定用户是否可以缩放（yes/no）
minimum-scale	设定最小缩放比例（0～10）
maximum-scale	设定最大缩放比例（0～10）

11.3.3　媒体查询

媒体查询可以根据设备显示器的特性（如视口宽度、屏幕比例和设备方向）设定 CSS 的样式。媒体查询由媒体类型和一个或多个检测媒体特性的条件表达式组成。媒体查询中可用于检测的媒体特性有 width、height 和 color 等。使用媒体查询，可以在不改变网页内容的情况下，为一些特定的输出设备定制显示效果。

（1）在 HTML 文件的 <head> 标签中，添加 viewport 属性代码。代码如下：

```
01 <meta name="viewport content="width=device-width,
02 initial-scale=1,maximum-scale=1,user-scalable=no"/>
```

（2）使用 @media 关键字，编写 CSS 媒体查询代码。举例说明，当设备屏幕宽度为 320～720px 时，媒体查询中设置 body 的背景色 background-color 属性值为 red，会覆盖原来的 body 背景色；当设备屏幕宽度小于或等于 320px 时，媒体查询中设置 body 背景色 background-color 属性值为 blue，会覆盖原来的 body 背景色。代码如下：

```
01 /* 当设备屏幕宽度为 320～720px 时 */
02 @media screen and (max-width:720px) and (min-width:320px){
03     body{
04         background-color:red;
05     }
06 /* 当设备屏幕宽度小于或等于 320px 时 */
```

```
07      @media screen and (max-width:320px){
08          body{
09              background-color:blue;
10          }
11      }
12 }
```

11.4　响应式网页的布局设计

响应式网页设计涉及的具体的知识点很多，如图片的响应式处理、表格的响应式处理和布局的响应式设计等内容。关于响应式网页的布局设计，主要特色是网页布局能根据不同设备（计算机和智能手机等）适应性地展示内容，从而使用户在不同设备上都能友好地浏览网页内容。响应式网页的布局设计效果如图 11.5 所示。

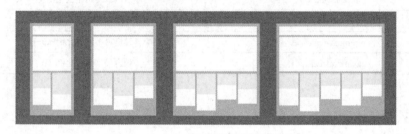

图 11.5　响应式网页的布局设计效果

11.4.1　常用布局类型

以网站的列数划分网页，布局类型可以分成单列布局和多列布局两种。其中，多列布局又可以由均分多列布局和不均分多列布局组成，下面进行详细介绍。

1. 单列布局

单列布局适合内容较少的网站布局，一般由顶部的 Logo 和菜单（1 行）、中间的内容区（1 行）、底部的网站相关信息（1 行）共 3 行组成。单列布局的效果如图 11.6 所示。

2. 均分多列布局

均分多列布局是列数大于或等于 2 列的布局类型，其每列宽度相同、列间距相同，适合商品或图片的列表展示。均分多列布局的效果如图 11.7 所示。

3. 不均分多列布局

不均分多列布局也是列数大于或等于 2 列的布局类型，但其每列宽度不同、列间距不同，适合博客类文章内容网页的布局，一列布局文章内容，一列布局广告链接等内容。不均分多列布局的效果如图 11.8 所示。

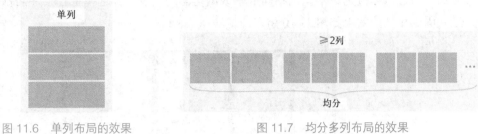

图 11.6　单列布局的效果　　　　　　　　图 11.7　均分多列布局的效果

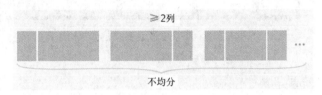

图 11.8　不均分多列布局的效果

11.4.2　布局的实现方式

不同的布局设计有不同的实现方式。以网页的宽度单位（像素或百分比）来划分，布局的实现方式可以分为单一式固定布局、响应式固定布局和响应式弹性布局 3 种。下面进行具体介绍。

1. 单一式固定布局

单一式固定布局以像素作为网页的基本单位，不考虑多种设备屏幕及浏览器的宽度，只设计一套固定宽度的网页布局。单一式固定布局的技术简单，但适配性差，适合单一终端中的网站布局。例如，以安全为首位的某些政府机关事业单位，可以仅设计制作适配指定浏览器和设备终端的布局。单一式固定布局的效果如图 11.9 所示。

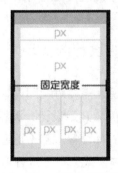

图 11.9　单一式固定布局的效果

2. 响应式固定布局

响应式固定布局同样以像素作为网页单位，参考主流设备尺寸，设计几套不同宽度的布局，通过媒体查询技术识别不同屏幕或浏览器的宽度，并选择符合条件的宽度布局。响应式固定布局的效果如图 11.10 所示。

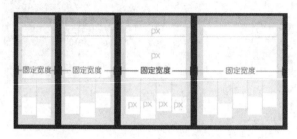

图 11.10　响应式固定布局的效果

3. 响应式弹性布局

响应式弹性布局以百分比作为网页的基本单位，可以适应一定范围内所有设备屏幕及浏览器的宽度，并能完美地利用有效空间展现最佳效果。响应式弹性布局的效果如图 11.11 所示。

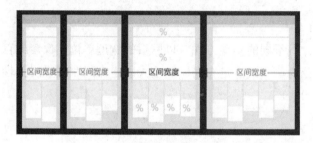

图 11.11　响应式弹性布局的效果

响应式固定布局和响应式弹性布局都是目前可被采用的响应式布局方式。其中，响应式固定布局的实现成本最低，但拓展性比较差；响应式弹性布局是比较理想的响应式布局的实现方式。对于不同类型的网页排版布局实现响应式设计，需要采用不用的实现方式。

11.4.3　响应式网页布局的设计与实现

对网页进行响应式的设计与实现，需要对相同内容进行不同宽度的布局设计，通常有两种方式：计算机端优先（从计算机端开始设计）和移动端优先（从移动端开始设计）。无论以哪种方式进行设计，要兼容所有设备，都不可避免地需要对内容布局做一些调整。有模块内容不变和模块内容改变两种方式。下面进行详细介绍。

（1）模块内容不变，即网页中整体模块内容不发生变化，此时通过调整模块的宽度，

可以将模块内容从挤压调整为拉伸，从平铺调整为换行。模块内容不变的效果如图 11.12
所示。

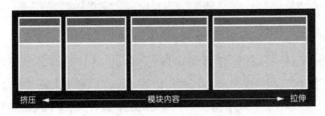

图 11.12　模块内容不变的效果

（2）模块内容改变，即网页中整体模块内容发生变化，通过媒体查询，检测当前设
备的宽度，动态隐藏或显示模块内容，增加或减少模块的数量。模块内容改变的效果如
图 11.13 所示。

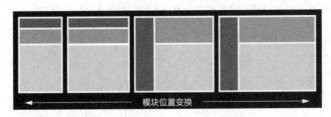

图 11.13　模块内容改变的效果

本实例的响应式设计采用模块内容改变的方式，根据当前设备的宽度，动态显示或隐
藏相关模块的内容，最终效果如图 11.14 所示。

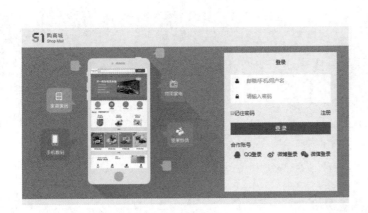

图 11.14　51 购商城登录网页效果（计算机端和移动端）

具体实现步骤如下。

（1）添加视口参数代码。在 <head> 标签中，添加浏览器设备识别的视口参数代码。

设置代码的 CSS 像素宽度 width 与设备像素宽度 device-width 相等，initial-scale 缩放比等于 1。代码如下：

```
13 <meta name="viewport" content="width=device-width,
14          initial-scale=1.0, minimum-scale=1.0, maximum-scale=1.0,
user-scalable=no">
```

（2）在 style.css 文件中添加媒体查询 CSS 代码。以计算机端背景图片为例，对样式类进行媒体查询，在默认宽度下，display 属性值为 none，表示隐藏背景图片；当媒体查询检测到最小宽度大于或等于 1025px 时，设置 display 属性值为 block。因此背景图片可以适应设备的宽度，从而隐藏或显示。

关键代码如下：

```
01  .login-banner-bg {
02     display: none;
03  }
04  @media screen and (min-width: 1025px) {
05     /* 背景 */
06     .login-banner-bg {
07        display: block;
08        float: left;
09  }
```

第三篇　高级篇

第 12 章　JavaScript 概述

在学习 JavaScript 前，应该先了解什么是 JavaScript，JavaScript 都有哪些特点，JavaScript 的编写工具，以及它在 HTML 中的使用等内容，通过了解这些内容来增强对 JavaScript 的理解，从而方便以后的学习。

12.1　JavaScript 简述

JavaScript 是 Web 网页中的一种脚本编程语言，也是一种通用的、跨平台的、基于对象和事件驱动并具有安全性的脚本语言。JavaScript 不需要进行编译，而是直接嵌入 HTML 网页中，把静态网页转变为支持用户交互并响应相应事件的动态网页。

1. JavaScript 的起源

JavaScript 的前身是 LiveScript，它是由美国 Netscape（网景）公司的布兰登·艾奇（Brendan Eich）为 Navigator 2.0 浏览器的应用而开发的脚本语言。在与 Sun Microsystems（太阳计算机系统有限公司）联手及时完成了 LiveScript 的开发后，就在 Navigator 2.0 即将正式发布前，Netscape 公司将其改名为 JavaScript，也就是最初的 JavaScript 1.0 版本。虽然当时 JavaScript 1.0 版本还有很多缺陷，但是拥有 JavaScript 1.0 版本的 Navigator 2.0 浏览器几乎主宰了整个浏览器市场。

由于 JavaScript 1.0 版本的成功，Netscape 公司在 Navigator 3.0 中发布了 JavaScript 1.1 版本。同时微软开始进军浏览器市场，发布了 Internet Explorer 3.0，并搭载了一个 JavaScript 的类似版本，其注册名称为 JScript，这是 JavaScript 发展过程中的重要一步。

在微软进入浏览器市场后，就有 3 种不同的 JavaScript 版本同时存在，Navigator 中的 JavaScript、IE 中的 JScript 和 CEnvi 中的 ScriptEase。与其他编程语言不同的是，JavaScript 并没有一个标准来统一其语法或特性，而这 3 种不同的版本恰恰突出了这个问题。1997 年，JavaScript 1.1 版本被作为一个草案提交给了欧洲计算机制造商协会（ECMA）。最终由来自 Netscape、Sun Microsystems、微软、Borland 和其他对脚本编程感兴趣的公司的程序员组成了 TC39（第 39 号技术专家委员会），该委员会被委派标准化一个通用的、跨平台的、中立于厂商之间的脚本语言的语法和语义。TC39 制定了《ECMAScript 语言规范》（又称《ECMA-262 标准》），该标准被国际标准化组织（ISO）采纳并通过，作为各种浏览器生产开发所使用的脚本程序的统一标准。

2．JavaScript 的主要特点

JavaScript 的主要特点如下。

（1）解释性。

JavaScript 不同于一些编译性的程序语言，如 C、C++ 等，它是一种解释性的程序语言，它的源代码不需要经过编译，而是在浏览器中运行时直接被解释。

（2）基于对象。

JavaScript 是一种基于对象的语言。这意味着它能运用自己已经创建的对象。因此，许多功能可以来自脚本环境中对象的方法与脚本的相互作用。

（3）事件驱动。

JavaScript 可以直接对用户输入做出响应，而不需要经过 Web 服务程序。它对用户的响应，是以事件驱动的方式进行的。所谓事件驱动，就是指在主页中执行了某种操作而产生的动作，此动作称为事件。例如，按下鼠标、移动窗口、选择菜单等都可被视为事件。当事件发生后，可能会引起相应的事件响应。

（4）跨平台。

JavaScript 依赖于浏览器本身，与操作环境无关，只要是能运行浏览器的计算机，并支持 JavaScript 的浏览器，就可以正确执行。

（5）安全性。

JavaScript 是一种安全性语言，它不允许访问本地的硬盘，并不能将数据存入服务器；不允许对网络文档进行修改和删除，只能通过浏览器实现信息浏览或动态交互。这样可以有效防止数据丢失。

3．JavaScript 的应用

使用 JavaScript 实现的动态网页，在 Web 上随处可见。下面介绍几种常见的 JavaScript 的应用。

（1）验证用户输入的内容。

使用 JavaScript 可以在客户端对用户输入的数据进行验证。例如，在制作用户注册信息网页时，要求用户确认密码，以确定用户输入的密码是否准确。如果用户在"确认密码"文本框中输入的信息与在"注册密码"文本框中输入的信息不同，则会弹出相应的提示信息，如图 12.1 所示。

（2）动画效果。

在浏览网页时，经常会看到一些动画效果。使用 JavaScript 也可以实现动画效果，如在网页中实现下雪的效果，如图 12.2 所示。

（3）窗口的应用。

在打开网页时，经常会看到一些浮动的广告窗口，这些广告窗口是某些网站的营利手段之一。我们也可以通过 JavaScript 来实现，如实现如图 12.3 所示的广告窗口。

图 12.1 验证两次输入的密码是否相同　　　　　　图 12.2 动画效果

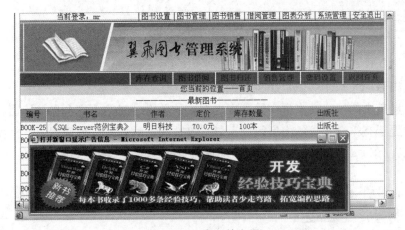

图 12.3 窗口的应用

（4）文字特效。

使用 JavaScript 可以使文字实现多种特效（如实现文字旋转等），如图 12.4 所示。

图 12.4 文字特效

（5）明日学院应用的 jQuery 效果。

在明日学院的"读书"栏目中，应用 jQuery 实现了滑动显示和隐藏子菜单的效果。当单击某个主菜单时，将滑动显示相应的子菜单，而其他子菜单将滑动隐藏，如图 12.5 所示。

（6）京东网上商城应用的 jQuery 效果。

在京东网上商城的话费充值网页，应用 jQuery 实现了标签页的效果，当单击"话费快充"

选项卡时，标签页中将显示话费快充的相关内容，如图 12.6 所示，当单击其他选项卡时，标签页中将显示相应的内容。

图 12.5　明日学院应用的 jQuery 效果　　　　图 12.6　京东网上商城应用的 jQuery 效果

（7）应用 AJAX 技术实现百度搜索提示。

当在百度首页的搜索文本框中输入需要搜索的关键字时，下方会自动给出相关提示。如果给出的提示有符合要求的内容，则可以直接选择，这样可以方便用户。例如，在输入"明日科"后，下方将显示如图 12.7 所示的提示信息。

图 12.7　百度搜索提示网页

12.2　WebStorm 简介

可以使用任何一种文本编辑器编辑 JavaScript 程序，如 Windows 中的记事本、写字板等应用软件。由于 JavaScript 程序可以嵌入 HTML 文件中，所以读者可以使用任何一种编辑 HTML 文件的工具软件，如 WebStorm 和 Dreamweaver 等。本书使用的编写工具为 WebStorm，因此这里只对该工具进行简单介绍。

WebStorm 是 JetBrains 公司旗下的一款 JavaScript 开发工具。WebStorm 支持不同浏览器的提示，还包括所有用户自定义的函数（项目中）。代码补全包含了所有流行的库，如 jQuery、YUI、Dojo、Prototype 等。WebStorm 被我国广大的 JavaScript 开发者誉为 Web 前端开发神器、最强大的 HTML5 编辑器、最智能的 JavaScript IDE 等。WebStorm 的主界面如图 12.8 所示。

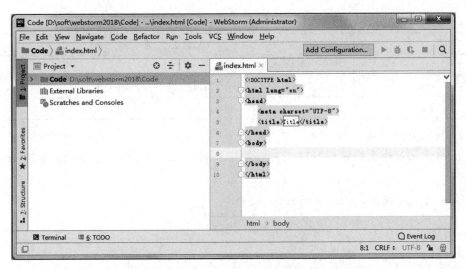

图 12.8　WebStorm 的主界面

📋 **学习笔记**

本书使用的 WebStorm 版本为 WebStorm-2018.2.5。

12.3　JavaScript 在 HTML 中的使用

通常情况下，在 Web 网页中使用 JavaScript 有以下 3 种方法：①在网页中直接嵌入 JavaScript 代码；②链接外部 JavaScript 文件；③作为特定标签的属性值使用。下面分别对这 3 种方法进行介绍。

12.3.1　在网页中直接嵌入 JavaScript 代码

在 HTML 文档中可以使用 <script>…</script> 标签将 JavaScript 代码嵌入其中，在 HTML 文档中可以使用多个 <script> 标签，每个 <script> 标签中可以包含多个 JavaScript 的代码集合，且各个 <script> 标签中的 JavaScript 代码之间可以相互访问，与将所有代码放在一对 <script>…</script> 标签中的效果相同。<script> 标签常用的属性及其说明如表 12.1 所示。

表 12.1　<script> 标签常用的属性及其说明

属　　性	说　　明
language	设置所使用的脚本语言及版本

续表

属　　　性	说　　　明
src	设置一个外部脚本文件的路径
type	设置所使用的脚本语言及版本，此属性已代替 language 属性
defer	当 HTML 文档加载完毕后再执行脚本语言

（1）language 属性。

language 属性用来指定在 HTML 中使用哪种脚本语言及版本。language 属性的使用格式如下：

```
<script language="JavaScript1.5">
```

🗒 **学习笔记**

> 如果不定义 language 属性，那么浏览器将默认脚本语言为 JavaScript 1.0 版本。

（2）src 属性。

src 属性用来指定外部脚本文件的路径，外部脚本文件通常使用 JavaScript 文件，其扩展名为 .js。src 属性的使用格式如下：

```
<script src="01.js">
```

（3）type 属性。

type 属性用来指定在 HTML 中使用哪种脚本语言及版本，自 HTML4.0 标准开始，推荐使用 type 属性来代替 language 属性。type 属性的使用格式如下：

```
<script type="text/javascript">
```

（4）defer 属性。

defer 属性的作用是当文档加载完毕后再执行脚本，当脚本语言无须立即执行时，在设置 defer 属性后，浏览器将不必等待脚本语言装载，这样网页加载会更快。但是，当有一些脚本需要在网页加载过程中或加载完成后立即执行时，就不需要使用 defer 属性。defer 属性的使用格式如下：

```
<script defer>
```

下面通过一个实例，编写第一个 JavaScript 程序，在 WebStorm 工具中直接嵌入 JavaScript 代码，实现在网页中输出"我喜欢学习 JavaScript"的字样。

具体步骤如下。

（1）启动 WebStorm，如果还未创建任何项目，则会弹出如图 12.9 所示的界面。

（2）单击图 12.9 中的"Create New Project"选项，弹出如图 12.10 所示的界面，输入项目名称（Code），并选择项目存储路径，将项目文件夹存储在计算机的 E 盘中，然后单击"Create"按钮创建项目。

图 12.9　WebStorm 欢迎界面

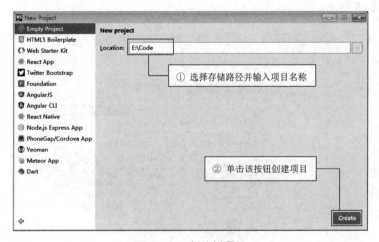

图 12.10　创建新项目

（3）在项目名称"Code"上单击鼠标右键，然后依次选择"New"→"Directory"选项，如图 12.11 所示。

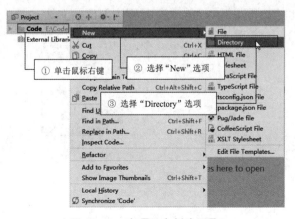

图 12.11　在项目中创建目录

（4）单击"Directory"选项后，弹出新建目录的对话框，在文本框中输入新建目录的名称（SL），如图 12.12 所示，然后单击"OK"按钮，完成文件夹 SL 的创建。

图 12.12　输入新建目录名称

（5）按照同样的方法，在文件夹 SL 下创建本章实例文件夹 01，在该文件夹下创建第一个实例文件夹 01。

（6）在第一个实例文件夹 01 上单击鼠标右键，然后依次选择"New"→"HTML File"选项，如图 12.13 所示。

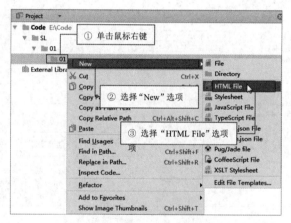

图 12.13　在文件夹下创建 HTML 文件

（7）单击"HTML File"选项后，将弹出新建 HTML 文件的对话框，如图 12.14 所示，在"Name:"文本框中输入新建文件的名称（index），然后单击"OK"按钮，完成 index.html 文件的创建。此时，开发工具会自动打开刚刚创建的文件，结果如图 12.15 所示。

图 12.14　新建 HTML 文件的对话框

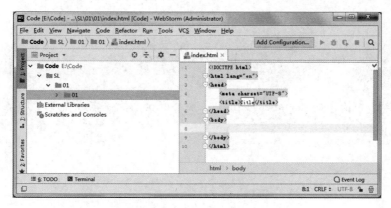

图 12.15 打开新创建的文件

（8）将实例背景图片 bg.gif 复制到 "E:\Code\SL\01\01" 目录下，背景图片的存储路径为 "配套资源 \Code\SL\01\01"。

（9）在 <title> 标签中将标题设置为 "第一个 JavaScript 程序"，在 <body> 标签中编写 JavaScript 代码，如图 12.16 所示。

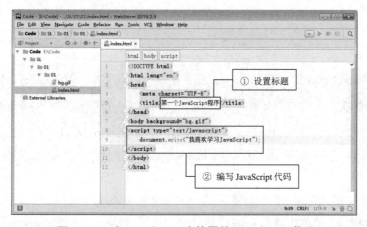

图 12.16 在 WebStorm 中编写的 JavaScript 代码

双击 "E:\Code\SL\01\01" 目录下的 index.html 文件，在浏览器中会看到运行结果，如图 12.17 所示。

图 12.17 程序运行结果

学习笔记

（1）<script> 标签可以放在 Web 网页的 <head>…</head> 标签中，也可以放在 <body>…</body> 标签中。

（2）脚本中使用的 document.write 是 JavaScript 语句，其功能是直接在网页中输出括号中的内容。

12.3.2 链接外部 JavaScript 文件

在 Web 网页中引入 JavaScript 的另一种方法是采用链接外部 JavaScript 文件的形式。如果代码比较复杂或同一段代码可以被多个网页使用，那么可以将这些代码放置在一个单独的文件中（保存文件的扩展名为 .js），然后在需要使用该代码的 Web 网页中链接该 JavaScript 文件。

在 Web 网页中链接外部 JavaScript 文件的语法格式如下：

```
<script type="text/javascript" src="javascript.js"></script>
```

学习笔记

如果外部 JavaScript 文件保存在本机上，那么 src 属性可以是绝对路径或相对路径；如果外部 JavaScript 文件保存在其他服务器中，那么 src 属性需要指定绝对路径。

下面通过一个实例，在 HTML 文件中调用外部 JavaScript 文件，实现运行时在网页中显示对话框，对话框中输出"我喜欢学习 JavaScript"的字样。

具体步骤如下。

（1）在本章实例文件夹 01 下创建第二个实例文件夹 02。

（2）在文件夹 02 上单击鼠标右键，然后依次选择"New"→"JavaScript File"选项，如图 12.18 所示。

（3）在单击"JavaScript File"选项后，将弹出新建 JavaScript 文件的对话框，如图 12.19 所示，在"Name:"文本框中输入 JavaScript 文件的名称（index），然后单击"OK"按钮，完成 index.js 文件的创建。此时，开发工具会自动打开刚刚创建的文件。

（4）在 index.js 文件中编写 JavaScript 代码，代码如图 12.20 所示。

学习笔记

代码中使用的 alert 是 JavaScript 语句，其功能是在网页中弹出一个对话框，并在对话框中显示括号中的内容。

图 12.18　在 02 文件夹下创建 JavaScript 文件　　　图 12.19　新建 JavaScript 文件的对话框

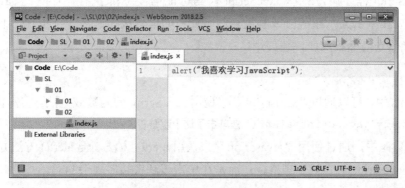

图 12.20　index.js 文件中的代码

（5）在 02 文件夹下创建 index.html 文件，在该文件中调用外部 JavaScript 文件 index.js，代码如图 12.21 所示。

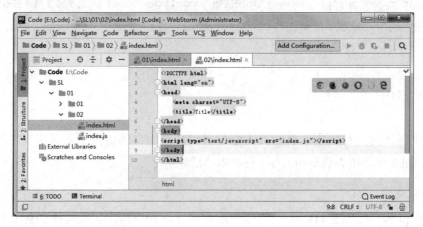

图 12.21　调用外部 JavaScript 文件

双击 index.html 文件，运行结果如图 12.22 所示。

图 12.22　程序运行结果

12.3.3　作为特定标签的属性值使用

在 JavaScript 程序中，有些 JavaScript 代码可能需要立即执行，而有些 JavaScript 代码则可能需要在单击某个超链接或触发一些事件（如单击按钮）后才会执行。下面介绍将 JavaScript 代码作为标签的属性值使用。

1. 通过"javascript:"调用

在 HTML 中，可以通过"javascript:"来调用 JavaScript 的函数或方法。实例代码如下：

```
<a href="javascript:alert(' 您单击了这个超链接 ')"> 请单击这里 </a>
```

在上述代码中，通过使用"javascript:"来调用 alert() 方法，但 alert() 方法并不是在浏览器解析"javascript:"时就立刻执行，而是在单击该超链接时才会执行。

2. 与事件结合调用

JavaScript 可以支持很多事件，事件可以影响用户的操作，如单击、按下键盘或移动鼠标等。与事件结合，可以调用执行 JavaScript 的方法或函数。实例代码如下：

```
<input type="button" value=" 单击按钮 " onclick="alert(' 您单击了这个按钮 ')" />
```

在上述代码中，onclick 是单击事件，表示当单击对象时会触发 JavaScript 的方法或函数。

12.4　JavaScript 基本语法

JavaScript 作为一种脚本语言，其语法规则和其他语言的语法规则有相同之处也有不同之处。下面简单介绍 JavaScript 的一些基本语法。

1. 执行顺序

JavaScript 程序按照在 HTML 文件中出现的顺序逐行执行。如果需要在整个 HTML 文件中执行（如函数、全局变量等），那么最好将其放在 HTML 文件的 <head>…</head> 标签中。

某些代码，如函数体内的代码，不会被立即执行，只有当其所在的函数被其他程序调用时，该代码才会被执行。

2. 大小写敏感

JavaScript 对字母大小写是敏感（严格区分字母大小写）的，即在输入语言的关键字、函数名、变量和其他标识符时，必须采用正确的大小写形式。例如，变量 username 与变量 userName 是两个不同的变量，这一点要特别注意，因为同属于与 JavaScript 紧密相关的 HTML 是不区分大小写的，所以很容易混淆。

📋 **学习笔记**

> HTML 并不区分大小写。由于 JavaScript 和 HTML 紧密相连，这一点很容易混淆。许多 JavaScript 对象和属性都与其代表的 HTML 标签或属性同名，在 HTML 中，这些名称可以以任意的大小写方式输入而不会引起混乱，但在 JavaScript 中，这些名称通常都是小写的。例如，HTML 中的事件处理器属性 ONCLICK 通常被声明为 onClick 或 OnClick，而在 JavaScript 中只能使用 onclick。

3. 空格与换行

在 JavaScript 中会忽略程序中的空格、换行和制表符，除非这些符号是字符串或正则表达式中的一部分。因此，可以在程序中随意使用这些特殊符号来进行排版，便于阅读和理解。

JavaScript 中的换行有"断句"的意思，即换行能判断一条语句是否已经结束。例如，以下代码表示两个不同的语句：

```
01  a = 100
02  return false
```

如果将第 2 行代码写成：

```
02  return
03  false
```

那么 JavaScript 会认为这是两个不同的语句，这样会产生错误。

4. 每行结尾的分号可有可无

与 Java 语言不同，JavaScript 并不要求必须以分号";"作为语句的结束标志。如果在语句结束处没有分号，那么 JavaScript 会自动将该行代码的结尾作为语句的结尾。

例如，下面两行代码都是正确的：

```
01  alert("您好！欢迎访问我公司网站！")
02  alert("您好！欢迎访问我公司网站！");
```

📋 **学习笔记**

> 最好的代码编写习惯是在每行代码的结尾处加上分号，这样可以保证每行代码的准确性。

5. 注释

注释有以下两种作用。

（1）可以解释程序某些语句的作用和功能，使程序更易于理解，通常用于代码的解释说明。

（2）可以用注释来暂时屏蔽某些语句，使浏览器暂时忽略它们，等需要时再取消注释，这些语句就会发挥作用，通常用于代码的调试。

JavaScript 提供了两种注释符号："//" 和 "/*…*/"。其中，"//" 用于单行注释，"/*…*/" 用于多行注释。多行注释符号分为开始和结束两部分，即在需要注释的内容前输入 "/*"，同时在注释内容结束后输入 "*/"。例如：

```
01  // 这是单行注释的例子
02  /* 这是多行注释的第一行
03    这是多行注释的第二行
04  …
05  */
06  /* 这是多行注释在一行中应用的例子 */
```

第 13 章　JavaScript 基础

JavaScript 与其他语言一样有自己的语言基础，从本章开始介绍 JavaScript 的基础知识。本章对 JavaScript 的数据类型、常量和变量、运算符、表达式，以及数据类型的转换规则进行详细讲解。

13.1　数据类型

JavaScript 的数据类型分为基本数据类型和复合数据类型两类。关于复合数据类型中的对象、数组和函数等，会在后面章节进行介绍。本节详细介绍 JavaScript 的基本数据类型。JavaScript 的基本数据类型有数值型、字符串型、布尔型，以及两个特殊的数据类型。

13.1.1　数值型

数值型是 JavaScript 中最基本的数据类型。JavaScript 和其他程序设计语言（如 C 语言和 Java）的不同之处在于它并不区别整型数值和浮点型数值。在 JavaScript 中，所有的数值都是由浮点型表示的。JavaScript 采用 IEEE 754 定义的 64 位浮点格式表示数字，这意味着它能表示的最大值是 1.7976931348623157e+308，最小值是 5e-324。

当一个数字直接出现在 JavaScript 程序中时，我们称它为数值直接量。下面对 JavaScript 支持的几种形式的数值直接量进行详细介绍。

📋 **学习笔记**

在数值直接量前加负号（-）可以构成它的负数。但是负号是一元求反运算符，而不是数值直接量语法的一部分。

1．十进制

在 JavaScript 程序中，十进制的整数是一个由 0～9 组成的数字序列。例如：

```
0
6
-2
100
```

JavaScript 的数字格式允许精确地表示 -900719925474092（-2^{53}）和 900719925474092（2^{53}）之间的所有整数（包括 -900719925474092（-2^{53}）和 900719925474092（2^{53}））。当使用超过这个范围的整数时，就会失去尾数的精确性。需要注意的是，JavaScript 中的某些整数运算是对 32 位的整数执行的，它们为 -2147483648（-2^{31}）～2147483647（$2^{31}-1$）。

2. 八进制

尽管 ECMAScript 标准不支持八进制数据，但是 JavaScript 的某些实现却允许采用八进制（以 8 为基数）格式的整型数据。八进制数据以数字 0 开头，其后跟一个数字序列，这个序列中的每个数字都在 0 和 7 之间（包括 0 和 7），例如：

```
07
0366
```

由于某些 JavaScript 实现支持八进制数据，而有些则不支持，所以，如果不知道某个 JavaScript 的实现是将其解释为十进制数据，还是解释为八进制数据，就最好不要使用以 0 开头的整型数据。

3. 十六进制

JavaScript 不但能够处理十进制的整型数据，还能识别十六进制（以 16 为基数）的数据。十六进制数据是以 "0X" 或 "0x" 开头的，其后跟十六进制的数字序列。十六进制的数字可以是 0～9 的某个数字，也可以是 a（A）～f（F）的某个字母，它们用来表示 0～15（包括 0 和 15）的某个值，下面是十六进制整型数据的例子：

```
0xff
0X123
0xCAFE911
```

下面是一个实例，网页中的颜色 RGB 代码是以十六进制数字表示的。例如，在颜色代码 #6699FF 中，十六进制数字 66 表示红色部分的色值，十六进制数字 99 表示绿色部分的色值，十六进制数字 FF 表示蓝色部分的色值。实现在网页中分别输出 RGB 颜色 #6699FF 的 3 种颜色的色值，代码如下：

```
01 <script type="text/javascript">
02 document.write("RGB 颜色 #6699FF 的 3 种颜色的色值分别为：");// 输出字符串
03 document.write("<p>R："+0x66);                    // 输出红色色值
04 document.write("<br>G："+0x99);                   // 输出绿色色值
05 document.write("<br>B："+0xFF);                   // 输出蓝色色值
06 </script>
```

执行上面的代码，结果如图 13.1 所示。

图 13.1　输出 RGB 颜色 #6699FF 的 3 种颜色的色值

4. 浮点型数据

浮点型数据可以有小数点，它的表示方法有以下两种。

（1）传统记数法。

传统记数法是将一个浮点数分为整数部分、小数点和小数部分，如果整数部分为 0，则可以省略整数部分。例如：

```
1.2
56.9963
.236
```

（2）科学记数法。

此外，还可以使用科学记数法表示浮点型数据，即实数后跟随字母 e 或 E，后面加上一个带正号或负号的整数指数，其中正号可以省略。例如：

```
6e+3
3.12e11
1.234E-12
```

学习笔记

> 在科学记数法中，e 或 E 后面的整数表示 10 的指数次幂，因此，这种记数法表示的数值等于前面的实数乘以 10 的指数次幂。

下面通过一个实例，输出"3e+6""3.5e3""1.236E-2"这 3 种不同形式的科学记数法表示的浮点数，代码如下：

```
01  <script type="text/javascript">
02  document.write("科学记数法表示的浮点数的输出结果：");    // 输出字符串
03  document.write("<p>");                                // 输出段落标签
04  document.write(3e+6);                                 // 输出浮点数
05  document.write("<br>");                               // 输出换行标签
06  document.write(3.5e3);                                // 输出浮点数
07  document.write("<br>");                               // 输出换行标签
08  document.write(1.236E-2);                             // 输出浮点数
09  </script>
```

执行上面的代码，结果如图 13.2 所示。

图 13.2　输出科学记数法表示的浮点数

5. 特殊值 Infinity

在 JavaScript 中有一个特殊的数值 Infinity（无穷大），如果一个数值超出了 JavaScript 所能表示的最大值的范围，JavaScript 就会输出 Infinity；如果一个数值超出了 JavaScript 所能表示的最小值的范围，JavaScript 就会输出 -Infinity。例如：

```
01  document.write(1/0);          // 输出 1 除以 0 的值
02  document.write("<br>");       // 输出换行标签
03  document.write(-1/0);         // 输出 -1 除以 0 的值
```

运行结果为：

```
Infinity
-Infinity
```

6. 特殊值 NaN

JavaScript 中还有一个特殊的数值 NaN（Not a Number），即"非数字"。如果在进行数学运算时产生了未知的结果或错误，那么 JavaScript 就会返回 NaN，表示该数学运算的结果是一个非数字。例如，用 0 除以 0 的输出结果就是 NaN，代码如下：

```
alert(0/0);                      // 输出 0 除以 0 的值
```

运行结果为：

```
NaN
```

13.1.2 字符串型

字符串是由 0 个或多个字符组成的序列，它可以包含大小写字母、数字、标点符号或其他字符，也可以包含汉字。字符串是 JavaScript 用来表示文本的数据类型。程序中的字符串型数据是包含在单引号或双引号中的，由单引号定界的字符串中可以含有双引号，由双引号定界的字符串中也可以含有单引号。

📋 **学习笔记**

空字符串不包含任何字符，也不包含任何空格，用一对引号表示，即""""或""。

（1）单引号引起来的字符串，代码如下：

```
'你好 JavaScript'
'mingrisoft@mingrisoft.com'
```

（2）双引号引起来的字符串，代码如下：

```
" "
"你好 JavaScript"
```

（3）单引号定界的字符串中可以含有双引号，代码如下：

```
'abc"efg'
'你好 "JavaScript"'
```

（4）双引号定界的字符串中可以含有单引号，代码如下：

```
"I'm legend"
"You can call me 'Tom'!"
```

📋 **学习笔记**

> 包含字符串的引号必须匹配，如果字符串前面使用的是双引号，那么在字符串后面也必须使用双引号，反之则都使用单引号。

有时，字符串中使用的引号会产生匹配混乱的问题。例如：

" 字符串是包含在单引号 ' 或双引号 " 中的 "

对于这种情况，必须使用转义字符。JavaScript 中的转义字符是 "\\"，通过转义字符可以在字符串中添加不可显示的特殊字符，或者避免引号匹配混乱问题的出现。例如，字符串中的单引号可以使用 "\\'" 来代替，双引号可以使用 "\\"" 来代替。因此，上面一行代码可以写成如下形式：

" 字符串是包含在单引号 \\' 或双引号 \\" 中的 "

JavaScript 常用的转义字符如表 13.1 所示。

表 13.1　JavaScript 常用的转义字符

转 义 字 符	描　　述	转 义 字 符	描　　述
\b	退格	\v	垂直制表符
\n	换行符	\r	回车符
\t	水平制表符，Tab 空格	\\	反斜杠
\f	换页	\OOO	八进制整数，为 000～777
\'	单引号	\xHH	十六进制整数，为 00～FF
\"	双引号	\uhhhh	十六进制编码的 Unicode 字符

例如，在 alert 语句中使用转义字符 "\n" 的代码如下：

```
alert(" 网页设计基础：\nHTML\nCSS\nJavaScript");        // 换行输出字符串
```

运行代码，结果如图 13.3 所示。

图 13.3　换行输出字符串 1

由图 13.3 可知，转义字符 "\n" 在警告框中会产生换行，但是当在 document.write();

语句中使用转义字符时，只有将其放在格式化文本块中才会起作用，因此脚本必须放在 <pre> 和 </pre> 标签内。

例如，下面是应用转义字符使字符串换行的代码：

```
01  document.write("<pre>");                           // 输出 <pre> 标签
02  document.write(" 轻松学习 \nJavaScript 语言！");      // 输出换行字符串
03  document.write("</pre>");                          // 输出 </pre> 标签
```

执行上面的代码，结果如图 13.4 所示。

图 13.4　换行输出字符串 2

如果上述代码不使用 <pre> 和 </pre> 标签，那么转义字符将不起作用，代码如下：

```
document.write(" 轻松学习 \nJavaScript 语言！");          // 输出字符串
```

运行结果为：

轻松学习 JavaScript 语言！

下面通过一个实例，在 <pre> 和 </pre> 标签内使用转义字符，分别输出 NBA 前球星沙奎尔·奥尼尔的中文名、英文名和别名，关键代码如下：

```
01  <script type="text/javascript">
02  document.write('<pre>');                           // 输出 <pre> 标签
03  document.write(' 中文名：沙奎尔·奥尼尔 ');              // 输出中文名
04  document.write('\n 英文名：Shaquille O\'Neal');       // 输出英文名
05  document.write('\n 别名：大鲨鱼 ');                   // 输出别名
06  document.write('</pre>');                          // 输出 </pre> 标签
07  </script>
```

本实例运行结果如图 13.5 所示。

图 13.5　输出奥尼尔的中文名、英文名和别名

由上面的实例可以看出，当在单引号定义的字符串内出现单引号时，必须进行转义才能正确输出。

13.1.3　布尔型

数值数据类型和字符串数据类型的值都无穷多，但是布尔数据类型只有两个值，一个是 true（真），一个是 false（假），用来说明某个事物是真还是假。

在 JavaScript 程序中，布尔值通常作为比较所得的结果。例如：

```
n==1
```

上面一行代码测试了变量 n 的值是否和数值 1 相等。如果相等，那么比较的结果就是布尔值 true，否则结果就是布尔值 false。

布尔值通常用于 JavaScript 的控制结构中。例如，JavaScript 的 if/else 语句就是在布尔值为 true 时执行一个动作，而在布尔值为 false 时执行另一个动作。通常将一个创建布尔值与使用这个比较的语句结合在一起。例如：

```
01  if (n==1)                    // 如果 n 的值等于 1
02      m=m+1;                   // 那么 m 的值加 1
03  else
04      n=n+1;                   //n 的值加 1
```

本段代码检测 n 是否等于 1。如果相等，就给 m 的值加 1，否则给 n 的值加 1。

有时可以把两个可能的布尔值看作 on（true）和 off（false），或者看作 yes（true）和 no（false），这样更为直观。有时把它们看作 1（true）和 0（false）会更加有用（实际上，JavaScript 也是这样做的，在必要时会将 true 转换成 1，将 false 转换成 0）。

13.1.4　特殊数据类型

1. 未定义值

未定义值就是 undefined，表示变量还没有被赋值（如 var a;）。

2. 空值（null）

JavaScript 中的关键字 null 是一个特殊的值，表示空值，用于定义空的或不存在的引用。这里必须要注意的是，null 不等同于空的字符串（""）或 0。当使用对象进行编程时可能会用到这个值。

由此可见，null 与 undefined 的区别是，null 表示一个变量被赋予了一个空值，而 undefined 则表示该变量尚未被赋值。

13.2　常量和变量

每一种计算机语言都有自己的数据结构。在 JavaScript 中，常量和变量是数据结构的重要组成部分。本节介绍常量和变量的概念，以及变量的使用方法。

13.2.1 常量

常量是指在程序运行过程中其值保持不变的数据。例如，123 是数值型常量，"JavaScript 脚本"是字符串型常量，true 或 false 是布尔型常量等。在 JavaScript 编程中可直接输入这些值。

13.2.2 变量

变量是指程序中一个已经命名的存储单元，主要作用是为数据操作提供存放信息的容器。变量是相对常量而言的。常量是一个不会改变的固定值，而变量的值则可能会随着程序的执行而改变。变量有两个基本特征，即变量名和变量值。为了便于理解，可以把变量看作一个贴着标签的盒子，标签上的名字就是这个变量的名字（变量名），而盒子里面的东西就相当于这个变量的值（变量值）。对于变量的使用，必须明确变量的命名、声明、赋值和类型。

1. 变量的命名

JavaScript 变量的命名规则如下。

（1）必须以字母或下画线开头，其他字符可以是数字、字母或下画线。

（2）不能包含空格或加号、减号等符号。

（3）严格区分大小写。例如，UserName 与 username 代表两个不同的变量。

（4）不能使用 JavaScript 中的关键字。JavaScript 中的关键字如表 13.2 所示。

表 13.2 JavaScript 中的关键字

abstract	continue	finally	instanceof	private	this
boolean	default	float	int	public	throw
break	do	for	interface	return	typeof
byte	double	function	long	short	true
case	else	goto	native	static	var
catch	extends	implements	new	super	void
char	false	import	null	switch	while
class	final	in	package	synchronized	with

📋 **学习笔记**

JavaScript 关键字是指在 JavaScript 中有特定含义，并作为 JavaScript 语法中的一部分的那些字。JavaScript 关键字是不能作为变量名和函数名使用的。如果使用 JavaScript 关键字作为变量名或函数名，则会使 JavaScript 在载入过程中出现语法错误。

📖 **学习笔记**

　　虽然 JavaScript 的变量可以任意命名，但在编程时，最好还是使用便于记忆、有意义的变量名称，以增加程序的可读性。

2. 变量的声明

在 JavaScript 中，JavaScript 变量由关键字 var 来声明，语法格式如下：

```
var variablename;
```

其中，variablename 是声明的变量名。例如，声明一个变量 username，代码如下：

```
var username;                              // 声明变量 username
```

另外，可以使用一个关键字 var 同时声明多个变量。例如：

```
var a,b,c;                                 // 同时声明 a、b、c 三个变量
```

3. 变量的赋值

在声明变量的同时可以使用 "=" 对变量进行初始化赋值。例如，声明一个变量 lesson 并为其赋值，值为一个字符串 "零基础学 JavaScript"，代码如下：

```
var lesson="零基础学 JavaScript";          // 声明变量并进行初始化赋值
```

另外，还可以在声明变量之后为变量赋值。例如：

```
01  var lesson;                            // 声明变量
02  lesson="零基础学 JavaScript";          // 为变量赋值
```

在 JavaScript 中，变量可以先不声明而直接为其赋值。例如，给一个未声明的变量赋值，然后输出这个变量的值，代码如下：

```
01  str = "这是一个未声明的变量";          // 给未声明的变量赋值
02  document.write(str);                   // 输出变量的值
```

运行结果为：

这是一个未声明的变量

　　虽然在 JavaScript 中可以给一个未声明的变量直接赋值，但是建议在使用变量前就对其进行声明，因为声明变量的最大好处就是能及时发现代码中的错误。JavaScript 是动态编译的，而动态编译是不易于发现代码中的错误的，特别是在变量命名方面的错误。

📖 **学习笔记**

　　在使用变量时忽略了字母的大小写。例如，下面的代码在运行时就会产生错误：

```
01  var name = "张三";                     // 声明变量并赋值
02  document.write(NAME);                   // 输出变量 NAME 的值
```

　　上述代码定义了一个变量 name，但是在使用 document.write 语句输出变量的值时忽略了字母的大小写，因此在运行时会出现错误。

学习笔记

（1）如果只是声明了变量，并未对其赋值，则其值默认为 undefined。

（2）可以使用 var 语句重复声明同一个变量，也可以在重复声明变量时为该变量赋一个新值。

例如，声明一个未赋值的变量 a 和一个被重复声明的变量 b，并输出这两个变量的值，代码如下：

```
01  var a;                          // 声明变量 a
02  var b = " 你好 JavaScript";      // 声明变量 b 并初始化
03  var b = " 零基础学 JavaScript";   // 重复声明变量 b
04  document.write(a);              // 输出变量 a 的值
05  document.write("<br>");         // 输出换行标签
06  document.write(b);              // 输出变量 b 的值
```

运行结果为：

```
undefined
零基础学 JavaScript
```

学习笔记

JavaScript 中的变量必须先定义（用 var 关键字声明或给一个未声明的变量直接赋值）后使用，没有定义过的变量不能直接使用。

学习笔记

直接输出一个未定义的变量。例如，下面的代码在运行时就会产生错误：

```
document.write(a);                  // 输出未定义的变量 a 的值
```

上述代码并没有定义变量 a，却使用 document.write 语句直接输出 a 的值，因此在运行时会出现错误。

4. 变量的类型

变量的类型是指变量的值所属的数据类型，可以是数值型、字符串型和布尔型等。因为 JavaScript 是一种弱类型的程序语言，所以可以把任意类型的数据赋给变量。

例如，先将一个数值型数据赋给一个变量，在程序运行过程中，可以将一个字符串型数据赋给同一个变量，代码如下：

```
01  var num=100;                        // 定义数值型变量
02  num=" 有一条路，走过了总会想起 ";       // 定义字符串型变量
```

下面通过一个实例实现将科比·布莱恩特的别名、身高、总得分、主要成就和场上位置分别定义在不同的变量中，并输出这些信息，关键代码如下：

```
01 <script type="text/javascript">
02 var alias = " 小飞侠 ";                    // 定义别名变量
03 var height = 198;                          // 定义身高变量
04 var score = 33643;                         // 定义总得分变量
05 var achievement = " 五届 NBA 总冠军 ";      // 定义主要成就变量
06 var position = " 得分后卫 / 小前锋 ";        // 定义场上位置变量
07 document.write(" 别名：");                  // 输出字符串
08 document.write(alias);                     // 输出变量 alias 的值
09 document.write("<br> 身高：");              // 输出换行标签和字符串
10 document.write(height);                    // 输出变量 height 的值
11 document.write(" 厘米 <br> 总得分：");       // 输出换行标签和字符串
12 document.write(score);                     // 输出变量 score 的值
13 document.write(" 分 <br> 主要成就：");       // 输出换行标签和字符串
14 document.write(achievement);               // 输出变量 achievement 的值
15 document.write("<br> 场上位置：");           // 输出换行标签和字符串
16 document.write(position);                  // 输出变量 position 的值
17 </script>
```

本实例的运行结果如图 13.6 所示。

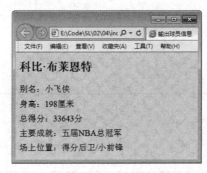

图 13.6　输出球员信息

13.3　运算符

运算符也称操作符，是完成一系列操作的符号。运算符用于将一个或几个值进行计算而生成一个新的值，这个被计算的值称为操作数，操作数可以是常量，也可以是变量。

JavaScript 的运算符按操作数的个数可以分为单目运算符、双目运算符和三目运算符；按运算符的功能可以分为算术运算符、字符串运算符、比较运算符、赋值运算符、逻辑运算符、条件运算符和其他运算符。

13.3.1 算术运算符

算术运算符用于在程序中进行加、减、乘、除等运算。JavaScript 中常用的算术运算符如表 13.3 所示。

表 13.3　JavaScript 中常用的算术运算符

运　算　符	描　　　　述	示　　　例
+	加运算符	// 返回值为 10 4+6
-	减运算符	// 返回值为 5 7-2
*	乘运算符	// 返回值为 21 7*3
/	除运算符	// 返回值为 4 12/3
%	求模运算符	// 返回值为 3 7%4

++	自增运算符。该运算符有两种情况：i++（在使用 i 之后，使 i 的值加 1）；++i（在使用 i 之前，先使 i 的值加 1）	//j 的值为 1，i 的值为 2
		i=1; j=i++
		//j 的值为 2，i 的值为 2
		i=1; j=++i

--	自减运算符。该运算符有两种情况：i--（在使用 i 之后，使 i 的值减 1）；--i（在使用 i 之前，先使 i 的值减 1）	//j 的值为 6，i 的值为 5
		i=6; j=i--
		//j 的值为 5，i 的值为 5
		i=6; j=--i

下面是一个实例：假设洛杉矶市的当前气温为 68 华氏度（美国使用华氏度来作为计量温度的单位，将华氏度转换为摄氏度的公式为"摄氏度 =5/9×(华氏度 -32)"），分别输出该城市以华氏度和摄氏度表示的气温。关键代码如下：

```
01  <script type="text/javascript">
02  var degreeF=68;                          // 定义表示华氏度的变量
03  var degreeC=0;                           // 初始化表示摄氏度的变量
04  degreeC=5/9*(degreeF-32);                // 将华氏度转换为摄氏度
05  document.write(" 华氏度: "+degreeF+"&deg;F");  // 输出华氏度表示的气温
06  document.write("<br> 摄氏度: "+degreeC+"&deg;C");// 输出摄氏度表示的气温
07  </script>
```

本实例的运行结果如图 13.7 所示。

图 13.7　输出以华氏度和摄氏度表示的气温

13.3.2　字符串运算符

字符串运算符是用于两个字符串型数据间的运算符，作用是将两个字符串连接在一起。在 JavaScript 中，可以使用 "+" 和 "+=" 运算符对两个字符串进行连接运算。其中，"+" 运算符用于连接两个字符串，"+=" 运算符用于连接两个字符串并将结果赋给第一个字符串。表 13.4 给出了 JavaScript 中的字符串运算符。

表 13.4　JavaScript 中的字符串运算符

运　算　符	描　　　　述	示　　　　例
+	连接两个字符串	" 零基础学 "+"JavaScript"
+=	连接两个字符串并将结果赋给第一个字符串	var name = " 零基础学 " // 相当于 name = name+"JavaScript" name += "JavaScript"

下面通过一个实例，实现将电影《美人鱼》的影片名称、导演、类型、主演和票房分别定义在变量中，应用字符串运算符对多个变量和字符串进行连接并输出。代码如下：

```
01 <script type="text/javascript">
02 var movieName, director, type, actor, boxOffice;          // 声明变量
03 movieName = " 美人鱼 ";                                    // 定义影片名称
04 director  = " 周星驰 ";                                    // 定义影片导演
05 type = " 喜剧、爱情、科幻 ";                               // 定义影片类型
06 actor = " 邓超、林允 ";                                    // 定义影片主演
07 boxOffice = 33.92;                                         // 定义影片票房
08 alert(" 影片名称："+movieName+"\n 导演："+director+"\n 类型："+type+"\n
主演："+actor+"\n 票房："+boxOffice+" 亿元 ");              // 连接字符串并输出
09 </script>
```

运行代码，结果如图 13.8 所示。

图 13.8　对多个字符串进行连接

学习笔记

JavaScript 会根据操作数的数据类型来确定表达式中的"+"是算术运算符还是字符串运算符。在两个操作数中只要有一个是字符串类型，那么这个"+"就是字符串运算符。

学习笔记

在使用字符串运算符对字符串进行连接时，如果没有对字符串变量进行初始化，则会得到不一样的运行结果。例如，下面的代码是错误的：

```
01  var str;                    // 正确代码: var str="";
02  str+=" 零基础学 ";           // 连接字符串
03  str+="JavaScript";          // 连接字符串
04  document.write(str);        // 输出变量的值
```

上述代码在声明变量 str 时并没有对变量进行初始化，这样在运行时会出现非预期的结果。

13.3.3 比较运算符

比较运算符的基本操作过程：首先对操作数（可以是数字，也可以是字符串）进行比较，然后返回一个布尔值（true 或 false）。JavaScript 中常用的比较运算符如表 13.5 所示。

表 13.5 JavaScript 中常用的比较运算符

运 算 符	描　　述	示　　例
<	小于	// 返回值为 true 1<6
>	大于	// 返回值为 false 7>10
<=	小于或等于	// 返回值为 true 10<=10
>=	大于或等于	// 返回值为 false 3>=6
==	等于。只根据表面值进行判断，不涉及数据类型	// 返回值为 true "17"==17
===	绝对等于。根据表面值和数据类型同时进行判断	// 返回值为 false "17"===17
!=	不等于。只根据表面值进行判断，不涉及数据类型	// 返回值为 false "17"!=17
!==	不绝对等于。根据表面值和数据类型同时进行判断	// 返回值为 true "17"!==17

📋 学习笔记

在对操作数进行比较时，不能将比较运算符"=="写成"="。例如，下面的代码是错误的：

```
01  var a=10;                        // 声明变量并初始化
02  document.write(a=10);            // 正确代码：document.write(a==10);
```

上述代码在对操作数进行比较时使用了赋值运算符"="，而正确的比较运算符应该是"=="。

下面通过一个实例，应用比较运算符实现两个数值的大小比较。代码如下：

```
01  <script type="text/javascript">
02  var age = 25;                              // 定义变量
03  document.write("age 变量的值为："+age);      // 输出字符串和变量的值
04  document.write("<p>");                     // 输出换行标签
05  document.write("age>20: ");                // 输出字符串
06  document.write(age>20);                    // 输出比较结果
07  document.write("<br>");                    // 输出换行标签
08  document.write("age<20: ");                // 输出字符串
09  document.write(age<20);                    // 输出比较结果
10  document.write("<br>");                    // 输出换行标签
11  document.write("age==20：");               // 输出字符串
12  document.write(age==20);                   // 输出比较结果
13  </script>
```

本实例的运行结果如图 13.9 所示。

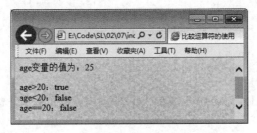

图 13.9　输出的比较结果

13.3.4　赋值运算符

JavaScript 中的赋值运算可以分为简单赋值运算和复合赋值运算。简单赋值运算是将赋值运算符（=）右边表达式的值保存到左边的变量中；复合赋值运算混合了其他操作（如算术运算操作）和赋值操作。例如：

```
sum+=i;        // 等同于 sum=sum+i;
```

JavaScript 中的赋值运算符如表 13.6 所示。

表 13.6　JavaScript 中的赋值运算符

运　算　符	描　　　　　述	示　　　例
=	将右边表达式的值赋给左边的变量	userName="mr"
+=	将运算符左边的变量加上右边表达式的值赋给左边的变量	// 相当于 a=a+b a+=b
-=	将运算符左边的变量减去右边表达式的值赋给左边的变量	// 相当于 a=a-b a-=b
*=	将运算符左边的变量乘以右边表达式的值赋给左边的变量	// 相当于 a=a*b a*=b
/=	将运算符左边的变量除以右边表达式的值赋给左边的变量	// 相当于 a=a/b a/=b
%=	将运算符左边的变量用右边表达式的值求模，并将结果赋给左边的变量	// 相当于 a=a%b a%=b

下面通过一个实例，应用赋值运算符实现两个数值之间的运算并输出结果。代码如下：

```
01 <script type="text/javascript">
02 var a = 2;                              // 定义变量
03 var b = 3;                              // 定义变量
04 document.write("a=2,b=3");              // 输出 a 和 b 的值
05 document.write("<p>");                  // 输出段落标签
06 document.write("a+=b 运算后：");         // 输出字符串
07 a+=b;                                   // 执行运算
08 document.write("a="+a);                 // 输出此时变量 a 的值
09 document.write("<br>");                 // 输出换行标签
10 document.write("a-=b 运算后：");         // 输出字符串
11 a-=b;                                   // 执行运算
12 document.write("a="+a);                 // 输出此时变量 a 的值
13 document.write("<br>");                 // 输出换行标签
14 document.write("a*=b 运算后：");         // 输出字符串
15 a*=b;                                   // 执行运算
16 document.write("a="+a);                 // 输出此时变量 a 的值
17 document.write("<br>");                 // 输出换行标签
18 document.write("a/=b 运算后：");         // 输出字符串
19 a/=b;                                   // 执行运算
20 document.write("a="+a);                 // 输出此时变量 a 的值
21 document.write("<br>");                 // 输出换行标签
22 document.write("a%=b 运算后：");         // 输出字符串
23 a%=b;                                   // 执行运算
24 document.write("a="+a);                 // 输出此时变量 a 的值
25 </script>
```

本实例的运行结果如图 13.10 所示。

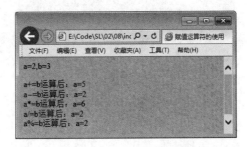

图 13.10　输出赋值运算结果

13.3.5　逻辑运算符

逻辑运算符用于对一个或多个布尔值进行逻辑运算。JavaScript 中有 3 个逻辑运算符，如表 13.7 所示。

表 13.7　JavaScript 中的逻辑运算符

运　算　符	描　　述	示　　例
&&	逻辑与	// 当 a 和 b 都为真时，结果为真，否则为假 a && b
||	逻辑或	// 当 a 为真或 b 为真时，结果为真，否则为假 a || b
!	逻辑非	// 当 a 为假时，结果为真，否则为假 !a

下面通过一个实例，应用逻辑运算符实现对逻辑表达式进行运算并输出结果。代码如下：

```
01 <script type="text/javascript">
02 var num = 20;                                    // 定义变量
03 document.write("num="+num);                      // 输出变量的值
04 document.write("<p>num>0 && num<10 的结果：");    // 输出字符串
05 document.write(num>0 && num<10);                 // 输出运算结果
06 document.write("<br>num>0 || num<10 的结果：");   // 输出字符串
07 document.write(num>0 || num<10);                 // 输出运算结果
08 document.write("<br>!num<10 的结果：");           // 输出字符串
09 document.write(!num<10);                         // 输出运算结果
10 </script>
```

本实例的运行结果如图 13.11 所示。

图 13.11　输出逻辑运算结果

13.3.6　条件运算符

条件运算符是 JavaScript 支持的一种特殊的三目运算符，其语法格式如下：

表达式 ? 结果 1 : 结果 2

如果"表达式"的值为 true，则整个表达式的结果为"结果 1"，否则为"结果 2"。

例如，定义两个变量，值都为 10，然后判断这两个变量是否相等，如果相等则输出"相等"，否则输出"不相等"，代码如下：

```
01  var a=10;                        // 定义变量
02  var b=10;                        // 定义变量
03  alert(a==b?"相等":"不相等");      // 应用条件运算符进行判断并输出结果
```

执行上面的代码，结果如图 13.12 所示。

图 13.12　判断两个变量是否相等

下面是一个实例：如果某年的年份值是 4 的倍数且不是 100 的倍数，或者该年份值是 400 的倍数，那么这一年就是闰年，应用条件运算符判断 2017 年是否是闰年。代码如下：

```
01  <script type="text/javascript">
02  var year = 2017;                  // 定义年份变量
03  // 应用条件运算符进行判断
04  result = (year%4 == 0 && year%100 != 0) || (year%400 == 0)?"是闰年":"不是闰年";
05  alert(year+" 年 "+result);        // 输出判断结果
06  </script>
```

本实例的运行结果如图 13.13 所示。

图 13.13　判断 2017 年是否是闰年

13.3.7　其他运算符

1．逗号运算符

逗号运算符用于将多个表达式排在一起，整个表达式的值为最后一个表达式的值。例如：

```
01  var a,b,c,d;                  // 声明变量
02  a=(b=3,c=5,d=6);             // 使用逗号运算符为变量 a 赋值
03  alert("a 的值为 "+a);         // 输出变量 a 的值
```

执行上面的代码，结果如图 13.14 所示。

图 13.14　输出变量 a 的值

2．typeof 运算符

typeof 运算符用于判断操作数的数据类型。typeof 运算符可以返回一个字符串，该字符串说明了操作数是什么数据类型，这对于判断一个变量是否已被定义是特别有用的，其语法格式如下：

```
typeof 操作数
```

不同类型的操作数使用 typeof 运算符的返回值如表 13.8 所示。

表 13.8　不同类型的操作数使用 typeof 运算符的返回值

数 据 类 型	返 回 值	数 据 类 型	返 回 值
数值	number	null	object
字符串	string	对象	object
布尔值	boolean	函数	function
undefined	undefined	—	—

例如，应用 typeof 运算符分别判断 4 个变量的数据类型，代码如下：

```
01 var a,b,c,d;                              // 声明变量
02 a=3;                                       // 为变量赋值
03 b="name";                                  // 为变量赋值
04 c=true;                                    // 为变量赋值
05 d=null;                                    // 为变量赋值
06 alert("a 的类型为 "+(typeof a)+"\nb 的类型为 "+(typeof b)+"\nc 的类型为
"+(typeof c)+"\nd 的类型为 "+(typeof d));      // 输出变量的类型
```

执行上面的代码，结果如图 13.15 所示。

图 13.15　输出不同的数据类型

3. new 运算符

JavaScript 中有很多内置对象，如字符串对象、日期对象和数值对象等，通过 new 运算符可以创建一个新的内置对象实例。

new 运算符的语法格式如下：

```
对象实例名称 = new 对象类型 (参数)
对象实例名称 = new 对象类型
```

当创建对象实例时，如果没有用到参数，则可以省略圆括号。这种省略方式只限于 new 运算符。

例如，应用 new 运算符创建新的对象实例，代码如下：

```
01 Object1 = new Object;                     // 创建自定义对象
02 Array2 = new Array();                      // 创建数组对象
03 Date3 = new Date("August 8 2008");         // 创建日期对象
```

13.3.8　运算符优先级

JavaScript 运算符都有明确的优先级与结合性。优先级较高的运算符将先于优先级较低的运算符进行运算。结合性是指具有同等优先级的运算符将按照什么顺序进行运算。JavaScript 运算符的优先级与结合性如表 13.9 所示。

表 13.9 JavaScript 运算符的优先级与结合性

优 先 级	结 合 性	运 算 符
最高	向左	.、[ ]、( )
由高到低依次排列	向右	++、--、!、delete、new、typeof、void
	向左	*、/、%
	向左	+、-
	向左	<<、>>、>>>
	向左	<、<=、>、>=、in、instanceof
	向左	==、!=、===、!===
由高到低依次排列	向左	&
	向左	^
	向左	|
	向左	&&
	向左	||
	向右	?:
	向右	=
	向右	*=、/=、%=、+=、-=、<<=、>>=、>>>=、&=、^=、|=
最低	向左	,

例如，下面的代码显示了运算符优先级的作用：

```
01  var a;                          // 声明变量
02  a = 20-(5+6)<10&&2>1;           // 为变量赋值
03  alert(a);                       // 输出变量 a 的值
```

执行上面的代码，结果如图 13.16 所示。

图 13.16 输出结果

当表达式中连续出现的几个运算符的优先级相同时，其运算顺序由其结合性决定。结合性有向左结合和向右结合。例如，由于运算符"+"是左结合的，所以在计算表达式"a+b+c"的值时，会先计算"a+b"，即"(a+b)+c"；而赋值运算符"="是右结合的，因此在计算表达式"a=b=1"的值时，会先计算"b=1"。下面的代码说明了"="的右结合性：

```
01  var a = 1;                      // 声明变量并赋值
02  b=a=10;                         // 为变量 b 赋值
03  alert("b="+b);                  // 输出变量 b 的值
```

执行上面的代码，结果如图 13.17 所示。

图 13.17　输出结果

下面是一个实例：假设手机原来的话费余额是 10 元，通话资费为 0.2 元 / 分，流量资费为 0.5 元 /MB，在使用了 10MB 流量后，计算手机话费余额还可以进行多长时间的通话。代码如下：

```
01 <script type="text/javascript">
02 var balance = 10;                          // 定义手机话费余额变量
03 var call = 0.2;                            // 定义通话资费变量
04 var traffic = 0.5;                         // 定义流量资费变量
05 var minutes = (balance-traffic*10)/call;   // 计算余额可通话时间
06 document.write(" 手机话费余额还可以通话 "+minutes+"min"); // 输出字符串
07 </script>
```

本实例的运行结果如图 13.18 所示。

图 13.18　输出手机话费余额可以进行通话的时间

13.4　表达式

表达式是运算符和操作数组合而成的式子，表达式的值就是对操作数进行运算后的结果。

由于表达式是以运算为基础的，所以表达式按其运算结果可以分为以下 3 种。

（1）算术表达式：运算结果为数字的表达式。

（2）字符串表达式：运算结果为字符串的表达式。

（3）逻辑表达式：运算结果为布尔值的表达式。

📋 **学习笔记**

表达式是一个相对概念，表达式中可以含有若干子表达式，而且表达式中的一个常量或变量都可以看作一个表达式。

13.5 数据类型的转换规则

在对表达式进行求值时，通常需要所有的操作数都属于某种特定的数据类型。例如，在进行算术运算时，要求操作数都是数值类型；在进行字符串连接运算时，要求操作数都是字符串类型；在进行逻辑运算时，要求操作数都是布尔类型。然而，JavaScript 并没有对此进行限制，且允许运算符对不匹配的操作数进行计算。在代码执行过程中，JavaScript 会根据需要进行自动类型转换，但是在转换时也会遵循一定的规则。下面介绍几种数据类型的转换规则。

（1）其他数据类型转换为数值型数据：如表 13.10 所示。

表 13.10　其他数据类型转换为数值型数据

类　　型	转换后的结果
undefined	NaN
null	0
逻辑型	若其值为 true，则结果为 1；若其值为 false，则结果为 0
字符串型	若内容为数字，则结果为相应的数字；否则为 NaN
其他对象	NaN

（2）其他数据类型转换为逻辑型数据：如表 13.11 所示。

表 13.11　其他数据类型转换为逻辑型数据

类　　型	转换后的结果
undefined	false
null	false
数值型	若其值为 0 或 NaN，则结果为 false；否则为 true
字符串型	若其长度为 0，则结果为 false；否则为 true
其他对象	true

（3）其他数据类型转换为字符串型数据：如表 13.12 所示。

表 13.12　其他数据类型转换为字符串型数据

类　　型	转换后的结果
undefined	undefined

类　　型	转换后的结果
null	null
数值型	NaN、0 或与数值相对应的字符串
逻辑型	若其值为 true，则结果为 true；若其值为 false，则结果为 false
其他对象	若存在，则结果为 toString() 方法的值；否则结果为 undefined

例如，根据不同数据类型的转换规则输出以下表达式的结果：100+"200"、100-"200"、true+100、true+"100"、true+false 和 "a"-100。代码如下：

```
01  document.write(100+"200");          // 输出表达式的结果
02  document.write("<br>");             // 输出换行标签
03  document.write(100-"200");          // 输出表达式的结果
04  document.write("<br>");             // 输出换行标签
05  document.write(true+100);           // 输出表达式的结果
06  document.write("<br>");             // 输出换行标签
07  document.write(true+"100");         // 输出表达式的结果
08  document.write("<br>");             // 输出换行标签
09  document.write(true+false);         // 输出表达式的结果
10  document.write("<br>");             // 输出换行标签
11  document.write("a"-100);            // 输出表达式的结果
```

运行结果为：

```
100200
-100
101
true100
1
NaN
```

第 14 章　JavaScript 基本语句

JavaScript 中有很多种语句，通过这些语句可以控制程序代码的执行顺序，从而完成比较复杂的程序操作。JavaScript 基本语句主要包括条件判断语句、循环语句、跳转语句和异常处理语句。本章对 JavaScript 中的这几种基本语句进行详细讲解。

14.1　条件判断语句

在日常生活中，人们可能会根据不同的条件做出不同的选择。例如，根据路标选择走哪条路，根据第二天的天气情况选择做什么事情。在编写程序的过程中也经常会遇到这样的情况，这时就需要使用条件判断语句。条件判断语句就是对语句中不同条件的值进行判断，进而根据不同的条件执行不同的语句。条件判断语句主要包括两类：一类是 if 语句，另一类是 switch 语句。下面对这两种类型的条件判断语句进行详细的讲解。

14.1.1　if 语句

if 语句是最基本、最常用的条件判断语句，通过判断条件表达式的值来确定是否执行一段语句，或者选择执行哪部分语句。

1. 简单 if 语句

在实际应用中，if 语句有多种表现形式。简单 if 语句的语法格式如下：

```
if(表达式){
    语句
}
```

该语法中的参数说明如下。

（1）表达式：必选项，用于指定条件表达式，可以使用逻辑运算符。

（2）语句：用于指定要执行的语句序列，可以是一条语句，也可以是多条语句。当表达式的值为 true 时，执行该语句序列。

简单 if 语句的执行流程如图 14.1 所示。

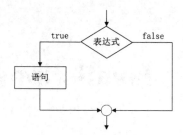

图 14.1　简单 if 语句的执行流程

在简单 if 语句中，首先对表达式的值进行判断，如果它的值为 true，则执行相应的语句，否则就不执行。

例如，根据比较两个变量的值，判断是否输出比较结果。代码如下：

```
01  var a=200;                              // 定义变量 a，值为 200
02  var b=100;                              // 定义变量 b，值为 100
03  if(a>b){                                // 判断变量 a 的值是否大于变量 b 的值
04      document.write("a 大于 b");          // 输出 a 大于 b
05  }
06  if(a<b){                                // 判断变量 a 的值是否小于变量 b 的值
07      document.write("a 小于 b");          // 输出 a 小于 b
08  }
```

运行结果为：

a 大于 b

📋 **学习笔记**

当要执行的语句为单一语句时，它两边的大括号可以省略。

例如，下面这段代码和上面代码的执行结果是一样的，都可以输出"a 大于 b"：

```
01  var a=200;                              // 定义变量 a，值为 200
02  var b=100;                              // 定义变量 b，值为 100
03  if(a>b)                                 // 判断变量 a 的值是否大于变量 b 的值
04      document.write("a 大于 b");          // 输出 a 大于 b
05  if(a<b)                                 // 判断变量 a 的值是否小于变量 b 的值
06      document.write("a 小于 b");          // 输出 a 小于 b
```

📋 **学习笔记**

在 if 语句的条件表达式中，当应用比较运算符"=="对操作数进行比较时，不能将比较运算符"=="写成"="。例如，下面的代码是错误的：

```
01  var a=20;
02  if(a=10){                               // 正确代码：if(a==10)
03      alert("a 的值是 10");
04  }
```

在上述代码中，当对操作数进行比较时，使用了赋值运算符 "="，而正确的比较运算符应该是 "=="。

下面是一个实例：将 3 个数字（10、20、30）分别定义在变量中，应用简单 if 语句获取这 3 个数中的最大值。代码如下：

```
01  <script type="text/javascript">
02  var a,b,c,maxValue;            // 声明变量
03  a=10;                          // 为变量赋值
04  b=20;                          // 为变量赋值
05  c=30;                          // 为变量赋值
06  maxValue=a;                    // 假设 a 的值最大，定义 a 为最大值
07  if(maxValue<b){                // 如果最大值小于 b
08     maxValue=b;                 // 则定义 b 为最大值
09  }
10  if(maxValue<c){                // 如果最大值小于 c
11     maxValue=c;                 // 则定义 c 为最大值
12  }
13  alert(a+"、"+b+"、"+c+" 三个数的最大值为 "+maxValue);      // 输出结果
14  </script>
```

本实例的运行结果如图 14.2 所示。

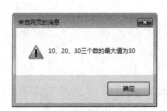

图 14.2　获取 3 个数的最大值

2. if…else 语句

if…else 语句是 if 语句的标准形式，它在简单 if 语句形式的基础上增加了一个 else 从句，当表达式的值为 false 时，执行 else 从句中的内容。

if…else 语句的语法格式如下：

```
if(表达式){
    语句 1
}else{
    语句 2
}
```

该语法中的参数说明如下。

（1）表达式：必选项，用于指定条件表达式，可以使用逻辑运算符。

（2）语句 1：用于指定要执行的语句序列。当表达式的值为 true 时，执行该语句序列。

（3）语句 2：用于指定要执行的语句序列。当表达式的值为 false 时，执行该语句序列。

if…else 语句的执行流程如图 14.3 所示。

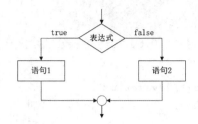

图 14.3 if…else 语句的执行流程

在 if…else 语句中，首先对表达式的值进行判断，如果它的值为 true，则执行语句 1 中的内容，否则执行语句 2 中的内容。

例如，根据比较两个变量的值输出比较结果。代码如下：

```
01 var a=100;                             // 定义变量a，值为100
02 var b=200;                             // 定义变量b，值为200
03 if(a>b){                               // 判断变量a的值是否大于变量b的值
04     document.write("a大于b");          // 输出a大于b
05 }else{
06     document.write("a小于b");          // 输出a小于b
07 }
```

运行结果为：

a 小于 b

📋 **学习笔记**

> 上述 if 语句是典型的二路分支结构。当语句 1、语句 2 为单一语句时，其两边的大括号也可以省略。

例如，上面代码中的大括号可以省略，而程序的执行结果是不变的，代码如下：

```
01 var a=100;                             // 定义变量a，值为100
02 var b=200;                             // 定义变量b，值为200
03 if(a>b)                                // 判断变量a的值是否大于变量b的值
04     document.write("a大于b");          // 输出a大于b
05 else
06     document.write("a小于b");          // 输出a小于b
```

下面是一个实例：如果某一年是闰年，那么这一年的 2 月份有 29 天，否则这一年的 2 月份有 28 天，应用 if…else 语句判断 2010 年的 2 月份的天数。代码如下：

```
01 <script type="text/javascript">
02 var year=2010;                         // 定义变量
03 var month=0;                           // 定义变量
04 if((year%4==0 && year%100!=0)||year%400==0){   // 判断指定年是否为闰年
05     month=29;                          // 为变量赋值
```

```
06  }else{
07      month=28;                                    // 为变量赋值
08  }
09  alert("2010 年的 2 月份的天数为 "+month+" 天 ");     // 输出结果
10  </script>
```

本实例的运行结果如图 14.4 所示。

图 14.4　输出 2010 年的 2 月份的天数

3. if…else if 语句

if 语句是一种很灵活的语句，除了可以使用 if…else 语句的形式，还可以使用 if…else if 语句的形式，这种形式可以进行更多的条件判断，不同的条件对应不同的语句。

if…else if 语句的语法格式如下：

```
if (表达式 1){
    语句 1
}else if(表达式 2){
    语句 2
}
…
else if(表达式 n){
    语句 n
}else{
    语句 n+1
}
```

if…else if 语句的执行流程如图 14.5 所示。

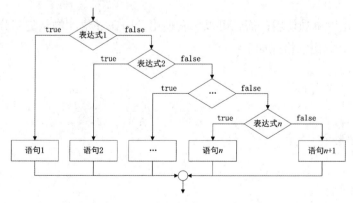

图 14.5　if…else if 语句的执行流程

下面通过一个实例，将某学校的学生成绩转化为不同等级。划分标准如下：

① "优秀"：大于或等于 90 分。

② "良好"：大于或等于 75 分。

③ "及格"：大于或等于 60 分。

④ "不及格"：小于 60 分。

假设周星星的考试成绩是 85 分，输出该成绩对应的等级。关键代码如下：

```
01 <script type="text/javascript">
02 var grade = "";                            // 定义表示等级的变量
03 var score = 85;                            // 定义表示分数的变量 score，值为 85
04 if(score>=90){                             // 如果分数大于或等于 90
05    grade = "优秀";                          // 将"优秀"赋值给变量 grade
06 }else if(score>=75){                        // 如果分数大于或等于 75
07    grade = "良好";                          // 将"良好"赋值给变量 grade
08 }else if(score>=60){                        // 如果分数大于或等于 60
09    grade = "及格";                          // 将"及格"赋值给变量 grade
10 }else{                                      // 如果 score 的值不符合上述条件
11    grade = "不及格";                        // 将"不及格"赋值给变量 grade
12 }
13 alert("周星星的考试成绩"+grade);             // 输出考试成绩对应的等级
14 </script>
```

本实例的运行结果如图 14.6 所示。

图 14.6　输出考试成绩对应的等级

4. if 语句的嵌套

if 语句不但可以单独使用，而且可以嵌套使用，即在 if 语句的从句部分嵌套另外一个完整的 if 语句，基本语法格式如下：

```
if (表达式 1){
    if(表达式 2){
        语句 1
    }else{
        语句 2
    }
}else{
    if(表达式 3){
        语句 3
```

```
        }else{
            语句 4
        }
    }
```

例如，某考生的高考总分是 620，英语成绩是 120，假设重点本科的录取分数线是 600，而英语成绩必须在 130 以上才可以报考外国语大学，应用 if 语句的嵌套判断该考生是否可以报考外国语大学，代码如下：

```
01  var totalscore=620;                      // 定义总分变量
02  var englishscore=120;                    // 定义英语成绩变量
03  if(totalscore>600){                      // 如果总分大于 600
04      if(englishscore>130){                // 如果英语成绩大于 130
05          alert(" 该考生可以报考外国语大学 ");    // 输出字符串
06      }else{
07          alert(" 该考生可以报考重点本科，但不可以报考外国语大学 ");// 输出字符串
08      }
09  }else{
10      if(totalscore>500){                  // 如果总分大于 500
11          alert(" 该考生可以报考普通本科 ");      // 输出字符串
12      }else{
13          alert(" 该考生只能报考专科 ");        // 输出字符串
14      }
15  }
```

执行上面的代码，结果如图 14.7 所示。

图 14.7　输出该考生是否可以报考外国语大学

📋 学习笔记

在使用嵌套的 if 语句时，最好使用大括号 "{}" 来确定相互之间的层次关系。否则，由于大括号 "{}" 使用位置的不同，可能导致程序代码的含义完全不同，从而输出不同的内容。

假设某工种的男职工 60 岁退休，女职工 55 岁退休，应用 if 语句的嵌套来判断一位 58 岁的女职工是否已经退休。代码如下：

```
01  <script type="text/javascript">
02  var sex=" 女 ";                          // 定义表示性别的变量
03  var age=58;                              // 定义表示年龄的变量
```

```
04  if(sex==" 男 "){                                // 如果是男职工就执行下面的内容
05    if(age>=60){                                 // 如果男职工在 60 岁及以上
06      alert(" 该男职工已经退休 "+(age-60)+" 年 ");   // 输出字符串
07    }else{                                       // 如果男职工在 60 岁以下
08      alert(" 该男职工并未退休 ");                   // 输出字符串
09    }
10  }else{                                         // 如果是女职工就执行下面的内容
11    if(age>=55){                                 // 如果女职工在 55 岁及以上
12      alert(" 该女职工已经退休 "+(age-55)+" 年 ");   // 输出字符串
13    }else{                                       // 如果女职工在 55 岁以下
14      alert(" 该女职工并未退休 ");                   // 输出字符串
15    }
16  }
17  </script>
```

执行上面的代码，结果如图 14.8 所示。

图 14.8　输出该女职工是否已退休

14.1.2　switch 语句

　　switch 是典型的多路分支语句，其作用与 if…else if 语句的作用基本相同，但 switch 语句比 if…else if 语句更具有可读性，它可以根据一个表达式的值，选择执行不同的分支。而且，switch 语句允许在找不到匹配条件的情况下执行默认的一组语句。switch 语句的语法格式如下：

```
switch (表达式){
    case 常量表达式 1:
        语句 1;
        break;
    case 常量表达式 2:
        语句 2;
        break;
        …
    case 常量表达式 n:
        语句 n;
        break;
    default:
```

```
            语句 n+1;
            break;
    }
```

该语法中的参数说明如下。

（1）表达式：任意的表达式或变量。

（2）常量表达式：任意的常量或常量表达式。如果表达式的值与某个常量表达式的值相等，则执行此 case 后面相应的语句；如果表达式的值与所有常量表达式的值都不相等，则执行 default 后面相应的语句。

（3）break：用于结束 switch 语句，使 JavaScript 只执行匹配的分支。如果没有 break 语句，那么该匹配分支之后的所有分支都将被执行，也就失去了使用 switch 语句的意义。

switch 语句的执行流程如图 14.9 所示。

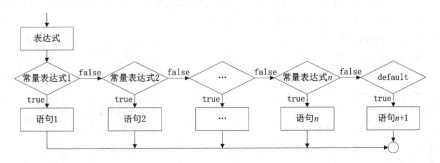

图 14.9　switch 语句的执行流程

📋 **学习笔记**

default 语句可以省略。在表达式的值不能与任何一个 case 语句中的值相匹配的情况下，JavaScript 会直接结束 switch 语句，不进行任何操作。

case 后面的常量表达式的数据类型必须与表达式的数据类型相同，否则匹配会全部失败，转而执行 default 语句中的内容。

📋 **学习笔记**

如果在 switch 语句中漏写 break 语句，则程序会继续执行匹配分支后的所有分支。例如，下面的代码：

```
01 var a=2;                          // 定义变量 a 的值为 2
02 switch(a){
03     case 1:                       // 如果变量 a 的值为 1
04         alert("a 的值是 1");      // 输出 a 的值
05     case 2:                       // 如果变量 a 的值为 2
06         alert("a 的值是 2");      // 输出 a 的值
```

```
07        case 3:                         // 如果变量 a 的值为 3
08          alert("a 的值是 3");          // 输出 a 的值
09 }
```

在上述代码中，由于在每条 case 语句的最后都漏写了 break，所以程序在找到匹配分支后仍会继续向下执行。

下面是一个实例：某公司年会举行抽奖活动，中奖号码及其对应的奖品设置如下。

（1）"1"代表一等奖，奖品是华为手机。

（2）"2"代表二等奖，奖品是光波炉。

（3）"3"代表三等奖，奖品是电饭煲。

（4）其他号码代表安慰奖，奖品是容量为 16GB 的 U 盘。

假设某员工抽中的号码为 3，输出该员工抽中的奖项级别和获得的奖品。代码如下：

```
01 <script type="text/javascript">
02 var grade="";                          // 定义表示奖项级别的变量
03 var prize="";                          // 定义表示奖品的变量
04 var code=3;                            // 定义表示中奖号码的变量，值为 3
05 switch(code){
06     case 1:                            // 如果中奖号码为 1
07       grade=" 一等奖 ";                // 定义奖项级别
08       prize=" 华为手机 ";              // 定义获得的奖品
09       break;                           // 退出 switch 语句
10     case 2:                            // 如果中奖号码为 2
11       grade=" 二等奖 ";                // 定义奖项级别
12       prize=" 光波炉 ";                // 定义获得的奖品
13       break;                           // 退出 switch 语句
14     case 3:                            // 如果中奖号码为 3
15       grade=" 三等奖 ";                // 定义奖项级别
16       prize=" 电饭煲 ";                // 定义获得的奖品
17       break;                           // 退出 switch 语句
18   default:                             // 如果中奖号码为其他号码
19       grade=" 安慰奖 ";                // 定义奖项级别
20       prize=" 容量为 16GB 的 U 盘 ";   // 定义获得的奖品
21       break;                           // 退出 switch 语句
22 }
23 document.write(" 该员工获得了 "+grade+"<br> 奖品是 "+prize);// 输出奖项级别
```
和获得的奖品
```
24 </script>
```

本实例的运行结果如图 14.10 所示。

图 14.10　输出奖项级别和获得的奖品

14.2　循环语句

在日常生活中，有时需要反复地执行某些操作。例如，运动员要完成 10000m 的比赛，需要在跑道上跑 25 圈，这就是一个循环的过程。类似这样反复执行同一操作的情况，在程序设计中会经常遇到。为了满足这样的开发需求，JavaScript 提供了循环语句。循环语句就是指在满足条件的情况下反复地执行某一操作。循环语句主要包括 while 语句、do…while 语句和 for 语句，下面分别进行讲解。

14.2.1　while 语句

while 语句也称前测试循环语句，它利用一个条件来控制是否要继续重复执行此语句。while 语句的语法格式如下：

```
while(表达式){
    语句
}
```

该语法中的参数说明如下。

（1）表达式：一个包含比较运算符的条件表达式，用来指定循环条件。

（2）语句：用来指定循环体，当循环条件的结果为 true 时，重复执行此语句。

📋 学习笔记

　　while 语句之所以被命名为前测试循环语句，是因为它首先要判断此循环条件是否成立，然后才进行重复执行的操作。也就是说，while 语句执行的过程是先判断条件表达式，如果条件表达式的值为 true，则执行循环体，且在循环体执行完毕后，进入下一次循环；否则就退出循环。

while 语句的执行流程如图 14.11 所示。

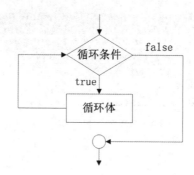

图 14.11　while 语句的执行流程

例如，应用 while 语句输出 1～10 这 10 个数字。代码如下：

```
01  var i = 1;                          // 声明变量
02  while(i<=10){                       // 定义 while 语句
03      document.write(i+"\n");         // 输出变量 i 的值
04      i++;                            // 使变量 i 的值加 1
05  }
```

运行结果为：

```
1 2 3 4 5 6 7 8 9 10
```

📋 学习笔记

　　在使用 while 语句时，一定要保证循环可以正常结束，即必须保证条件表达式的值存在为 false 的情况，否则将形成死循环。

　　如果定义的循环条件永远为真，那么程序将陷入死循环。例如，下面的循环语句就会形成死循环（原因是 i 永远都小于 2）：

```
01  var i=1;                            // 声明变量
02  while(i<=2){                        // 定义 while 语句
03      alert(i);                       // 输出 i 的值
04  }
```

　　在上述代码中，为了防止程序陷入死循环，可以在循环体中加入"i++;"这条语句，使条件表达式的值存在为 false 的情况。

　　下面是一个实例：运动员参加 5000m 比赛，已知标准的体育场跑道一圈是 400m，应用 while 语句计算在标准的体育场跑道上完成比赛需要跑完整的多少圈。代码如下：

```
01  <script type="text/javascript">
02  var distance=400;                   // 定义表示距离的变量
03  var count=0;                        // 定义表示圈数的变量
04  while(distance<=5000){
05      count++;                        // 圈数加 1
06      distance=(count+1)*400;         // 每跑 1 圈就重新计算距离
07  }
```

```
08 document.write("5000m 比赛需要跑完整的 "+count+" 圈 ");// 输出最后的圈数
09 </script>
```

本实例的运行结果如图 14.12 所示。

图 14.12　输出 5000m 比赛的完整圈数

14.2.2　do…while 语句

do…while 语句也称后测试循环语句，它也是利用一个条件来控制是否要继续重复执行此语句的。与 while 语句不同的是，do…while 语句先执行一次循环语句，再判断是否继续执行。do…while 语句的语法格式如下：

```
do{
    语句
} while(表达式);
```

该语法中的参数说明如下。

（1）语句：用来指定循环体，在循环开始时首先被执行一次，然后在循环条件的结果为 true 时重复执行。

（2）表达式：一个包含比较运算符的条件表达式，用来指定循环条件。

📋 **学习笔记**

> do…while 语句执行的过程：先执行一次循环体，再判断条件表达式，如果条件表达式的值为 true，则继续执行，否则退出循环。也就是说，do…while 语句中的循环体至少被执行一次。

do…while 语句的执行流程如图 14.13 所示。

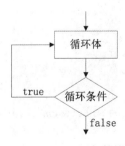

图 14.13　do…while 语句的执行流程

do…while 语句与 while 语句类似，也常用于循环执行次数不确定的情况。

📋 **学习笔记**

> do…while 语句结尾处的 while 语句括号后面有一个分号 ";"。为了养成良好的编程习惯，建议读者在书写过程中不要将其遗漏。

例如，应用 do…while 语句输出 1～10 这 10 个数字。代码如下：

```
01  var i = 1;                          // 声明变量
02  do{                                 // 定义 do…while 语句
03      document.write(i+"\n");         // 输出变量 i 的值
04      i++;                            // 使变量 i 的值加 1
05  }while(i<=10);
```

运行结果为：

```
1 2 3 4 5 6 7 8 9 10
```

do…while 语句的执行流程和 while 语句的执行流程很相似。由于 do…while 语句在对条件表达式进行判断之前就执行一次循环体，所以 do…while 语句中的循环体至少被执行一次。下面的代码说明了这两种语句的区别：

```
01  var i=1;                            // 声明变量
02  while(i>1){                         // 定义 while 语句，指定循环条件
03      document.write("i 的值是 "+i);   // 输出 i 的值
04      i--;                            // 使变量 i 的值减 1
05  }
06  var j=1;                            // 声明变量
07  do{                                 // 定义 do…while 语句
08      document.write("j 的值是 "+j);   // 输出变量 j 的值
09      j--;                            // 使变量 j 的值减 1
10  }while(j>1);
```

运行结果为：

```
j 的值是 1
```

下面通过一个实例，使用 do…while 语句计算 1+2+…+100 的和，并在网页中输出计算结果。代码如下：

```
01  <script type="text/javascript">
02  var i=1;                            // 声明变量并对变量进行初始化
03  var sum=0;                          // 声明变量并对变量进行初始化
04  do{
05      sum+=i;                         // 对变量 i 的值进行累加
06      i++;                            // 使变量 i 的值加 1
07  }while(i<=100);                     // 指定循环条件
08  document.write("1+2+…+100="+sum);   // 输出计算结果
09  </script>
```

本实例的运行结果如图 14.14 所示。

图 14.14　计算 1+2+…+100 的和

14.2.3　for 语句

for 语句也称计次循环语句，一般用于循环次数已知的情况，在 JavaScript 中应用比较广泛。for 语句的语法格式如下：

```
for(初始化表达式；条件表达式；迭代表达式){
    语句
}
```

该语法中的参数说明如下。

（1）初始化表达式：初始化语句，用来对循环变量进行初始化赋值。

（2）条件表达式：循环条件，一个包含比较运算符的表达式，用来限定循环变量的边限。如果循环变量超过了该边限，则停止执行该循环语句。

（3）迭代表达式：用来改变循环变量的值，进而控制循环的次数，通常对循环变量进行增大或减小的操作。

（4）语句：用来指定循环体，当循环条件的结果为 true 时，重复执行此语句。

📋 **学习笔记**

> for 语句的执行过程：首先执行初始化语句；然后判断循环条件，如果循环条件的结果为 true，则执行一次循环体，否则直接退出循环；最后执行迭代语句，改变循环变量的值，至此完成一次循环。接下来进行下一次循环，直到循环条件的结果为 false。

for 语句的执行流程如图 14.15 所示。

例如，应用 for 语句输出 1～10 这 10 个数字代码如下：

```
01  for(var i=1;i<=10;i++){                    // 定义 for 语句
02      document.write(i+"\n");                // 输出变量 i 的值
03  }
```

运行结果为：

```
1 2 3 4 5 6 7 8 9 10
```

在 for 语句的初始化表达式中可以定义多个变量。例如，下面的代码就在 for 语句中定义了多个循环变量：

```
01 for(var i=1,j=6;i<=6,j>=1;i++,j--){
02     document.write(i+"\n"+j);                    // 输出变量 i 和 j 的值
03     document.write("<br>");                       // 输出换行标签
04 }
```

运行结果为：

```
1 6
2 5
3 4
4 3
5 2
6 1
```

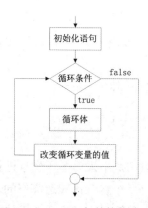

图 14.15　for 语句的执行流程

📋 **学习笔记**

　　在使用 for 语句时，一定要保证循环可以正常结束，即必须保证循环条件的结果存在为 false 的情况，否则循环体将无休止地执行，从而形成死循环。例如，下面的循环语句就会形成死循环（原因是 i 永远大于等于 1）：

```
01 for(i=1;i>=1;i++){                                // 定义 for 语句
02     alert(i);                                      // 输出变量 i 的值
03 }
```

　　为使读者更好地了解 for 语句的使用，下面通过一个实例来介绍 for 语句的使用方法。
　　应用 for 语句计算 100 以内所有奇数的和，并在网页中输出计算结果。代码如下：

```
01 <script type="text/javascript">
02 var i,sum;                                         // 声明变量
03 sum=0;                                             // 对变量进行初始化
04 for(i=1;i<100;i+=2){
05     sum=sum+i;                                      // 计算 100 以内所有奇数的和
06 }
07 alert("100 以内所有奇数的和为: "+sum);            // 输出计算结果
08 </script>
```

运行程序后，会在对话框中显示计算结果，如图 14.16 所示。

图 14.16　输出 100 以内所有奇数的和

14.2.4　循环语句的嵌套

在一个循环语句的循环体中可以包含其他的循环语句，这称为循环语句的嵌套。上述 3 种循环语句（while 语句、do…while 语句和 for 语句）都是可以互相嵌套的。

如果循环语句 A 的循环体中包含循环语句 B，而循环语句 B 中不包含其他循环语句，那么就把循环语句 A 称为外层循环，把循环语句 B 称为内层循环。

例如，在 while 语句中包含 for 语句的代码如下：

```
01  var i,j;                                    // 声明变量
02  i=1;                                        // 为变量赋初值
03  while(i<4){                                 // 定义外层循环
04      document.write("第 "+i+" 次循环：");     // 输出循环变量 i 的值
05      for(j=1;j<=10;j++){                      // 定义内层循环
06          document.write(j+"\n");              // 输出循环变量 j 的值
07      }
08      document.write("<br>");                  // 输出换行标签
09      i++;                                     // 使变量 i 的值加 1
10  }
```

运行结果为：

```
第 1 次循环：1 2 3 4 5 6 7 8 9 10
第 2 次循环：1 2 3 4 5 6 7 8 9 10
第 3 次循环：1 2 3 4 5 6 7 8 9 10
```

下面通过一个实例，实现用嵌套的 for 语句输出乘法口诀表。代码如下：

```
01  <script type="text/javascript">
02  var i,j;                                    // 声明变量
03  document.write("<pre>");                    // 输出 <pre> 标签
04  for(i=1;i<10;i++){                          // 定义外层循环
05    for(j=1;j<=i;j++){                         // 定义内层循环
06      if(j>1) document.write("\t");            // 如果 j 大于 1 就输出一个 Tab 空格
07      document.write(j+"x"+i+"="+j*i);         // 输出乘法算式
08    }
09    document.write("<br>");                    // 输出换行标签
```

```
10 }
11 document.write("</pre>");                    // 输出 </pre> 标签
12 </script>
```

本实例的运行结果如图 14.17 所示。

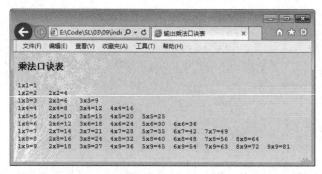

图 14.17　输出乘法口诀表

14.3　跳转语句

假设在一个书架中寻找一本《新华字典》，如果在第二排第三个位置找到了这本书，就不需要去看第三排和第四排的书了。同样，在编写一个循环语句时，如果当循环还未结束就已经处理完了所有任务，就没有必要让循环继续执行，继续执行既浪费时间，又浪费内存资源。JavaScript 提供了两种用来控制循环的跳转语句：continue 语句和 break 语句。

14.3.1　continue 语句

continue 语句用于跳过本次循环，并开始下一次循环，其语法格式如下：

```
continue;
```

📋 **学习笔记**

continue 语句只能应用在 while 语句、for 语句、do…while 语句中。

例如，在 for 语句中通过 continue 语句输出 10 以内不包括 5 的自然数。代码如下：

```
01 for(i=1;i<=10;i++){
02     if(i==5) continue;              // 如果 i 等于 5 就跳过本次循环
03     document.write(i+"\n");         // 输出变量 i 的值
04 }
```

运行结果为：

```
1 2 3 4 6 7 8 9 10
```

📋 **学习笔记**

在使用 continue 语句跳过本次循环后，如果循环条件的结果为 false，则退出循环，否则继续下一次循环。

下面是一个实例：万达影城 7 号厅的观众席有 4 排，每排有 10 个座位，其中，1 排 6 座和 3 排 9 座已经售出，在网页中输出该放映厅当前的座位图。关键代码如下：

```
01 <script type="text/javascript">
02 document.write("<table align='center'>");        // 输出表格标签
03 for(var i=1; i<=4; i++){                          // 定义外层 for 语句
04     document.write("<tr height=70>");             // 输出表格行标签
05     for(var j=1; j<=10; j++){                     // 定义内层 for 语句
06         if(i==1&&j==6){                           // 如果当前是 1 排 6 座
07             // 将座位标记为已售
08             document.write("<td align='center' width=80 background=
yes.png> 已售 </td>");
09             continue;                             // 应用 continue 语句跳过本次循环
10         }
11         if(i==3&&j==9){                           // 如果当前是 3 排 9 座
12             // 将座位标记为已售
13             document.write("<td align='center' width=80 background=
yes.png> 已售 </td>");
14             continue;                             // 应用 continue 语句跳过本次循环
15         }
16         // 输出排号和座位号
17         document.write("<td align='center' width=80 background=no.png>" +i+
" 排 "+j+" 座 "+"</td>");
18     }
19     document.write("</tr>");                       // 输出表格行结束标签
20 }
21 document.write("</table>");                        // 输出表格结束标签
22 </script>
```

本实例的运行结果如图 14.18 所示。

图 14.18　输出放映厅座位图

14.3.2 break 语句

在前面的 switch 语句中已经用到了 break 语句，当程序执行 break 语句时就会跳出 switch 语句。除了 switch 语句，在其他循环语句中也经常用到 break 语句。

在循环语句中，break 语句用于跳出循环，其语法格式如下：

```
break;
```

📋 **学习笔记**

break 语句通常用在 for 语句、while 语句、do…while 语句或 switch 语句中。

例如，在 for 语句中通过 break 语句跳出循环。代码如下：

```
01  for(i=1;i<=10;i++){
02      if(i==5) break;              // 如果 i 等于 5 就跳出整个循环
03      document.write(i+"\n");       // 输出变量 i 的值
04  }
```

运行结果为：

```
1 2 3 4
```

📋 **学习笔记**

在嵌套的循环语句中，break 语句只是跳出当前这一层的循环语句，而不是跳出所有的循环语句。

例如，应用 break 语句跳出当前循环。代码如下：

```
01  var i,j;                          // 声明变量
02  for(i=1;i<=3;i++){                // 定义外层循环语句
03      document.write(i+"\n");        // 输出变量 i 的值
04      for(j=1;j<=3;j++){            // 定义内层循环语句
05          if(j==2)                  // 如果变量 j 的值等于 2
06              break;                // 跳出内层循环
07          document.write(j);        // 输出变量 j 的值
08      }
09      document.write("<br>");       // 输出换行标签
10  }
```

运行结果为：

```
1 1
2 1
3 1
```

由运行结果可以看出，外层循环语句一共被执行了 3 次（输出 1、2、3），而内层循环语句在每次外层循环中只被执行了一次（只输出 1）。

14.4　异常处理语句

早期版本的 JavaScript 总会出现一些令人困惑的错误信息。为了避免类似问题，在 JavaScript 3.0 中添加了异常处理机制，可以采用从 Java 中移植过来的模型，使用 try…catch…finally、throw 等语句处理代码中的异常。下面介绍 JavaScript 中的几种异常处理语句。

14.4.1　try…catch…finally 语句

JavaScript 从 Java 中引入了 try…catch…finally 语句，具体语法格式如下：

```
try{
    somestatements;
}catch(exception){
    somestatements;
}finally{
    somestatements;
}
```

该语法中的参数说明如下。

（1）try：尝试执行代码的关键字。

（2）catch：捕捉异常的关键字。

（3）finally：最终一定会被处理的区块的关键字，该关键字和后面大括号中的语句可以省略。

📖 学习笔记

　　JavaScript 与 Java 不同，try…catch…finally 语句中只能有一个 catch 语句。这是由于在 JavaScript 中无法指定出现异常的类型。

例如，当在程序中输入了不正确的方法名 charat 时，将弹出在 catch 区域中设置的异常提示信息，并最终弹出 finally 区域中的信息提示。程序代码如下：

```
01  var str = "I like JavaScript";              // 定义字符串变量
02  try{
03      document.write(str.charat(5));          // 应用错误的方法名 charat
04  }catch(exception){
05      alert("运行时有异常发生");               // 弹出异常提示信息
06  }finally{
07      alert("结束 try...catch...finally 语句");  // 弹出提示信息
08  }
```

在使用 charAt() 方法时，如果将方法的大小写输入错误，那么在 try 区域中获取字符串中指定位置的字符将发生异常，这时将执行 catch 区域中的语句，并弹出相应异常提示信息的对话框，运行结果如图 14.19 和图 14.20 所示。

图 14.19　弹出异常提示对话框

图 14.20　弹出提示信息对话框

14.4.2　Error 对象

try…catch…finally 语句中的 catch 通常捕捉到的对象是 Error 对象，当运行 JavaScript 代码时，如果产生了错误或异常，JavaScript 就会生成一个 Error 对象的实例来描述错误或异常，该实例中包含一些特定的错误或异常信息。

Error 对象有以下两个属性。

（1）name：表示异常类型的字符串。

（2）message：实际的异常信息。

例如，将异常提示信息放置在弹出的提示对话框中，其中包括实际的异常信息和异常类型的字符串。程序代码如下：

```
01 var str = "I like JavaScript";              // 定义字符串变量
02 try{
03     document.write(str.charat(5));          // 应用错误的方法名 charat
04 }catch(exception){
05     // 弹出实际的异常信息和异常类型的字符串
06     alert(" 实际的异常信息为："+exception.message+"\n 异常类型的字符串为：
"+exception.name);
07 }
```

执行上面的代码，结果如图 14.21 所示。

图 14.21　异常信息提示对话框

14.4.3　使用 throw 语句抛出异常

有些 JavaScript 代码并没有语法上的错误，但存在逻辑上的错误。对于这种错误，JavaScript 是不会抛出异常的。这时，就需要创建一个 Error 对象的实例，并使用 throw 语句抛出异常。在程序中使用 throw 语句可以有目的地抛出异常。

throw 语句的语法格式如下：

```
throw new Error("somestatements");
```

其中，throw 为抛出异常关键字。

例如，定义一个变量，值为 1 与 0 的商，此变量的结果为无穷大，即 Infinity，如果希望自行检验除数为零的异常，就可以使用 throw 语句抛出异常。程序代码如下：

```
01  try{
02     var num=1/0;                        // 定义变量并赋值
03     if(num=="Infinity"){                // 如果变量 num 的值为 Infinity
04        throw new Error(" 除数不可以为0"); // 使用 throw 语句抛出异常
05     }
06  }catch(exception){
07     alert(exception.message);           // 弹出实际异常信息
08  }
```

从程序中可以看出，当变量 num 为无穷大时，可以使用 throw 语句抛出异常，运行结果如图 14.22 所示。

图 14.22　使用 throw 语句抛出的异常

第 15 章 JavaScript 中的函数

在 JavaScript 中，函数就是可以作为一个逻辑单元来对待的一组代码。使用函数可以让代码更简洁，提高代码的重用性。如果一段具有特定功能的程序代码需要在程序中多次使用，就可以先把它定义成函数，然后在需要这个功能的地方调用它，这样就不必多次重写这段代码了。另外，将实现特定功能的代码段组织为一个函数有利于编写较大的程序。在 JavaScript 中，大约 95% 的代码都是包含在函数中的。由此可见，函数在 JavaScript 中是非常重要的。

15.1 函数的定义和调用

在程序中要使用自己定义的函数，必须首先对函数进行定义，而在定义函数时，函数本身是不会执行的，只有在被调用时才会执行。下面介绍函数的定义和调用的方法。

15.1.1 函数的定义

在 JavaScript 中，可以使用 function 语句来定义一个函数，这种形式是由关键字 function、函数名加一组参数，以及置于大括号中需要执行的一段代码构成的。使用 function 语句定义函数的基本语法如下：

```
function 函数名 ([参数 1，参数 2,…]){
    语句
    [return 返回值]
}
```

该语法中的参数说明如下。

（1）函数名：必选，用于指定函数名。在同一个网页中，函数名必须是唯一的，且区分大小写。

（2）参数：可选，用于指定参数列表。当使用多个参数时，参数间使用逗号进行分隔，一个函数最多可以有 255 个参数。

（3）语句：必选，是函数体，用于实现函数功能。

（4）返回值：可选，用于返回函数值。返回值可以是任意的表达式、变量或常量。

例如，定义一个不带参数的函数hello()，在函数体中输出"你好"字符串。具体代码如下：

```
01  function hello(){                    // 定义函数名称为hello
02      document.write(" 你好 ");          // 定义函数体
03  }
```

例如，定义一个用于计算商品金额的函数 account()，该函数有两个参数，分别用于指定单价和数量，返回值为计算后的金额。具体代码如下：

```
01  function account(price,number){      // 定义含有两个参数的函数
02      var sum=price*number;            // 计算金额
03      return sum;                      // 返回计算后的金额
04  }
```

📋 **学习笔记**

在同一网页中定义两个名称相同的函数会出现错误。例如，下面的代码中定义了两个同名的函数 hello()：

```
01  function hello(){                    // 定义函数名称为hello
02      document.write(" 你好 ");          // 定义函数体
03  }
04  function hello(){                    // 定义同名的函数
05      alert(" 你好 ");                   // 定义函数体
06  }
```

在上述代码中，由于两个函数的名称相同，第一个函数被第二个函数覆盖，所以第一个函数不会被执行。因此在同一网页中定义的函数名称必须唯一。

15.1.2　函数的调用

函数定义后并不会自动执行。要执行一个函数，需要在特定的位置调用函数。调用函数的过程就像启动机器一样，机器本身是不会自动工作的，只有按下开关来调用这个机器，它才会执行相应的操作。调用函数需要创建调用语句，调用语句包含函数名称、参数具体值。

1. 函数的简单调用

函数调用的语法格式如下：

函数名（传递给函数的参数 1，传递给函数的参数 2，…）；

函数的定义语句通常放在 HTML 文件的 <head> 标签中，而函数的调用语句则可以放在 HTML 文件中的任何位置。

例如，定义一个函数 outputImage()，这个函数的功能是在网页中输出一张图片，然后通过调用这个函数实现图片的输出。代码如下：

```
01  <html>
```

```
02 <head>
03     <meta charset="UTF-8">
04     <title> 函数的简单调用 </title>
05     <script type="text/javascript">
06         function outputImage(){                        // 定义函数
07             document.write("<img src='rabbit.jpg'>"); // 定义函数体
08         }
09     </script>
10 </head>
11 <body>
12 <script type="text/javascript">
13     outputImage();                                     // 调用函数
14 </script>
15 </body>
16 </html>
```

执行上面的代码，结果如图 15.1 所示。

图 15.1　调用函数输出图片

2. 在事件响应中调用函数

当用户单击某按钮或某复选框时都将触发事件，通过编写程序对事件做出反应的行为称为响应事件，在 JavaScript 中，将函数与事件相关联就完成了响应事件的过程。例如，按下开关按钮打开电灯就可以看作一个响应事件的过程，按下开关相当于触发了单击事件，而电灯亮起就相当于执行了相应的函数。

例如，当用户单击某按钮时执行相应的函数。可以使用以下代码实现该功能：

```
01 <script type="text/javascript">
02     function test(){                                   // 定义函数
03         alert(" 我喜欢 JavaScript ");                    // 定义函数体
04     }
05 </script>
06 <form action="" method="post" name="form1">
07   <input type="button" value=" 提交 " onclick="test();"><!-- 在事件触发
时调用自定义函数 -->
08 </form>
```

从上述代码可以看出，首先定义一个名为 test() 的函数，函数体比较简单；然后使用 alert() 语句输出一个字符串；最后在按钮 onclick 事件中调用 test() 函数。在用户单击"提交"按钮后将弹出相应的对话框，运行结果如图 15.2 所示。

图 15.2　在事件响应中调用函数

3. 通过链接调用函数

函数除了可以在响应事件中被调用，还可以在链接中被调用。在 <a> 标签的 href 属性中使用"javascript: 函数名 ()"格式来调用函数，当用户单击这个链接时，相关函数将被执行，下面的代码就可以实现通过链接调用函数：

```
01 <script type="text/javascript">
02     function test(){                                // 定义函数
03         alert(" 我喜欢 JavaScript");                 // 定义函数体
04     }
05 </script>
06 <a href="javascript:test();"> 单击链接 </a>  <!-- 在链接中调用自定义函数 -->
```

运行程序，在用户单击"单击链接"后将弹出相应的对话框。上面的代码运行结果如图 15.3 所示。

图 15.3　通过链接调用函数

15.2 函数的参数

定义函数时指定的参数称为形式参数，简称形参；调用函数时实际传递的值称为实际参数，简称实参。如果把函数比喻成一台生产机器，那么运输原材料的通道就可以看作形参，实际运输的原材料就可以看作实参。

在 JavaScript 中，定义函数参数的语法格式如下：

```
function 函数名 (形参 1, 形参 2, …) {
    函数体
}
```

当定义函数时，在函数名后面的圆括号内可以指定一个或多个参数（参数之间用逗号","分隔）。指定参数的作用在于，当调用函数时，可以为被调用的函数传递一个或多个值。

如果定义的函数有参数，那么调用该函数的语法格式如下：

```
函数名 (实参 1, 实参 2, …)
```

通常，在定义函数时使用了多少个形参，在函数调用时也会给出多少个实参。这里需要注意的是，实参之间也必须用逗号","分隔。

例如，定义一个带有两个参数的函数，这两个参数分别用于指定姓名和年龄，然后输出它们。代码如下：

```
01  function userInfo(name,age){          // 定义含有两个参数的函数
02      alert(" 姓名："+name+" 年龄："+age);   // 输出字符串和参数的值
03  }
04  userInfo(" 张三 ",25);                  // 调用函数并传递参数
```

执行上面的代码，结果如图 15.4 所示。

图 15.4　输出函数的参数

下面通过一个实例，定义一个用于输出图书名称和图书作者的函数，在调用函数时将图书名称和图书作者作为参数进行传递。代码如下：

```
01  <script type="text/javascript">
02      function show(bookname,author){          // 定义函数
03          alert(" 图书名称："+bookname+"\n 图书作者："+author); // 在网页中弹出
对话框
04      }
05      show(" 零基础学 JavaScript"," 明日科技 ");      // 调用函数并传递参数
06  </script>
```

本实例的运行结果如图 15.5 所示。

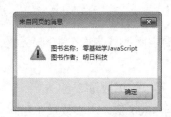

图 15.5　输出图书名称和图书作者

15.3　函数的返回值

对于函数调用，可以通过参数向函数传递数据，也可以从函数获取数据，即函数可以返回值。在 JavaScript 的函数中，可以使用 return 语句为函数返回一个值。

return 语句的语法格式如下：

```
return 表达式；
```

return 语句的作用是结束函数，并把其后表达式的值作为函数的返回值。例如，定义一个计算两个数的积的函数，并将计算结果作为函数的返回值。代码如下：

```
01 <script type="text/javascript">
02 function sum(x,y){            // 定义含有两个参数的函数
03     var z=x*y;                // 获取两个参数的积
04     return z;                 // 将变量 z 的值作为函数的返回值
05 }
06 alert("10*20="+sum(10,20));   // 调用函数并输出结果
07 </script>
```

执行上面的代码，结果如图 15.6 所示。

图 15.6　计算并输出两个数的积

函数返回值可以直接赋给变量或用于表达式中，即函数调用可以出现在表达式中。例如，将上面代码中函数的返回值赋给变量 result，然后进行输出。代码如下：

```
01 function sum(x,y){            // 定义含有两个参数的函数
02     var z=x*y;                // 获取两个参数的积
03     return z;                 // 将变量 z 的值作为函数的返回值
```

```
04  }
05  var result=sum(10,20);                // 将函数的返回值赋给变量 result
06  alert(result);                        // 输出结果
```

下面通过一个实例，模拟淘宝网计算购物车中商品总价的功能。假设购物车中有如下商品信息。

（1）苹果手机：单价 5000 元，购买数量 2 台。

（2）联想笔记本电脑：单价 4000 元，购买数量 10 台。

定义一个带有两个参数的函数 price()，将商品单价和商品数量作为参数进行传递。通过调用函数并传递不同的参数分别计算苹果手机和联想笔记本电脑的总价，最后计算购物车中所有商品的总价并输出。代码如下：

```
01  <script type="text/javascript">
02    function price(unitPrice,number){  // 定义函数，将商品单价和商品数量作
为参数
03      var totalPrice=unitPrice*number; // 计算单种商品的总价
04      return totalPrice;               // 返回单种商品总价
05    }
06  var phone = price(5000,2);           // 调用函数，计算苹果手机的总价
07  var computer = price(4000,10);       // 调用函数，计算联想笔记本电脑的总价
08  var total=phone+computer;            // 计算所有商品的总价
09  alert(" 购物车中商品总价：" +total+ " 元 "); // 输出所有商品的总价
10  </script>
```

本实例的运行结果如图 15.7 所示。

图 15.7　输出购物车中的商品总价

15.4　嵌套函数

在 JavaScript 中允许使用嵌套函数。嵌套函数就是在一个函数的函数体中使用了其他函数。嵌套函数的使用包括函数的嵌套定义和函数的嵌套调用，下面分别进行介绍。

15.4.1 函数的嵌套定义

函数的嵌套定义就是在函数内部定义其他的函数。例如，在一个函数内部嵌套定义另一个函数。代码如下：

```
01  function outFun(){              // 定义外部函数
02      function inFun(x,y){        // 定义内部函数
03          alert(x+y);            // 输出两个参数的和
04      }
05      inFun(1,5);                // 调用内部函数并传递参数
06  }
07  outFun();                      // 调用外部函数
```

执行上面的代码，结果如图 15.8 所示。

图 15.8 输出两个参数的和

上述代码定义了一个外部函数 outFun()，在该函数的内部嵌套定义了一个函数 inFun()，它的作用是输出两个参数的和，最后在外部函数中调用了内部函数。

📋 学习笔记

虽然在 JavaScript 中允许函数的嵌套定义，但它会使程序的可读性降低，因此，应尽量避免使用这种定义嵌套函数的方式。

15.4.2 函数的嵌套调用

在 JavaScript 中，允许在一个函数的函数体中调用另一个函数，这就是函数的嵌套调用。例如，在函数 b() 中调用函数 a()。代码如下：

```
01  function a(){                  // 定义函数 a()
02      alert("零基础学 JavaScript");   // 输出字符串
03  }
04  function b(){                  // 定义函数 b()
05      a();                      // 在函数 b() 中调用函数 a()
06  }
07  b();                          // 调用函数 b()
```

执行上面的代码，结果如图 15.9 所示。

图 15.9　函数的嵌套调用并输出结果

下面是一个实例：《我是歌王》的比赛中有 3 位评委，在选手演唱完毕后，3 位评委分别给出分数，并将平均分作为该选手的最后得分。周星星在演唱完毕后，3 位评委给出的分数分别为 91、89、93 分，通过函数的嵌套调用获取周星星的最后得分。代码如下：

```
01 <script type="text/javascript">
02 function getAverage(score1,score2,score3){   // 定义含有 3 个参数的函数
03    var average=(score1+score2+score3)/3;      // 获取 3 个参数的平均值
04    return average;                            // 返回 average 变量的值
05 }
06 function getResult(score1,score2,score3){     // 定义含有 3 个参数的函数
07    // 输出传递的 3 个参数值
08    document.write("3 位评委给出的分数分别为："+score1+" 分、"+score2+" 分、
"+score3+" 分 <br>");
09    var result=getAverage(score1,score2,score3);// 调用 getAverage() 函数
10    document.write(" 周星星的最后得分为："+result+" 分 ");// 输出函数的返回值
11 }
12 getResult(91,89,93);                          // 调用 getResult() 函数
13 </script>
```

本实例的运行结果如图 15.10 所示。

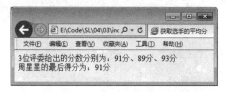

图 15.10　输出选手最后得分

15.5　递归函数

递归函数就是函数在自身的函数体内调用自身。在使用递归函数时一定要当心，处理不当会使程序进入死循环。递归函数只在特定的情况下使用，如处理阶乘问题。

递归函数的语法格式如下：

```
function 函数名 (参数 1){
    函数名 (参数 2);
}
```

例如，使用递归函数取得 10! 的值，其中，10!=10*9!，而 9!=9*8!，依次类推，最后得 1!=1，这样的数学公式在 JavaScript 程序中可以很容易地使用函数进行描述，可以使用 f(n) 表示 n! 的值，当 1<n<10 时，f(n)=n*f(n-1)，当 n<=1 时，f(n)=1。代码如下：

```
01  function f(num){                      // 定义递归函数
02    if(num<=1){                         // 如果参数 num 的值小于或等于 1
03       return 1;                        // 返回 1
04    }else{
05       return f(num-1)*num;             // 调用递归函数
06    }
07  }
08  alert("10! 的结果为："+f(10));          // 调用函数输出 10!
```

执行上面的代码，结果如图 15.11 所示。

图 15.11　输出 10 的阶乘

在定义递归函数时需要以下两个必要条件。

（1）包括一个结束递归的条件。

例如，上面实例中的 if(num<=1) 语句，如果满足条件，则执行 return 1; 语句，不再递归。

（2）包括一个递归调用语句。

例如，上面实例中的 return f(num-1)*num; 语句，用于实现调用递归函数。

15.6　变量的作用域

变量的作用域是指变量在程序中的有效范围，在有效范围内可以使用该变量。变量的作用域取决于该变量是哪一种变量。

15.6.1 全局变量和局部变量

在 JavaScript 中，变量根据作用域可以分为两种：全局变量和局部变量。全局变量是定义在所有函数之外的变量，作用范围是该变量定义后的所有代码；局部变量是定义在函数体内的变量，只有在该函数中，且在该变量定义后的代码中才可以使用这个变量，函数的参数也是局部性的，只在函数内部起作用。如果把函数比喻成一台机器，那么在机器外摆放的原材料就相当于全局变量，这些原材料可以被所有机器使用，而机器内部使用的原材料就相当于局部变量。

例如，下面的程序代码说明了变量的作用域的有效范围：

```
01 var a=" 这是全局变量 ";              // 该变量在函数外定义，作用于整个脚本
02 function send(){                     // 定义函数
03     var b=" 这是局部变量 ";          // 该变量在函数内定义，只作用于该函数体
04     document.write(a+"<br>");        // 输出全局变量的值
05     document.write(b);               // 输出局部变量的值
06 }
07 send();                              // 调用函数
```

运行结果为：

这是全局变量
这是局部变量

上述代码中的局部变量 b 只作用于该函数体，如果在函数之外输出局部变量 b 的值，则会出现错误。错误代码如下：

```
01 var a=" 这是全局变量 ";              // 该变量在函数外定义，作用于整个脚本
02 function send(){                     // 定义函数
03     var b=" 这是局部变量 ";          // 该变量在函数内定义，只作用于该函数体
04     document.write(a+"<br>");        // 输出全局变量的值
05 }
06 send();                              // 调用函数
07 document.write(b);                   // 错误代码，不允许在函数外输出局部变量的值
```

15.6.2 变量的优先级

如果在函数体中定义了一个与全局变量同名的局部变量，那么该全局变量在函数体中将不起作用。例如，下面的程序代码将输出局部变量的值：

```
01 var a=" 这是全局变量 ";              // 定义一个全局变量 a
02 function send(){                     // 定义函数
03     var a=" 这是局部变量 ";          // 定义一个和全局变量同名的局部变量 a
04     document.write(a);               // 输出局部变量 a 的值
05 }
06 send();                              // 调用函数
```

运行结果为：

　这是局部变量

在上述代码中，定义了一个与全局变量同名的局部变量 a，此时输出的值为局部变量的值。

15.7 内置函数

在使用 JavaScript 时，除了可以自定义函数，还可以使用 JavaScript 的内置函数。这些内置函数是由 JavaScript 提供的。JavaScript 中的主要内置函数如表 15.1 所示。

表 15.1 JavaScript 中的主要内置函数

函　　数	说　　明
parseInt()	将字符型转换为整型
parseFloat()	将字符型转换为浮点型
isNaN()	判断一个数值是否为 NaN
isFinite()	判断一个数值是否有限
eval()	求字符串中表达式的值
encodeURI()	将 URI 字符串进行编码
decodeURI()	对已编码的 URI 字符串进行解码

下面对这些内置函数进行详细介绍。

15.7.1 数值处理函数

1. parseInt() 函数

parseInt() 函数主要将首位为数字的字符串转换成整型数字，如果字符串不是以数字开头的，那么将返回 NaN。

parseInt() 函数的语法格式如下：

```
parseInt(string,[n])
```

该语法中的参数说明如下。

（1）string：需要转换为整型的字符串。

（2）n：用于指出字符串中的数据是几进制的数据，在函数中不是必须的。

例如，将字符串转换成数字。实例代码如下：

```
01 var str1="123abc";                      // 定义字符串变量
02 var str2="abc123";                      // 定义字符串变量
03 document.write(parseInt(str1)+"<br>"); // 将字符串 str1 转换成整型数并输出
```

```
04  document.write(parseInt(str1,8)+"<br>");  // 输出字符串 str1 中的八进制数字
05  document.write(parseInt(str2));           // 将字符串 str2 转换成整型数并输出
```

运行结果为：

```
123
83
NaN
```

2. parseFloat() 函数

parseFloat() 函数主要将首位为数字的字符串转换成浮点型数字，如果字符串不是以数字开头的，那么将返回 NaN。

parseFloat() 函数的语法格式如下：

```
parseFloat(string)
```

其中，string 为需要转换为浮点型的字符串。

例如，将字符串转换成浮点型数字。实例代码如下：

```
01  var str1="123.456abc";                    // 定义字符串变量
02  var str2="abc123.456";                    // 定义字符串变量
03  document.write(parseFloat(str1)+"<br>");  // 将字符串 str1 转换成浮点数
并输出
04  document.write(parseFloat(str2));         // 将字符串 str2 转换成浮点数并输出
```

运行结果为：

```
123.456
NaN
```

3. isNaN() 函数

isNaN() 函数主要用于检验某个值是否为 NaN。

isNaN() 函数的语法格式如下：

```
isNaN(num)
```

其中，num 为需要验证的数字。

📖 学习笔记

> 如果参数 num 为 NaN，则函数返回值为 true，如果参数 num 不为 NaN，则函数返回值为 false。

例如，判断参数是否为 NaN。实例代码如下：

```
01  var num1=123;                             // 定义数值型变量
02  var num2="123abc";                        // 定义字符串变量
03  document.write(isNaN(num1)+"<br>");  // 判断变量 num1 的值是否为 NaN 并输出结果
04  document.write(isNaN(num2));         // 判断变量 num2 的值是否为 NaN并输出结果
```

运行结果为：

```
false
true
```

4.　isFinite() 函数

isFinite() 函数主要用于检验其参数是否有限。

isFinite() 函数的语法格式如下：

```
isFinite(num)
```

其中，num 为需要验证的数字。

📋 **学习笔记**

> 如果参数 num 为有限数字（或可转换为有限数字），则函数返回值为 true，如果参数 num 为 NaN 或无穷大，则函数返回值为 false。

例如，判断参数是否有限。实例代码如下：

```
01 document.write(isFinite(123)+"<br>");        // 判断数值 123 是否为有限数字并输出结果
02 document.write(isFinite("123abc")+"<br>");   // 判断字符串 "123abc" 是否为有限数字并输出结果
03 document.write(isFinite(1/0));  // 判断 1/0 的结果是否为有限数字并输出结果
```

运行结果为：

```
true
false
false
```

15.7.2　字符串处理函数

1.　eval() 函数

eval() 函数的功能是计算字符串表达式的值，并执行其中的 JavaScript 代码。

eval() 函数的语法格式如下：

```
eval(string)
```

其中，string 为需要计算的字符串，里面含有要计算的表达式或要执行的语句。

例如，应用 eval() 函数计算字符串。实例代码如下：

```
01 document.write(eval("3+6"));                // 计算表达式的值并输出结果
02 document.write("<br>");                     // 输出换行标签
03 eval("x=5;y=6;document.write(x*y)");        // 执行代码并输出结果
```

运行结果为：

```
9
30
```

2.　encodeURI() 函数

encodeURI() 函数主要用于对 URI 字符串进行编码。

encodeURI() 函数的语法格式如下：

```
encodeURI(url)
```

其中，url 为需要编码的 URI 字符串。

学习笔记

> URI 与 URL 都可以表示网络资源地址，URI 比 URL 的表示范围更广泛，但在一般情况下，URI 与 URL 是等同的。encodeURI() 函数只对字符串中有意义的字符进行转义，如将字符串中的空格转换为"%20"。

例如，应用 encodeURI() 函数对 URI 字符串进行编码。实例代码如下：

```
01  var URI="http://127.0.0.1/save.html?name=测试";     // 定义 URI 字符串
02  document.write(encodeURI(URI));     // 对 URI 字符串进行编码并输出
```

运行结果为：

```
http://127.0.0.1/save.html?name=%E6%B5%8B%E8%AF%95
```

3. decodeURI() 函数

decodeURI() 函数主要用于对已编码的 URI 字符串进行解码。

decodeURI() 函数的语法格式如下：

```
decodeURI(url)
```

其中，url 为需要解码的 URI 字符串。

学习笔记

> decodeURI() 函数可以将使用 encodeURI() 函数转码的网络资源地址转换为字符串并返回，即 decodeURI() 函数是 encodeURI() 函数的逆向操作。

例如，应用 decodeURI() 函数对 URI 字符串进行解码。实例代码如下：

```
01  var URI=encodeURI("http://127.0.0.1/save.html?name=测试");  // 对 URI
字符串进行编码
02  document.write(decodeURI(URI));   // 对编码后的 URI 字符串进行解码并输出
```

运行结果为：

```
http://127.0.0.1/save.html?name=测试
```

15.8　定义匿名函数

除了使用基本的 function 语句来定义函数，还可使用另外两种方式来定义函数，即在表达式中定义函数和使用 Function() 构造函数定义函数。因为在使用这两种方式定义函数时并未指定函数名，所以以这两种方式定义的函数被称为匿名函数，下面分别对这两种方式进行介绍。

15.8.1　在表达式中定义函数

JavaScript 提供了一种定义匿名函数的方式，就是在表达式中直接定义函数，它的语法格式和 function 语句的语法格式非常相似。在表达式中直接定义函数的语法格式如下：

```
var 变量名 = function(参数1, 参数2,…) {
    函数体
};
```

这种定义函数的方法不需要指定函数名，只要把定义的函数赋值给一个变量，后面的程序就可以通过这个变量来调用这个函数。这种定义函数的方式有很好的可读性。

例如，在表达式中直接定义一个返回两个参数的和的匿名函数。代码如下：

```
01  <script type="text/javascript">
02  var sum = function(x,y){          // 定义匿名函数
03      return x+y;                    // 返回两个参数的和
04  };
05  alert("10+20="+sum(10,20));        // 调用函数并输出结果
06  </script>
```

执行上面的代码，结果如图 15.12 所示。

图 15.12　输出两个参数的和

在上述代码中，定义了一个匿名函数，并把对它的引用存储在变量 sum 中。该匿名函数有两个参数，分别为 x 和 y；该匿名函数的函数体为"return x+y;"，即返回参数 x 与参数 y 的和。

下面通过一个实例，编写一个带有一个参数的匿名函数，该参数用于指定显示多少层星号"*"，实现通过传递的参数在网页中输出 6 层星号的金字塔形图案。代码如下：

```
01  <script type="text/javascript">
02  var star=function(n){              // 定义匿名函数
03      for(var i=1; i<=n; i++){       // 定义外层 for 语句
04          for(var j=1; j<=n-i; j++){ // 定义内层 for 语句
05              document.write(" "); // 输出空格
06          }
07          for(var j=1; j<=i; j++){   // 定义内层 for 语句
08              document.write("* "); // 输出 * 和空格
09          }
10          document.write("<br>");    // 输出换行标签
11      }
12  }
```

```
13  star(6);                                        // 调用函数并传递参数
14  </script>
```

本实例的运行结果如图 15.13 所示。

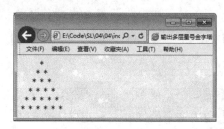

图 15.13　输出 6 层星号金字塔形图案

📋 **学习笔记**

该实例的编码格式设置为 GB2312，另外，在不同的浏览器下运行该实例程序，显示效果会略有不同。

15.8.2　使用 Function() 构造函数定义函数

除了在表达式中定义函数，还有一种定义匿名函数的方式——使用 Function() 构造函数定义函数，这种方式可以动态地创建函数。Function() 构造函数的语法格式如下：

```
var 变量名 = new Function("参数1","参数2",…,"函数体");
```

Function() 构造函数可以使用一个或多个参数作为函数的参数，也可以不使用任何参数。Function() 构造函数的最后一个参数为函数体的内容。

📋 **学习笔记**

Function() 构造函数中的所有参数和函数体都必须是字符串类型，因此一定要用双引号或单引号把参数引起来。

例如，使用 Function() 构造函数定义一个计算两个数字的和的函数。代码如下：

```
01  var sum = new Function("x","y","alert(x+y);");      // 使用 Function()
```
构造函数定义函数
```
02  sum(10,20);                    // 调用函数
```

执行上面的代码，结果如图 15.14 所示。

在上述代码中，sum 并不是一个函数名，而是一个指向函数的变量，因此，使用 Function() 构造函数创建的函数也是匿名函数。在创建的这个函数中有两个参数，分别为 x 和 y；该函数的函数体为 "alert(x+y);"，即输出 x 与 y 的和。

图 15.14　输出两个数字的和

第 16 章　JavaScript 中的对象

由于 JavaScript 是一种基于对象的语言，所以对象在 JavaScript 中是很重要的概念。本章对对象的基本概念、自定义对象，以及两种常用内部对象等知识进行简单的介绍。

16.1　对象简介

对象是 JavaScript 中的数据类型之一，是一种复合的数据类型，它将多种数据类型集中在一个数据单元中，并允许通过对象来存取这些数据的值。

16.1.1　什么是对象

对象的概念首先来自对客观世界的认识，用于描述客观世界存在的特定实体。例如，"人"就是一个典型的对象，"人"包含身高、体重等特性，同时又包含吃饭、睡觉等动作。"人"对象的示意图如图 16.1 所示。

在计算机的世界里，不仅存在来自客观世界的对象，还包含为解决问题而引入的比较抽象的对象。例如，一位用户可以被看作一个对象，包含用户名、用户密码等特性，也包含注册、登录等动作。其中，用户名和用户密码等特性可以用变量来描述；注册、登录等动作可以用函数来定义。因此，对象实际上就是一些变量和函数的集合。"用户"对象的示意图如图 16.2 所示。

图 16.1　"人"对象的示意图

图 16.2　"用户"对象的示意图

16.1.2 对象的属性和方法

在 JavaScript 中，对象包含两个要素：属性和方法。通过访问或设置对象的属性，并调用对象的方法，可以对对象进行各种操作，从而实现需要的功能。

1. 对象的属性

包含在对象内部的变量称为对象的属性，是用来描述对象特性的一组数据。

在程序中使用对象的一个属性类似于使用一个变量，就是在属性名前面加上对象名和一个句点"."。获取或设置对象的属性值的语法格式如下：

```
对象名.属性名
```

以"用户"对象为例，该对象有用户名和用户密码两个属性，以下代码可以分别获取该对象的这两个属性值：

```
var name = 用户.用户名;
var pwd = 用户.用户密码;
```

也可以通过以下代码来设置"用户"对象的这两个属性值：

```
用户.用户名 = "mr";
用户.用户密码 = "mrsoft";
```

2. 对象的方法

包含在对象内部的函数称为对象的方法，可以用来实现某种功能。

在程序中调用对象的一个方法类似于调用一个函数，就是在方法名前面加上对象名和一个句点"."，其语法格式如下：

```
对象名.方法名(参数)
```

与函数一样，在对象的方法中可以使用一个或多个参数，也可以不使用参数。同样以"用户"对象为例，该对象有注册和登录两个方法，以下代码可以分别调用该对象的这两个方法：

```
用户.注册();
用户.登录();
```

📋 **学习笔记**

在 JavaScript 中，对象就是属性和方法的集合，这些属性和方法也被称为对象的成员。方法是作为对象成员的函数来表明对象所具有的行为的；属性是作为对象成员的变量来表明对象的状态的。

16.1.3 JavaScript 对象的种类

在 JavaScript 中可以使用 3 种对象，即内置对象、浏览器对象和自定义对象。内置对象和浏览器对象又被称为预定义对象。

JavaScript 将一些常用的功能预先定义为对象，用户可以直接使用这些对象，这种对象就是内置对象。内置对象可以帮助用户在编写程序时实现一些最常用、最基本的功能，如 Math、Date、String、Array、Number、Boolean、Global、Object 和 RegExp 等对象。

浏览器对象是浏览器根据系统当前的配置和所装载的网页为 JavaScript 提供的一些对象，如 document、window 等对象。

自定义对象就是用户根据需要自己定义的新对象。

16.2　自定义对象的创建

创建自定义对象主要有 3 种方法：①直接创建自定义对象；②通过自定义构造函数创建自定义对象；③通过 Object 对象创建自定义对象。

16.2.1　直接创建自定义对象

直接创建自定义对象的语法格式如下：

```
var 对象名 = { 属性名 1：属性值 1，属性名 2：属性值 2，属性名 3：属性值 3，…}
```

由语法格式可以看出，在直接创建自定义对象时，所有属性都放在大括号中，属性之间用逗号分隔，每个属性都由属性名和属性值两部分组成，属性名和属性值之间用冒号隔开。

例如，创建一个学生对象 student，并设置 3 个属性，分别为 name、sex 和 age，然后输出这 3 个属性的值。代码如下：

```
01  var student = {                                    // 创建 student 对象
02      name:"张三",
03      sex:"男",
04      age:25
05  }
06  document.write("姓名："+student.name+"<br>");      // 输出 name 属性值
07  document.write("性别："+student.sex+"<br>");       // 输出 sex 属性值
08  document.write("年龄："+student.age+"<br>");       // 输出 age 属性值
```

执行上面的代码，结果如图 16.3 所示。

图 16.3　创建学生对象并输出属性值

另外，还可以使用数组的方式输出属性值，代码如下：

```
01  var student = {                                           // 创建 student 对象
02      name:"张三",
03      sex:"男",
04      age:25
05  }
06  document.write("姓名："+student['name']+"<br>");          // 输出 name 属性值
07  document.write("性别："+student['sex']+"<br>");           // 输出 sex 属性值
08  document.write("年龄："+student['age']+"<br>");           // 输出 age 属性值
```

16.2.2　通过自定义构造函数创建自定义对象

虽然直接创建自定义对象很方便、直观，但是如果要创建多个相同的对象，那么使用这种方法就会很烦琐。在 JavaScript 中可以自定义构造函数，可以通过调用自定义的构造函数来创建并初始化一个新的对象。与普通函数不同，调用构造函数必须使用 new 运算符。构造函数也可以和普通函数一样使用参数，其参数通常用于初始化新对象。在构造函数的函数体内，通过 this 关键字初始化对象的属性与方法。

例如，要创建一个学生对象 student，可以定义一个名称为 Student 的构造函数。代码如下：

```
01  function Student(name,sex,age){                 // 定义构造函数
02      this.name = name;                           // 初始化对象的 name 属性
03      this.sex = sex;                             // 初始化对象的 sex 属性
04      this.age = age;                             // 初始化对象的 age 属性
05  }
```

上述代码在构造函数内部对 3 个属性（name、sex 和 age）进行了初始化，其中，this 关键字表示对对象本身属性和方法的引用。利用该函数，可以用 new 运算符创建一个新对象，代码如下：

```
var student1 = new Student("张三","男",25);       // 创建对象实例
```

上述代码创建了一个名为 student1 的新对象，新对象 student1 称为对象 student 的实例。在使用 new 运算符创建一个对象实例后，JavaScript 会自动调用所使用的构造函数，并执行构造函数中的程序。

可以创建多个 student 对象的实例，每个实例都是独立的。代码如下：

```
01  var student2 = new Student("李四","女",23);// 创建其他对象实例
02  var student3 = new Student("王五","男",28);// 创建其他对象实例
```

下面通过一个实例，应用构造函数创建一个球员对象，定义构造函数 Player()，首先在函数中应用 this 关键字初始化对象中的属性，然后创建一个对象实例，最后输出对象中的属性值，即输出球员的身高、体重、运动项目、所属球队和专业特点。程序代码如下：

```
01  <h1 style="font-size:24px;">梅西</h1>
```

```
02 <script type="text/javascript">
03 function Player(height,weight,sport,team,character){
04     this.height = height;                    // 对象的 height 属性
05     this.weight = weight;                    // 对象的 weight 属性
06     this.sport = sport;                      // 对象的 sport 属性
07     this.team = team;                        // 对象的 team 属性
08     this.character = character;              // 对象的 character 属性
09 }
10 // 创建一个新对象 player1
11 var player1 = new Player("170cm","72kg"," 足球 "," 巴塞罗那足球俱乐部 ",
" 技术出色，意识好 ");
12 document.write(" 球员身高 :"+player1.height+"<br>");// 输出 height 属性值
13 document.write(" 球员体重 :"+player1.weight+"<br>");// 输出 weight 属性值
14 document.write(" 运动项目 :"+player1.sport+"<br>");// 输出 sport 属性值
15 document.write(" 所属球队 :"+player1.team+"<br>"); // 输出 team 属性值
16 document.write(" 专业特点 :"+player1.character+"<br>");// 输出 character
属性值
17 </script>
```

执行上面的代码，结果如图 16.4 所示。

图 16.4 输出球员对象的属性值

对象不仅可以拥有属性，还可以拥有方法。在定义构造函数时，也可以定义对象的方法。与对象的属性一样，在构造函数中也需要使用 this 关键字来初始化对象的方法。例如，在 student 对象中定义 3 个方法 showName()、showAge() 和 showSex()。代码如下：

```
01 function Student(name,sex,age){          // 定义构造函数
02     this.name = name;                     // 初始化对象的属性
03     this.sex = sex;                       // 初始化对象的属性
04     this.age = age;                       // 初始化对象的属性
05     this.showName = showName;             // 初始化对象的方法
06     this.showSex = showSex;               // 初始化对象的方法
07     this.showAge = showAge;               // 初始化对象的方法
08 }
09 function showName(){                      // 定义 showName() 方法
```

```
10      alert(this.name);                    // 输出 name 属性值
11  }
12  function showSex(){                       // 定义 showSex() 方法
13      alert(this.sex);                     // 输出 sex 属性值
14  }
15  function showAge(){                       // 定义 showAge() 方法
16      alert(this.age);                     // 输出 age 属性值
17  }
```

另外，可以在构造函数中直接使用表达式来定义方法，代码如下：

```
01  function Student(name,sex,age){          // 定义构造函数
02      this.name = name;                    // 初始化对象的属性
03      this.sex = sex;                      // 初始化对象的属性
04      this.age = age;                      // 初始化对象的属性
05      this.showName=function(){            // 应用表达式定义 showName() 方法
06        alert(this.name);                  // 输出 name 属性值
07      };
08      this.showSex=function(){             // 应用表达式定义 showSex() 方法
09        alert(this.sex);                   // 输出 sex 属性值
10      };
11      this.showAge=function(){             // 应用表达式定义 showAge() 方法
12        alert(this.age);                   // 输出 age 属性值
13      };
14  }
```

下面通过一个实例，应用构造函数创建一个演员对象 Actor，在构造函数中定义对象的属性和方法，通过创建的对象实例调用对象中的方法，输出演员的中文名、代表作品、主要成就。程序代码如下：

```
01  function Actor(name,work,achievement){
02      this.name = name;                 // 对象的 name 属性
03      this.work = work;                 // 对象的 work 属性
04      this.achievement = achievement;   // 对象的 achievement 属性
05      this.introduction = function(){   // 定义 introduction() 方法
06        document.write(" 中文名："+this.name);           // 输出 name 属性值
07        document.write("<br> 代表作品："+this.work);      // 输出 work 属性值
08        document.write("<br> 主要成就："+this.achievement); // 输出 achievement
属性值
09      }
10  }
11  var Actor1 = new Actor(" 威尔·史密斯 "," 《独立日》和《黑衣人》",
                           " 奥斯卡金像奖最佳男主角提名 ");  // 创建对象 Actor1
12  Actor1.introduction();                               // 调用 introduction() 方法
```

本实例的运行结果如图 16.5 所示。

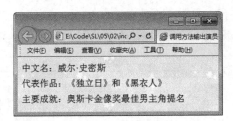

图 16.5　调用对象中的方法输出演员简介

调用构造函数创建对象需要注意一个问题：如果在构造函数中定义了多个属性和方法，那么在每次创建对象实例时都会为该对象分配相同的属性和方法，这样会增加对内存的需求。此时可以通过 prototype 属性来解决这个问题。

prototype 属性是 JavaScript 中所有函数都具有的一个属性。通过 prototype 属性可以向对象中添加属性或方法。

应用 prototype 属性的语法格式如下：

```
object.prototype.name=value
```

该语法中的参数说明如下。

（1）object：构造函数名。

（2）name：要添加的属性名或方法名。

（3）value：添加属性的值或执行方法的函数。

例如，在 student 对象中应用 prototype 属性向对象中添加一个 show() 方法，通过调用 show() 方法输出对象中 3 个属性的值。代码如下：

```
01  function Student(name,sex,age){          // 定义构造函数
02      this.name = name;                     // 初始化对象的属性
03      this.sex = sex;                       // 初始化对象的属性
04      this.age = age;                       // 初始化对象的属性
05  }
06  Student.prototype.show=function(){        // 添加 show() 方法
07      alert("姓名："+this.name+"\n 性别："+this.sex+"\n 年龄："+this.age);
08  }
09  var student1=new Student("张三","男",25);  // 创建对象实例
10  student1.show();                          // 调用对象的 show()方法
```

执行上面的代码，结果如图 16.6 所示。

图 16.6　输出 3 个属性值

下面是一个实例：应用构造函数创建一个圆的对象 Circle，定义构造函数 Circle()，然后应用 prototype 属性向对象中添加属性和方法，通过调用方法实现计算圆的周长和面积的功能。程序代码如下：

```
01  function Circle(r){
02      this.r=r;                               // 设置对象的 r 属性
03  }
04  Circle.prototype.pi=3.14;                   // 添加对象的 pi 属性
05  Circle.prototype.circumference=function(){ //添加计算圆周长的circumference()
方法
06      return 2*this.pi*this.r;                // 返回圆的周长
07  }
08  Circle.prototype.area=function(){           // 添加计算圆面积的 area() 方法
09      return this.pi*this.r*this.r;           // 返回圆的面积
10  }
11  var c=new Circle(10);                       // 创建一个新对象 c
12  document.write(" 圆的半径为 "+c.r+"<br>");              // 输出圆的半径
13  document.write(" 圆的周长为 "+parseInt(c.circumference())+"<br>"); // 输出
圆的周长
14  document.write(" 圆的面积为 "+parseInt(c.area()));      // 输出圆的面积
```

本实例的运行结果如图 16.7 所示。

图 16.7　计算圆的周长和面积

16.2.3　通过 Object 对象创建自定义对象

Object 对象是 JavaScript 中的内部对象，提供了对象的最基本功能，这些功能构成了所有其他对象的基础。Object 对象提供了创建自定义对象的简单方式，使用这种方式不需要再定义构造函数，可以在程序运行时为 JavaScript 对象随意添加属性，因此使用 Object 对象可以很容易地创建自定义对象。

创建 Object 对象的语法格式如下：

```
obj = new Object([value])
```

该语法中的参数说明如下。

（1）obj：必选项，要赋值为 Object 对象的变量名。

（2）value：可选项，任意一种基本数据类型（Number、Boolean 或 String）。如果

value 是一个对象，则返回不进行改动的 value 对象。如果 value 为 null、undefined，或者没有给出，则会产生没有内容的对象。

使用 Object 对象可以创建一个没有任何属性的空对象。如果要设置对象的属性，则只需将一个值赋给对象的新属性即可。例如，使用 Object 对象创建一个自定义对象 student，并设置对象的属性，然后输出属性值。代码如下：

```
01  var student = new Object();                    // 创建一个空对象
02  student.name = " 王五 ";                        // 设置对象的 name 属性
03  student.sex = " 男 ";                           // 设置对象的 sex 属性
04  student.age = 28;                              // 设置对象的 age 属性
05  document.write(" 姓名："+student.name+"<br>");  // 输出对象的 name 属性值
06  document.write(" 性别："+student.sex+"<br>");   // 输出对象的 sex 属性值
07  document.write(" 年龄："+student.age+"<br>");   // 输出对象的 age 属性值
```

执行上面的代码，结果如图 16.8 所示。

图 16.8　使用 Object 对象创建自定义对象并输出属性值

📋 **学习笔记**

只要通过给属性赋值创建了该属性，就可以在任何时候修改这个属性的值，只需给它赋新值即可。

在使用 Object 对象创建自定义对象时，也可以定义对象的方法。例如，在 student 对象中定义方法 show()，然后调用方法。代码如下：

```
01  var student = new Object();                    // 创建一个空对象
02  student.name = " 张三 ";                        // 设置对象的 name 属性
03  student.sex = " 男 ";                           // 设置对象的 sex 属性
04  student.age = 25;                              // 设置对象的 age 属性
05  student.show = function(){                     // 定义对象的方法
06      // 输出属性的值
07      alert(" 姓名："+student.name+"\n 性别："+student.sex+"\n 年龄："+student.age);
08  };
09  student.show();                               // 调用对象的方法
```

执行上面的代码，结果如图 16.9 所示。

图 16.9　调用对象的方法

如果在创建 Object 对象时没有指定参数，那么 JavaScript 会创建一个 Object 实例，但该实例并没有具体指定为哪种对象类型，这种方式多用于创建一个自定义对象。如果在创建 Object 对象时指定了参数，则可以直接将 value 参数的值转换为相应的对象。例如，以下代码就是通过 Object 对象创建的一个字符串对象：

```
var myObj = new Object("你好 JavaScript");        // 创建一个字符串对象
```

下面通过一个实例，使用 Object 对象创建自定义对象 book，在 book 对象中定义方法 getBookInfo()，在方法中传递 3 个参数，然后调用这个方法输出图书信息。程序代码如下：

```
01    var book = new Object();                 // 创建一个空对象
02    book.getBookInfo = getBookInfo;          // 定义对象的方法
03    function getBookInfo(name,type,price){
04       // 输出图书的书名、类型及价格
05       document.write("书名："+name+"<br>类型："+type+"<br>价格："+price);
06    }
07 book.getBookInfo("《JavaScript 入门经典》","JavaScript","80 元");  // 调用对象的方法
```

本实例的运行结果如图 16.10 所示。

图 16.10　创建 book 对象并调用对象中的方法

16.3　对象访问语句

在 JavaScript 中，for…in 语句和 with 语句都是专门应用于对象的语句。下面对这两个语句进行介绍。

16.3.1　for…in 语句

for…in 语句和 for 语句十分相似，for…in 语句用来遍历对象的每个属性，且每次都将属性名作为字符串保存在变量里。

for…in 语句的语法格式如下：

```
for (变量 in 对象) {
    语句
}
```

该语法中的参数说明如下。

（1）变量：用于存储某个对象的所有属性名。

（2）对象：用于指定要遍历属性的对象。

（3）语句：用于指定循环体。

for…in 语句用于对某个对象的所有属性进行循环操作，将某个对象的所有属性名依次赋值给同一个变量，而无须事先知道对象属性的个数。

📋 学习笔记

> 当应用 for…in 语句遍历对象的属性并输出属性值时，一定要使用数组的形式（对象名 [属性名]）进行输出，而不能使用"对象名 . 属性名"这种形式进行输出。

下面应用 for…in 语句输出对象中的属性名和属性值。首先创建一个对象，并指定对象的属性，然后应用 for…in 语句输出对象的所有属性名和属性值。程序代码如下：

```
01 var object={user:" 小月 ",sex:" 女 ",age:23,interest:" 运动、唱歌 "};// 创建自定义对象
02 for (var example in object){                    // 应用 for…in 语句
03     document.write (" 属 性："+example+"="+object[example]+"<br>");// 输出各属性名及属性值
04 }
```

执行上面的代码，结果如图 16.11 所示。

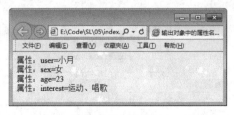

图 16.11　输出对象中的属性名及属性值

16.3.2 with 语句

with 语句用于在访问一个对象的属性或方法时避免重复引用指定对象名。使用 with 语句可以简化对象属性调用的层次。

with 语句的语法格式如下：

```
with(对象名称){
    语句
}
```

该语法中的参数说明如下。

（1）对象名称：用于指定要操作的对象名称。

（2）语句：要执行的语句，可直接引用对象的属性名或方法名。

在一个连续的程序代码中，如果多次使用某个对象的多个属性或方法，那么只要在 with 关键字后的括号中写出该对象实例的名称，就可以在随后的大括号中的程序语句中直接引用该对象的属性或方法，而不必在每个属性名或方法名前都加上对象实例名和"."。

例如，应用 with 语句实现对 student 对象的多次引用。代码如下：

```
01 function Student(name,sex,age){
02     this.name = name;                              // 设置对象的 name 属性
03     this.sex = sex;                                // 设置对象的 sex 属性
04     this.age = age;                                // 设置对象的 age 属性
05 }
06 var student=new Student("周星星","男",26);         // 创建新对象
07 with(student){                                     // 应用 with 语句
08     alert("姓名："+name+"\n 性别："+sex+"\n 年龄："+age);// 输出多个属性值
09 }
```

执行上面的代码，结果如图 16.12 所示。

图 16.12　with 语句的应用

16.4 常用内部对象

JavaScript 的内部对象也称内置对象,它将一些常用功能预先定义为对象,用户可以直接使用,这些内部对象可以帮助用户实现一些最常用、最基本的功能。

JavaScript 中的内部对象按照使用方式分为动态对象和静态对象两种。在引用动态对象的属性和方法时,必须使用 new 关键字创建一个对象实例,然后才能使用"对象实例名.成员"的方式来访问其属性和方法,如 Date 对象;在引用静态对象的属性和方法时,不需要用 new 关键字创建对象实例,可以直接使用"对象名.成员"的方式来访问其属性和方法,如 Math 对象。下面对 JavaScript 中的 Math 对象和 Date 对象进行详细介绍。

16.4.1 Math 对象

Math 对象提供了大量的数学常量和数学函数。当使用 Math 对象时,不能使用 new 关键字来创建对象实例,而应直接使用"对象名.成员"的方式来访问其属性或方法。下面对 Math 对象的属性和方法进行介绍。

1. Math 对象的属性

Math 对象的属性是数学中常用的常量,如表 16.1 所示。

表 16.1　Math 对象的属性

属　性	描　述	属　性	描　述
E	自然对数的底数(2.718281828459045)	LOG2E	以 2 为底数的 e 的对数(1.4426950408889633)
LN2	2 的自然对数(0.6931471805599453)	LOG10E	以 10 为底数的 e 的对数(0.4342944819032518)
LN10	10 的自然对数(2.302585092994046)	PI	圆周率常数 π(3.141592653589793)
SQRT2	2 的平方根(1.4142135623730951)	SQRT1_2	0.5 的平方根(0.7071067811865476)

例如,已知一个圆的半径是 5,计算这个圆的周长和面积。代码如下:

```
01 var r = 5;                                          // 定义圆的半径
02 var circumference = 2*Math.PI*r;                    // 定义圆的周长
03 var area = Math.PI*r*r;                             // 定义圆的面积
04 document.write("圆的半径为 "+r+"<br>");             // 输出圆的半径
05 document.write("圆的周长为 "+parseInt(circumference)+"<br>");  // 输出
圆的周长
06 document.write("圆的面积为 "+parseInt(area));// 输出圆的面积
```

运行结果为:

圆的半径为 5
圆的周长为 31
圆的面积为 78

2. Math 对象的方法

Math 对象的方法是数学中常用的函数，如表 16.2 所示。

表 16.2　Math 对象的方法

方　　法	描　　述	示　　例

abs(x)	返回 x 的绝对值	// 返回值为 10
		Math.abs(-10);

acos(x)	返回 x 弧度的反余弦值	// 返回值为 0
		Math.acos(1);

asin(x)	返回 x 弧度的反正弦值	// 返回值为 1.5707963267948965
		Math.asin(1);

atan(x)	返回 x 弧度的反正切值	// 返回值为 0.7853981633974483
		Math.atan(1);

atan2(x,y)	返回从 x 轴到点 (x,y) 的角度，其值在 -PI 与 PI 之间	// 返回值为 1.1071487177940904
		Math.atan2(10,5);

ceil(x)	返回大于或等于 x 的最小整数	// 返回值为 2
		Math.ceil(1.05);
		// 返回值为 -1
		Math.ceil(-1.05);

cos(x)	返回 x 的余弦值	// 返回值为 1
		Math.cos(0);

exp(x)	返回 e 的 x 乘方	// 返回值为 54.598150033144236
		Math.exp(4);

floor(x)	返回小于或等于 x 的最大整数	// 返回值为 1
		Math.floor(1.05);
		// 返回值为 -2
		Math.floor(-1.05);

log(x)	返回 x 的自然对数	// 返回值为 0
		Math.log(1);

max(n1,n2,…)	返回参数列表中的最大值	// 返回值为 4
		Math.max(2,4);

min(n1,n2,…)	返回参数列表中的最小值	// 返回值为 2
		Math.min(2,4);

pow(x,y)	返回 x 的 y 次幂	// 返回值为 16
		Math.pow(2,4);

random()	返回 0 和 1 之间的随机数	// 返回值为类似 0.8867056997839715 的随机数
		Math.random();

round(x)	返回最接近 x 的整数，即四舍五入函数	// 返回值为 1
		Math.round(1.05);
		// 返回值为 -1
		Math.round(-1.05);

续表

方法	描 述	示 例

sin(x)	返回 x 的正弦值	// 返回值为 0
		Math.sin(0);

sqrt(x)	返回 x 的平方根	// 返回值为 1.4142135623730951
		Math.sqrt(2);

tan(x)	返回 x 的正切值	// 返回值为 −1.995200412208242
		Math.tan(90);

例如，计算两个数值中的较大值，可以通过 Math 对象的 max() 函数。代码如下：

```
var larger = Math.max(value1,value2);  // 获取变量 value1 和 value2 的最大值
```

又如，计算一个数的 10 次方。代码如下：

```
var result = Math.pow(value1,10);       // 获取变量 value1 的 10 次方
```

再如，使用四舍五入函数计算最相近的整数值。代码如下：

```
var result = Math.round(value);         // 对变量 value 的值进行四舍五入
```

下面通过一个实例，应用 Math 对象中的方法实现生成指定位数的随机数的功能。实现步骤如下。

（1）在网页中创建表单，在表单中添加一个用于输入随机数位数的文本框和一个生成按钮，代码如下：

```
01  请输入要生成随机数的位数：<p>
02  <form name="form">
03    <input type="text" name="digit" />
04    <input type="button" value=" 生成 " />
05  </form>
```

（2）编写生成指定位数的随机数的函数 ran()，该函数只有一个参数 digit，用于指定生成的随机数的位数，代码如下：

```
06  function ran(digit){
07    var result="";                              // 声明变量并初始化
08    for(i=0;i<digit;i++){
09      result=result+(Math.floor(Math.random()*10));// 将生成的单个随机数
连接起来
10    }
11    alert(result);                              // 输出随机数
12  }
```

（3）在"生成"按钮的 onclick 事件中调用 ran() 函数生成随机数，代码如下：

```
<input type="button" value=" 生成 " onclick="ran(form.digit.value)" />
```

本实例的运行结果如图 16.13 所示。

图 16.13　生成指定位数的随机数

16.4.2　Date 对象

在 Web 开发过程中，可以使用 JavaScript 的 Date 对象（日期对象）来实现对日期和时间的控制。如果想在网页中显示计时时钟，就需要重复生成新的 Date 对象来获取当前计算机的时间。用户可以使用 Date 对象执行各种使用日期和时间的过程。

1. 创建 Date 对象

Date 对象是对一个对象数据类型进行求值，该对象主要负责处理与日期和时间有关的数据信息。在使用 Date 对象前，首先要创建该对象，其语法格式如下：

```
dateObj = new Date()
dateObj = new Date(dateVal)
dateObj = new Date(year, month, date[, hours[, minutes[, seconds[,ms]]]])
```

Date 对象语法中各参数的说明如表 16.3 所示。

表 16.3　Date 对象语法中各参数的说明

参　　数	说　　明
dateObj	必选项。要赋值为 Date 对象的变量名
dateVal	必选项。如果是数字值，那么 dateVal 表示指定日期与 1970 年 1 月 1 日午夜间全球标准时间的毫秒数。如果是字符串，则常用的格式为"月 日, 年 小时:分钟:秒"，其中，月用英文表示，其余用数字表示，时间部分可以省略；另外，还可以使用"年/月/日 小时:分钟:秒"的格式
year	必选项。完整的年份，如 1976（而不是 76）
month	必选项。表示月份，是从 0 到 11 的整数（1月至 12月）
date	必选项。表示日期，是从 1 到 31 的整数
hours	可选项。如果提供了 minutes，则必须给出。表示小时，是从 0 到 23 的整数（午夜到 11pm）
minutes	可选项。如果提供了 seconds，则必须给出。表示分钟，是从 0 到 59 的整数
seconds	可选项。如果提供了 ms，则必须给出。表示秒钟，是从 0 到 59 的整数
ms	可选项。表示毫秒，是从 0 到 999 的整数

下面以实例的形式来介绍如何创建 Date 对象。

例如，输出当前的日期和时间。代码如下：

```
01 var newDate=new Date();                    // 创建当前 Date 对象
02 document.write(newDate);                    // 输出当前日期和时间
```

运行结果为：

```
Tue May 9 17:55:03 UTC+0800 2020
```

例如，用年、月、日（2015-6-20）来创建 Date 对象。代码如下：

```
01 var newDate=new Date(2015,6,20);          // 创建指定年、月、日的 Date 对象
02 document.write(newDate);                    // 输出指定日期和时间
```

运行结果为：

```
Sat Jun 20 00:00:00 UTC+0800 2015
```

例如，用年、月、日、小时、分钟、秒（2015-6-20 13:12:56）来创建 Date 对象。代码如下：

```
01 var newDate=new Date(2015,6,20,13,12,56);   // 创建指定时间的 Date 对象
02 document.write(newDate);                     // 输出指定日期和时间
```

运行结果为：

```
Sat Jun 20 13:12:56 UTC+0800 2015
```

例如，以字符串形式创建 Date 对象（2015-6-20 13:12:56）。代码如下：

```
01 var newDate=new Date("Jun 20,2015 13:12:56");// 以字符串形式创建 Date 对象
02 document.write(newDate);                     // 输出指定日期和时间
```

运行结果为：

```
Sat Jun 20 13:12:56 UTC+0800 2015
```

例如，以另一种字符串的形式创建 Date 对象（2015-6-20 13:12:56）。代码如下：

```
01 var newDate=new Date("2015/06/20 13:12:56");  // 以字符串形式创建 Date 对象
02 document.write(newDate);                      // 输出指定日期和时间
```

运行结果为：

```
Sat Jun 20 13:12:56 UTC+0800 2015
```

2. Date 对象的属性

Date 对象的属性有 constructor 属性和 prototype 属性。下面介绍这两个属性的用法。

1）constructor 属性

constructor 属性可以判断一个对象的类型，该属性引用的是对象的构造函数，其语法格式如下：

```
object.constructor
```

其中，必选项 object 是对象实例的名称。

例如，判断当前对象是否为 Date 对象。代码如下：

```
01 var newDate=new Date();                     // 创建当前 Date 对象
02 if (newDate.constructor==Date)              // 如果当前对象是 Date 对象
03     document.write(" 日期型对象 ");          // 输出字符串
```

运行结果为：

日期型对象

2）prototype 属性

prototype 属性可以为 Date 对象添加自定义的属性或方法，其语法格式如下：

```
Date.prototype.name=value
```

该语法中的参数说明如下。

（1）name：要添加的属性名或方法名。

（2）value：添加属性的值或执行方法的函数。

例如，用自定义属性来记录当前的年份。代码如下：

```
01  var newDate=new Date();                     // 创建当前 Date 对象
02  Date.prototype.mark=newDate.getFullYear();  // 向 Date 对象中添加属性
03  document.write(newDate.mark);               // 输出新添加的属性的值
```

运行结果为：

```
2020
```

3. Date 对象的方法

Date 对象是 JavaScript 的一种内部对象，它没有可以直接读/写的属性，所有对日期和时间的操作都是通过方法来完成的。Date 对象的方法如表 16.4 所示。

表 16.4 Date 对象的方法

方　法	说　　明
getDate()	从 Date 对象返回一个月中的某一天（1～31）
getDay()	从 Date 对象返回一周中的某一天（0～6）
getMonth()	从 Date 对象返回月份（0～11）
getFullYear()	从 Date 对象以 4 位数字返回年份
getYear()	从 Date 对象以 2 位或 4 位数字返回年份
getHours()	返回 Date 对象的小时（0～23）
getMinutes()	返回 Date 对象的分钟（0～59）
getSeconds()	返回 Date 对象的秒（0～59）
getMilliseconds()	返回 Date 对象的毫秒（0～999）
getTime()	返回 1970 年 1 月 1 日至今的毫秒数
setDate()	设置 Date 对象中某月的某一天（1～31）
setMonth()	设置 Date 对象中的月份（0～11）
setFullYear()	设置 Date 对象中的年份（4 位数字）
setYear()	设置 Date 对象中的年份（2 位或 4 位数字）
setHours()	设置 Date 对象中的小时（0～23）
setMinutes()	设置 Date 对象中的分钟（0～59）
setSeconds()	设置 Date 对象中的秒（0～59）

续表

方　　法	说　　明
setMilliseconds()	设置 Date 对象中的毫秒（0～999）
setTime()	通过从 1970 年 1 月 1 日午夜添加或减去指定数目的毫秒来计算日期和时间
toString()	把 Date 对象转换为字符串
toTimeString()	把 Date 对象的时间部分转换为字符串
toDateString()	把 Date 对象的日期部分转换为字符串
toGMTString()	根据格林尼治时，把 Date 对象转换为字符串
toUTCString()	根据协调世界时，把 Date 对象转换为字符串
toLocaleString()	根据本地时间格式，把 Date 对象转换为字符串
toLocaleTimeString()	根据本地时间格式，把 Date 对象的时间部分转换为字符串
toLocaleDateString()	根据本地时间格式，把 Date 对象的日期部分转换为字符串

📋 学习笔记

　　UTC 是协调世界时（Coordinated Universal Time）的简称，GMT 是格林尼治时（Greenwich Mean Time）的简称。

　　应用 Date 对象中的 getMonth() 方法获取的值要比系统中实际月份的值小 1。

　　例如，在获取系统中当前月份的值时出现错误的代码如下：

```
01 var date = new Date();                    // 创建当前 Date 对象
02 alert("现在是："+date.getMonth()+"月");     // 输出现在的月份
```

　　运行上述代码，在输出结果中，月份的值比系统中实际月份的值小 1。由此可见，在使用 getMonth() 方法获取当前月份的值时要加 1。因此正确代码如下：

```
01 var date = new Date();                        // 创建当前 Date 对象
02 alert("现在是："+(date.getMonth()+1)+"月");   // 输出现在的月份
```

　　下面通过一个实例，应用 Date 对象中的方法获取当前的完整年份、月份、日期、星期、小时、分钟和秒，将当前的日期和时间分别连接在一起并输出。程序代码如下：

```
01 var now=new Date();              // 创建日期对象
02 var year=now.getFullYear();      // 获取当前年份
03 var month=now.getMonth()+1;      // 获取当前月份
04 var date=now.getDate();          // 获取当前日期
05 var day=now.getDay();            // 获取当前星期
06 var week="";                     // 初始化变量
07 switch(day){
08     case 1:                      // 如果变量 day 的值为 1
09         week=" 星期一 ";          // 为变量赋值
10         break;                   // 退出 switch 语句
11     case 2:                      // 如果变量 day 的值为 2
12         week=" 星期二 ";          // 为变量赋值
```

```
13        break;                              // 退出 switch 语句
14    case 3:                                 // 如果变量 day 的值为 3
15      week=" 星期三 ";                        // 为变量赋值
16        break;                              // 退出 switch 语句
17    case 4:                                 // 如果变量 day 的值为 4
18      week=" 星期四 ";                        // 为变量赋值
19        break;                              // 退出 switch 语句
20    case 5:                                 // 如果变量 day 的值为 5
21      week=" 星期五 ";                        // 为变量赋值
22        break;                              // 退出 switch 语句
23    case 6:                                 // 如果变量 day 的值为 6
24      week=" 星期六 ";                        // 为变量赋值
25        break;                              // 退出 switch 语句
26    default:                                // 默认值
27      week=" 星期日 ";                        // 为变量赋值
28        break;                              // 退出 switch 语句
29    }
30  var hour=now.getHours();                  // 获取当前小时
31  var minute=now.getMinutes();              // 获取当前分钟
32  var second=now.getSeconds();              // 获取当前秒
33  // 为字体设置样式
34  document.write("<span  style='font-size:24px;font-family: 楷
体;color:#FF9900'>");
35  document.write(" 今天是："+year+" 年 "+month+" 月 "+date+" 日  "+  week);// 输
出当前的日期和星期
36  document.write("<br> 现在是："+hour+":"+minute+":"+second);// 输出当前的
时间
37  document.write("</span>");                // 输出 </span> 结束标签
```

本实例的运行结果如图 16.14 所示。

图 16.14　输出当前的日期和时间

应用 Date 对象的方法除了可以获取日期和时间，还可以设置日期和时间。在 JavaScript 中，只要定义了一个 Date 对象，就可以针对该 Date 对象的日期部分或时间部分进行设置。实例代码如下：

```
01  var myDate=new Date();                    // 创建当前 Date 对象
02  myDate.setFullYear(2012);                 // 设置完整的年份
03  myDate.setMonth(5);                       // 设置月份
```

```
04  myDate.setDate(12);                          // 设置日期
05  myDate.setHours(10);                         // 设置小时
06  myDate.setMinutes(10);                       // 设置分钟
07  myDate.setSeconds(10);                       // 设置秒
08  document.write(myDate);                      // 输出 Date 对象
```

运行结果为：

```
Tue Jun 12 10:10:10 UTC+0800 2012
```

在脚本编程中可能需要处理许多关于日期的计算，如计算经过固定天数或星期之后的日期，或计算两个日期之间的天数。在这些计算中，JavaScript 的日期值都是以毫秒为单位的。

下面通过一个实例，实现应用 Date 对象中的方法获取当前日期距离明年元旦的天数。程序代码如下：

```
01  var date1=new Date();                        // 创建当前的 Date 对象
02  var theNextYear=date1.getFullYear()+1;       // 获取明年的年份
03  date1.setFullYear(theNextYear);              // 设置 Date 对象 date1 中的年份
04  date1.setMonth(0);                           // 设置 Date 对象 date1 中的月份
05  date1.setDate(1);                            // 设置 Date 对象 date1 中的日期
09  var date2=new Date();                        // 创建当前的 Date 对象
07  var date3=date1.getTime()-date2.getTime();   // 获取两个日期相差的毫秒数
08  var days=Math.ceil(date3/(24*60*60*1000));   // 将毫秒转换成天
09  alert("今天距离明年元旦还有 "+days+" 天 ");   // 输出结果
```

本实例的运行结果如图 16.15 所示。

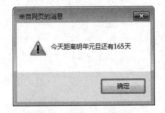

图 16.15　输出当前日期距离明年元旦的天数

在 Date 对象的方法中，还提供了一些以 "to" 开头的方法，这些方法可以将 Date 对象转换为不同形式的字符串，实现代码如下：

```
01  <h3> 将 Date 对象转换为不同形式的字符串 </h3>
02  <script type="text/javascript">
03  var newDate=new Date();                              // 创建当前 Date 对象
04  document.write(newDate.toString()+"<br>");           // 将 Date 对象转换为字符串
05  document.write(newDate.toTimeString()+"<br>");       // 将 Date 对象的时
间部分转换为字符串
06  document.write(newDate.toDateString()+"<br>");       // 将 Date 对象的日
期部分转换为字符串
07  document.write(newDate.toLocaleString()+"<br>");     // 将 Date 对象转换
为本地时间格式的字符串
```

```
08  // 将 Date 对象的时间部分转换为本地时间格式的字符串
09  document.write(newDate.toLocaleTimeString()+"<br>");
10  // 将 Date 对象的日期部分转换为本地时间格式的字符串
11  document.write(newDate.toLocaleDateString());
12  </script>
```

执行上面的代码，结果如图 16.16 所示。

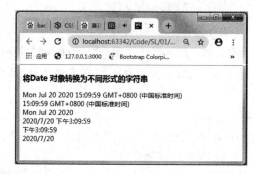

图 16.16　将 Date 对象转换为不同形式的字符串

第 17 章　JavaScript 中的数组

数组是 JavaScript 中常用的数据类型，是 JavaScript 程序设计的重要内容，它提供了一种快速、方便地管理一组相关数据的方法。通过数组可以对大量性质相同的数据进行存储、排序、插入及删除等操作，从而可以有效地提高程序开发效率、改善程序的编写方式。本章介绍数组的一些基本概念，以及数组对象的属性和方法。

17.1　数组介绍

数组是 JavaScript 中的一种复合数据类型。变量中保存的是单个数据，而数组中保存的则是多个数据的集合。数组与变量的比较效果如图 17.1 所示。

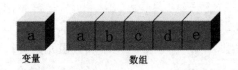

图 17.1　数组与变量的比较效果

1. 数组概念

数组就是一组数据的集合，是 JavaScript 中用来存储和操作有序数据集的数据结构。可以把数组看作一个单行表格，该表格的每个单元格中都可以存储一个数据，即一个数组中可以包含多个元素，如图 17.2 所示。

图 17.2　数组示意图

由于 JavaScript 是一种弱类型的语言，所以数组中的每个元素的类型可以是不同的。数组中的元素类型可以是数值型、字符串型和布尔型等，甚至可以是一个数组。

2. 数组元素

数组是数组元素的集合，在图 17.2 中，每个单元格里存放的就是数组元素。例如，一个班级的所有学生就可以看作一个数组，每位学生都是数组中的一个元素；一个酒店的所有房间就相当于一个数组，每个房间都是这个数组中的一个元素。

每个数组元素都有一个索引号（数组的下标），通过索引号可以方便地引用数组元素。数组的下标从 0 开始编号。例如，第一个数组元素的下标是 0，第二个数组元素的下标是 1，依次类推。

17.2 定义数组

在 JavaScript 中，数组也是一种对象，称为数组对象。因此在定义数组时，也可以使用构造函数。JavaScript 定义数组的方法主要有以下 4 种。

17.2.1 定义空数组

使用不带参数的构造函数可以定义一个空数组。顾名思义，空数组中是没有数组元素的，可以在定义空数组后向数组中添加数组元素。

定义空数组的语法格式如下：

```
arrayObject = new Array()
```

其中，arrayObject 为必选项，是新创建的数组对象名。

例如，创建一个空数组，然后向该数组中添加数组元素。代码如下：

```
01  var arr = new Array();          // 定义一个空数组
02  arr[0] = "零基础学 JavaScript";   // 向数组中添加第一个数组元素
03  arr[1] = "零基础学 PHP";          // 向数组中添加第二个数组元素
04  arr[2] = "零基础学 Java";         // 向数组中添加第三个数组元素
```

上述代码定义了一个空数组，此时数组中元素的个数为 0。只有在为数组的元素赋值后，数组中才有了数组元素。

📋 **学习笔记**

如果定义的数组对象名和已存在的变量重名，那么输出的不是变量的值。例如，在开发工具中编写如下代码：

```
01  var user = "明日科技";       // 定义变量 user
02  var user = new Array();      // 定义一个空数组 user
03  user[0] = "张三";            // 向数组中添加数组元素
04  user[1] = "李四";            // 向数组中添加数组元素
05  document.write(user);        // 输出 user 的值
```

虽然上述代码在运行时不会报错，但是由于定义的数组对象名和已存在的变量重名，变量的值被数组的值覆盖，所以在输出 user 变量时只能输出数组的值。

17.2.2 指定数组长度

在定义数组的同时可以指定数组元素的个数。此时并没有为数组元素赋值，所有数组元素的值都是 undefined。

指定数组长度的语法格式如下：

```
arrayObject = new Array(size)
```

该语法中的参数说明如下。

（1）arrayObject：必选项。新创建的数组对象名。

（2）size：设置数组的长度。数组的下标是从 0 开始的，创建元素的下标将从 0 到 size-1。

例如，创建一个数组元素个数为 3 的数组，并向该数组中存入数据。代码如下：

```
01  var arr = new Array(3);              // 定义一个元素个数为 3 的数组
02  arr[0] = 1;                          // 为第一个数组元素赋值
03  arr[1] = 2;                          // 为第二个数组元素赋值
04  arr[2] = 3;                          // 为第三个数组元素赋值
```

上述代码定义了一个元素个数为 3 的数组。在为数组元素赋值之前，这 3 个数组元素的值都是 undefined。

17.2.3 指定数组元素

在定义数组的同时可以直接给出数组元素的值。此时数组的长度就是括号中给出的数组元素的个数。

指定数组元素的语法格式如下：

```
arrayObject = new Array(element1, element2, element3, ...)
```

该语法中的参数说明如下。

（1）arrayObject：必选项。新创建的数组对象名。

（2）element：存入数组中的元素。在使用该语法时必须有一个以上的元素。

例如，在创建数组对象的同时向该对象中存入数组元素。代码如下：

```
var arr = new Array(123, "零基础学 JavaScript", true);   // 定义一个包含 3
```
个元素的数组

17.2.4 直接定义数组

JavaScript 中还有一种定义数组的方式，这种方式不需要使用构造函数，而是直接将数组元素放在一个中括号中，元素与元素之间用逗号分隔。

直接定义数组的语法格式如下：

```
arrayObject = [element1, element2, element3, ...]
```
该语法中的参数说明如下。

（1）arrayObject：必选项。新创建的数组对象名。

（2）element：存入数组中的元素。在使用该语法时必须有一个以上的元素。

例如，直接定义一个含有 3 个元素的数组。代码如下：

```
var arr = [123, "零基础学 JavaScript", true];// 直接定义一个包含 3 个元素的数组
```

17.3　操作数组元素

数组是数组元素的集合，在对数组进行操作时，实际上是对数组元素进行输入或输出、添加或删除的操作。

17.3.1　数组元素的输入和输出

数组元素的输入，即对数组中的元素进行赋值；数组元素的输出，即获取数组中元素的值并输出，下面分别进行介绍。

1. 数组元素的输入

向数组对象中输入数组元素有以下 3 种方法。

（1）在定义数组对象时直接输入数组元素。该方法只有在数组元素确定的情况下才可以使用。例如，在创建数组对象的同时存入字符串数组。代码如下：

```
var arr = new Array("a","b","c","d");     // 定义一个包含 4 个元素的数组
```

（2）利用数组对象的元素下标为其输入数组元素。该方法可以随意为数组对象中的各元素赋值或修改数组中的任意元素值。例如，在创建一个长度为 7 的数组对象后，为下标为 3 和 4 的元素赋值。

```
01 var arr = new Array(7);              // 定义一个长度为 7 的数组
02 arr[3] = "a";                        // 为下标为 3 的数组元素赋值
03 arr[4] = "b";                        // 为下标为 4 的数组元素赋值
```

（3）利用 for 语句向数组对象中输入数组元素。该方法主要用于批量向数组对象中输入数组元素，一般用于为数组对象赋初值。例如，可以通过改变变量 n 的值（必须是数值型），来为数组对象赋指定个数的数值元素。代码如下：

```
01 var n=7;                             // 定义变量并为其赋值
02 var arr = new Array();               // 定义一个空数组
03 for (var i=0;i<n;i++){               // 应用 for 语句为数组元素赋值
04    arr[i]=i;
05 }
```

2. 数组元素的输出

输出数组对象中的元素值有以下 3 种方法。

（1）用下标获取指定元素值。该方法通过数组对象的下标，获取指定的元素值。

例如，获取数组对象中的第 3 个元素的值。代码如下：

```
01 var arr = new Array("a","b","c","d");          // 定义数组
02 var third = arr[2];                            // 获取下标为 2 的数组元素
03 document.write(third);                          // 输出变量的值
```

运行结果为：

```
c
```

📋 **学习笔记**

数组对象的元素下标是从 0 开始的。

如果在输出数组元素时数组的下标不正确，则会出现 undefined。例如，在开发工具中编写如下代码：

```
01 var arr= new Array("a","b");                    // 定义包含两个元素的数组
02 document.write(arr[2]);                          // 输出下标为 2 的元素的值
```

上述代码在运行时并不会报错，但是定义的数组中只有两个元素，这两个元素对应的数组下标分别为 0 和 1，而输出的数组元素的下标超出了数组的范围，因此输出结果是 undefined。

（2）用 for 语句获取数组中的元素值。该方法是利用 for 语句获取数组对象中的所有元素值。

例如，获取数组对象中的所有元素值。代码如下：

```
01 var str = "";                                   // 定义变量并进行初始化
02 var arr = new Array("a","b","c","d");           // 定义数组
03 for (var i=0;i<4;i++){                          // 应用 for 语句
04     str=str+arr[i];                             // 将各个数组元素连接在一起
05 }
06 document.write(str);                             // 输出变量的值
```

运行结果为：

```
abcd
```

（3）用数组对象名输出所有元素值。该方法是用创建的数组对象本身显示数组中的所有元素值。

例如，显示数组中的所有元素值。代码如下：

```
01 var arr = new Array("a","b","c","d");           // 定义数组
02 document.write(arr);                            // 输出数组中所有元素的值
```

运行结果为：

```
a,b,c,d
```

下面是一个实例：某班级有 3 位学霸，创建一个存储这 3 位学霸姓名（张三、李四、王五）的数组，然后输出这 3 个数组元素。首先创建一个包含 3 个元素的数组，然后为每个数组元素赋值，最后使用 for 语句遍历输出数组中的所有元素。代码如下：

```
01 <script type="text/javascript">
02 var students = new Array(3);              // 定义数组
03 students[0] = "张三";                      // 为下标为 0 的数组元素赋值
04 students[1] = "李四";                      // 为下标为 1 的数组元素赋值
05 students[2] = "王五";                      // 为下标为 2 的数组元素赋值
06 for(var i=0;i<3;i++){
07     document.write("第 "+(i+1)+" 位学霸的姓名是："+students[i]+"<br>");
// 循环输出数组元素
08 }
09 </script>
```

本实例的运行结果如图 17.3 所示。

图 17.3　使用数组存储学霸姓名

17.3.2　数组元素的添加

在定义数组时，虽然已经设置了数组元素的个数，但是该数组的元素个数并不是固定的。可以通过添加数组元素的方法来增加数组元素的个数。添加数组元素的方法非常简单，只需对新的数组元素进行赋值就可以了。

例如，首先定义一个包含两个元素的数组，然后为数组添加 3 个元素，最后输出数组中的所有元素值。代码如下：

```
01 var arr = new Array("零基础学 JavaScript","零基础学 PHP");// 定义数组
02 arr[2] = "零基础学 Java";                  // 添加新的数组元素
03 arr[3] = "零基础学 C#";                     // 添加新的数组元素
04 arr[4] = "零基础学 Oracle";                 // 添加新的数组元素
05 document.write(arr);                        // 输出添加元素后的数组
```

运行结果为：

零基础学 JavaScript, 零基础学 PHP, 零基础学 Java, 零基础学 C#, 零基础学 Oracle

另外，还可以为已经存在的数组元素重新赋值。例如，定义一个包含两个元素的数组，将第二个数组元素进行重新赋值，并输出数组中的所有元素值。代码如下：

```
01 var arr = new Array("零基础学 JavaScript","零基础学 PHP");// 定义数组
```

```
02  arr[1] = "零基础学 Java";              // 为下标为 1 的数组元素重新赋值
03  document.write(arr);                 // 输出重新赋值后的数组
```

运行结果为：

零基础学 JavaScript, 零基础学 Java

17.3.3 数组元素的删除

使用 delete 运算符可以删除数组元素的值，但是只能将该元素恢复为未赋值的状态，即 undefined，而不能真正地删除一个数组元素，数组中的元素个数也不会减少。

例如，首先定义一个包含 3 个元素的数组，然后应用 delete 运算符删除下标为 1 的数组元素，最后输出数组中的所有元素值。代码如下：

```
01  var arr = new Array("零基础学 JavaScript","零基础学 PHP","零基础学 Java");
// 定义数组
02  delete arr[1];                       // 删除下标为 1 的数组元素
03  document.write(arr);                 // 输出删除元素后的数组
```

运行结果为：

零基础学 JavaScript,, 零基础学 Java

📋 **学习笔记**

> 应用 delete 运算符删除数组元素之前和删除数组元素之后，元素个数并没有改变，改变的只是被删除的数组元素的值，该值变为 undefined。

17.4 数组的属性

在数组对象中有 length 和 prototype 两个属性。下面分别对这两个属性进行详细的介绍。

17.4.1 length 属性

length 属性用于返回数组的长度，其语法格式如下：

```
arrayObject.length
```

其中，arrayObject 为数组名称。

例如，获取已创建的数组对象的长度。代码如下：

```
01  var arr=new Array(1,2,3,4,5,6,7,8);  // 定义数组
02  document.write(arr.length);          // 输出数组的长度
```

运行结果为:

8

例如,增加已有数组的长度。代码如下:

```
01  var arr=new Array(1,2,3,4,5,6,7,8);        // 定义数组
02  arr[arr.length]=arr.length+1;              // 为新的数组元素赋值
03  document.write(arr.length);                // 输出数组的新长度
```

运行结果为:

9

学习笔记

（1）当用 new Array() 创建数组时,并不对其进行赋值,length 属性的返回值为 0。

（2）数组的长度是由数组的最大下标决定的。

例如,用不同的方法创建数组,并输出数组的长度。代码如下:

```
01  var arr1 = new Array();                   // 定义数组 arr1
02  document.write("数组 arr1 的长度为:"+arr1.length+"<p>");  // 输出数组
arr1 的长度
03  var arr2 = new Array(3);                  // 定义数组 arr2
04  document.write("数组 arr2 的长度为:"+arr2.length+"<p>");  // 输出数组
arr2 的长度
05  var arr3 = new Array(1,2,3,4,5);          // 定义数组 arr3
06  document.write("数组 arr3 的长度为:"+arr3.length+"<p>");  // 输出数组
arr3 的长度
07  var arr4 = [5,6];                         // 定义数组 arr4
08  document.write("数组 arr4 的长度为:"+arr4.length+"<p>");  // 输出数组
arr4 的长度
09  var arr5 = new Array();                   // 定义数组 arr5
10  arr5[9] = 100;                            // 为下标为 9 的元素赋值
11  document.write("数组 arr5 的长度为:"+arr5.length+"<p>");  // 输出数组
arr5 的长度
```

执行上面的代码,结果如图 17.4 所示。

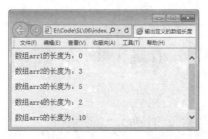

图 17.4　输出数组的长度

下面通过一个实例,将东北三省的省份名称、省会城市名称,以及 3 个省会城市的旅

游景点分别定义在数组中，应用 for 语句和数组的 length 属性，将省份、省会、旅游景点循环输出在表格中。代码如下：

```
01 <table cellspacing="1" bgcolor="#CC00FF">
02   <tr height="30" bgcolor="#FFFFFF">
03    <td align="center" width="50">序号</td>
04    <td align="center" width="100">省份</td>
05    <td align="center" width="100">省会</td>
06    <td align="center" width="260">旅游景点</td>
07   </tr>
08 <script type="text/javascript">
09 var province=new Array("黑龙江省","吉林省","辽宁省");//定义省份数组
10 var city=new Array("哈尔滨市","长春市","沈阳市");     //定义省会数组
11 var tourist=new Array("太阳岛 圣索菲亚教堂 中央大街","净月潭 长影世纪城
动植物公园","沈阳故宫 沈阳北陵 张氏帅府");                //定义旅游景点数组
12 for(var i=0; i<province.length; i++){            //定义 for 语句
13    document.write("<tr height=26 bgcolor='#FFFFFF'>");//输出<tr>起
始标签
14    document.write("<td align='center'>"+(i+1)+"</td>");//输出序号
15    document.write("<td align='center'>"+province[i]+"</td>");//输出
省份名称
16    document.write("<td align='center'>"+city[i]+"</td>");     //输出
省会城市名称
17    document.write("<td align='center'>"+tourist[i]+"</td>");//输出旅
游景点
18    document.write("</tr>");                      //输出</tr>结束标签
19 }
20 </script>
21 </table>
```

本实例的运行结果如图 17.5 所示。

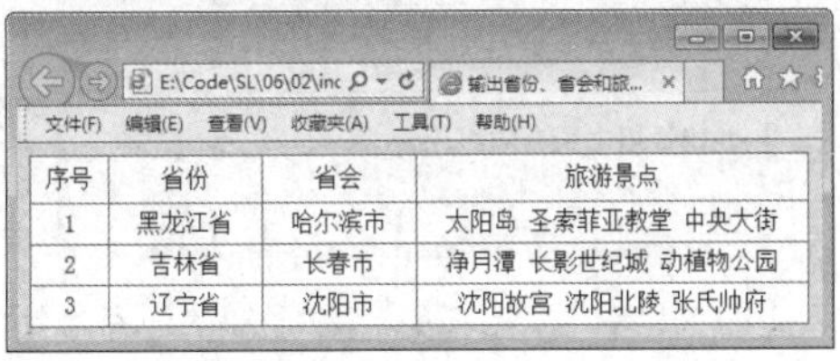

图 17.5　输出省份、省会和旅游景点

17.4.2　prototype 属性

prototype 属性可以为数组对象添加自定义的属性或方法，其语法格式如下：

```
Array.prototype.name=value
```

该语法中的参数说明如下。

（1）name：要添加的属性名或方法名。

（2）value：添加的属性的值或执行方法的函数。

例如，利用 prototype 属性自定义一个方法，用于显示数组中的最后一个元素。代码如下：

```
01  Array.prototype.outLast=function(){        // 自定义 outLast() 方法
02      document.write(this[this.length-1]);   // 输出数组中的最后一个元素
03  }
04  var arr=new Array(1,2,3,4,5,6,7,8);        // 定义数组
05  arr.outLast();                             // 调用自定义方法
```

运行结果为：

8

prototype 属性的用法与 String 对象的 prototype 属性的用法类似，下面以实例的形式对该属性的应用进行说明。

应用数组对象的 prototype 属性自定义一个方法，用于显示数组中的全部数据。程序代码如下：

```
01  <script type="text/javascript">
02  Array.prototype.outAll=function(ar){        // 自定义 outAll() 方法
03    for(var i=0;i<this.length;i++){           // 定义 for 循环语句
04      document.write(this[i]);                // 输出数组元素
05      document.write(ar);                     // 输出数组元素之间的分隔符
06    }
07  }
08  var arr=new Array(1,2,3,4,5,6,7,8);         // 定义数组
09  arr.outAll(" ");                            // 调用自定义的 outAll() 方法
10  </script>
```

执行上面的代码，结果如图 17.6 所示。

图 17.6　应用自定义方法输出数组中的所有数组元素

17.5　数组的方法

数组是 JavaScript 中的一个内置对象，使用数组对象的方法可以更加方便地操作数组中的数据。数组对象的方法如表 17.1 所示。

表 17.1　数组对象的方法

方　法	说　明
concat()	连接两个或更多的数组，并返回结果
push()	向数组的末尾添加一个或多个元素，并返回新的长度
unshift()	向数组的开头添加一个或多个元素，并返回新的长度
pop()	删除并返回数组的最后一个元素
shift()	删除并返回数组的第一个元素
splice()	删除元素，并向数组添加新元素
reverse()	颠倒数组中元素的顺序
sort()	对数组的元素进行排序
slice()	从某个已有的数组中返回选定的元素
toString()	把数组转换为字符串，并返回结果
toLocaleString()	把数组转换为本地字符串，并返回结果
join()	把数组的所有元素放入一个字符串中，元素通过指定的分隔符进行分隔

17.5.1　数组的添加和删除

数组的添加和删除可以使用 concat()、push()、unshift()、pop()、shift() 和 splice() 方法来实现。

1. concat() 方法

concat() 方法用于将其他数组连接到当前数组的末尾，其语法格式如下：

```
arrayObject.concat(arrayX,arrayX,...,arrayX)
```

该语法中的参数说明如下。

（1）arrayObject：必选项。数组名称。

（2）arrayX：必选项。该参数可以是具体的值，也可以是数组对象。

concat() 方法的返回值是一个新的数组，而原数组中的元素和数组长度不变。

例如，在数组的末尾添加数组元素。代码如下：

```
01 var arr=new Array(1,2,3,4,5,6,7,8);        // 定义数组
02 document.write(arr.concat(9,10));          // 输出添加元素后的新数组
```

运行结果为：

```
1,2,3,4,5,6,7,8,9,10
```

例如，在数组的末尾添加其他数组。代码如下：

```
01 var arr1=new Array('a','b','c');           // 定义数组 arr1
02 var arr2=new Array('d','e','f');           // 定义数组 arr2
03 document.write(arr1.concat(arr2));         // 输出连接后的数组
```

运行结果为：

```
a,b,c,d,e,f
```

2．push() 方法

push() 方法用于向数组的末尾添加一个或多个元素，并返回添加元素后的数组长度，其语法格式如下：

```
arrayObject.push(newelement1,newelement2,...,newelementX)
```

该语法中的参数说明如下。

（1）arrayObject：必选项。数组名称。

（2）newelement1：必选项。要添加到数组的第一个元素。

（3）newelement2：可选项。要添加到数组的第二个元素。

（4）newelementX：可选项。可添加的多个元素。

push() 方法的返回值为把指定的值添加到数组后的新长度。

例如，向数组的末尾添加两个数组元素，并输出原数组、添加元素后的数组长度和新数组。代码如下：

```
01  var arr=new Array("JavaScript","HTML","CSS");        // 定义数组
02  document.write(' 原数组：'+arr+'<br>');                // 输出原数组
03  // 向数组的末尾添加两个元素并输出数组长度
04  document.write(' 添加元素后的数组长度：'+arr.push("PHP","Java")+ '<br>');
05  document.write(' 新数组：'+arr);          // 输出添加元素后的新数组
```

执行上面的代码，结果如图 17.7 所示。

图 17.7　向数组的末尾添加元素

3．unshift() 方法

unshift() 方法用于向数组的开头添加一个或多个元素，其语法格式如下：

```
arrayObject.unshift(newelement1,newelement2,...,newelementX)
```

该语法中的参数说明如下。

（1）arrayObject：必选项。数组名称。

（2）newelement1：必选项。向数组添加的第一个元素。

（3）newelement2：可选项。向数组添加的第二个元素。

（4）newelementX：可选项。可添加的多个元素。

unshift() 方法的返回值为把指定的值添加到数组后的新长度。

例如，向数组的开头添加两个数组元素，并输出原数组、添加元素后的数组长度和新数组。代码如下：

```
01  var arr=new Array("JavaScript","HTML","CSS");          // 定义数组
02  document.write(' 原数组：'+arr+'<br>');               // 输出原数组
03  // 向数组的开头添加两个元素并输出数组长度
04  document.write(' 添加元素后的数组长度：'+arr.unshift("PHP","Java")+ '<br>');
05  document.write(' 新数组：'+arr);                       // 输出添加元素后的新数组
```

运行程序，会将原数组和新数组中的内容显示在网页中，如图 17.8 所示。

图 17.8　向数组的开头添加元素

4. pop() 方法

pop() 方法用于把数组中的最后一个元素从数组中删除，并返回删除元素的值，其语法格式如下：

```
arrayObject.pop()
```

其中，arrayObject 为必选项，是数组的名称。

pop() 方法的返回值为数组中删除的最后一个元素的值。

例如，删除数组中的最后一个元素，并输出原数组、删除的元素和删除元素后的数组。代码如下：

```
01  var arr=new Array(1,2,3,4,5,6,7,8);          // 定义数组
02  document.write(' 原数组：'+arr+'<br>');      // 输出原数组
03  var del=arr.pop();                           // 删除数组中的最后一个元素
04  document.write(' 删除的元素为：'+del+'<br>'); // 输出删除的元素
05  document.write(' 删除后的数组为：'+arr);      // 输出删除元素后的数组
```

执行上面的代码，结果如图 17.9 所示。

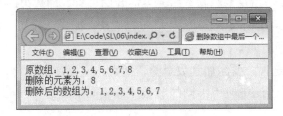

图 17.9　删除数组中的最后一个元素

5. shift() 方法

shift() 方法用于把数组中的第一个元素从数组中删除，其语法格式如下：

```
arrayObject.shift()
```

其中，arrayObject 为必选项，是数组的名称。

shift() 方法的返回值为数组中删除的第一个元素的值。

例如，删除数组的第一个元素，并输出原数组、删除的元素和删除元素后的数组。代码如下：

```
01  var arr=new Array(1,2,3,4,5,6,7,8);              // 定义数组
02  document.write('原数组：'+arr+'<br>');          // 输出原数组
03  var del=arr.shift();                             // 删除数组的第一个元素
04  document.write('删除的元素为：'+del+'<br>');     // 输出删除的元素
05  document.write('删除后的数组为：'+arr);          // 输出删除元素后的数组
```

执行上面的代码，结果如图 17.10 所示。

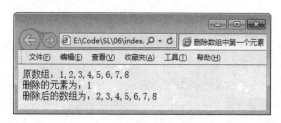

图 17.10　删除数组中的第一个元素

6. splice() 方法

pop() 方法用于删除数组的最后一个元素，shift() 方法用于删除数组的第一个元素，而要想更灵活地删除数组中的元素，可以使用 splice() 方法。通过 splice() 方法可以删除数组中指定位置的元素，还可以向数组中的指定位置添加新元素。

splice() 方法的语法格式如下：

```
arrayObject.splice(start,length,element1,element2,…)
```

该语法中的参数说明如下。

（1）arrayObject：必选项，数组的名称。

（2）start：必选项，指定要删除数组元素的开始位置，即数组的下标。

（3）length：可选项，指定删除数组元素的个数。如果未设置该参数，则删除从 start 开始到原数组末尾的所有元素。

（4）element：可选项，要添加到数组的新元素。

例如，在 splice() 方法中应用不同的参数，对相同的数组中的元素进行删除操作。代码如下：

```
01  var arr1 = new Array("a","b","c","d"); // 定义数组
02  arr1.splice(1);                         // 删除第二个元素和之后的所有元素
```

```
03  document.write(arr1+"<br>");             // 输出删除后的数组
04  var arr2 = new Array("a","b","c","d");   // 定义数组
05  arr2.splice(1,2);                        // 删除数组中的第二个和第三个元素
06  document.write(arr2+"<br>");             // 输出删除后的数组
07  var arr3 = new Array("a","b","c","d");   // 定义数组
08  arr3.splice(1,2,"e","f");                // 删除数组中的第二个和第三个元素并
```
添加新元素
```
09  document.write(arr3+"<br>");             // 输出删除后的数组
10  var arr4 = new Array("a","b","c","d");   // 定义数组
11  arr4.splice(1,0,"e","f");                // 在第二个元素前添加新元素
12  document.write(arr4+"<br>");             // 输出删除后的数组
```

执行上面的代码，结果如图 17.11 所示。

图 17.11　删除数组中指定位置的元素

17.5.2　设置数组的排列顺序

可以通过 reverse() 和 sort() 方法将数组中的元素按照指定的顺序进行排列。

1. reverse() 方法

reverse() 方法用于颠倒数组中元素的顺序，其语法格式如下：

```
arrayObject.reverse()
```

其中，arrayObject 为必选项，是数组的名称。

📋 **学习笔记**

> reverse() 方法会改变原来的数组，而不创建新数组。

例如，将数组中的元素顺序进行颠倒并显示。代码如下：

```
01  var arr=new Array("JavaScript","HTML","CSS"); // 定义数组
02  document.write(' 原数组：'+arr+'<br>');          // 输出原数组
03  arr.reverse();                                 // 对数组元素顺序进行颠倒
04  document.write(' 颠倒后的数组：'+arr);            // 输出颠倒后的数组
```

执行上面的代码，结果如图 17.12 所示。

图 17.12　将数组颠倒并输出

2. sort() 方法

sort() 方法用于对数组的元素进行排序，其语法格式如下：

```
arrayObject.sort(sortby)
```

该语法中的参数说明如下。

（1）arrayObject：必选项，数组的名称。

（2）sortby：可选项，规定排序的顺序，必须是函数。

📖 **学习笔记**

> 　　如果在调用 sort() 方法时没有使用参数，则将按字母顺序对数组中的元素进行排序，即按照字符的编码顺序进行排序。如果想按照其他标准进行排序，则需要提供比较函数。

例如，将数组中的元素按字符的编码顺序进行排序。代码如下：

```
01  var arr=new Array("PHP","HTML","JavaScript");      // 定义数组
02  document.write(' 原数组 :'+arr+'<br>');             // 输出原数组
03  arr.sort();                                         // 对数组进行排序
04  document.write(' 排序后的数组 :'+arr);              // 输出排序后的数组
```

运行程序，将原数组和排序后的数组输出，结果如图 17.13 所示。

图 17.13　输出排序前与排序后的数组

如果想要将数组元素按照其他方法进行排序，则需要指定 sort() 方法的参数。该参数通常是一个比较函数，该函数应该有两个参数（假设为 a 和 b）。在对元素进行排序时，每次比较两个元素都会执行比较函数，并将这两个元素作为参数传递给比较函数。比较函数的返回值有以下两种情况。

（1）如果返回值大于 0，则交换两个元素的位置。

（2）如果返回值小于或等于 0，则不进行任何操作。

例如，定义一个包含 4 个元素的数组，将数组中的元素按从小到大的顺序进行输出。代码如下：

```
01  var arr=new Array(9,6,10,5);              // 定义数组
02  document.write('原数组：'+arr+'<br>'); // 输出原数组
03  function ascOrder(x,y){                   // 定义比较函数
04    if(x>y){                                // 如果第一个参数值大于第二个参数值
05      return 1;                             // 返回 1
06    }else{
07      return -1;                            // 返回 -1
08    }
09  }
10  arr.sort(ascOrder);                       // 对数组进行排序
11  document.write('排序后的数组：'+arr);    // 输出排序后的数组
```

执行上面的代码，结果如图 17.14 所示。

图 17.14　输出排序前与排序后的数组元素

下面通过一个实例，将 2016 年电影票房排行榜前五名的影片名称和对应的影片票房分别定义在数组中，对影片票房进行降序排序，将排序后的排名、影片和票房输出在表格中。代码如下：

```
01  <table cellspacing="1" bgcolor="#CC00FF">
02    <tr height="30" bgcolor="#FFFFFF">
03      <td align="center" width="50">排名 </td>
04      <td align="center" width="210">影片 </td>
05      <td align="center" width="100">票房 </td>
06    </tr>
07  <script type="text/javascript">
08  // 定义影片数组 movieArr
09  var movieArr=new Array("魔兽 ","美人鱼 ","西游记之孙悟空三打白骨精 ","疯
狂动物城 ","美国队长 3");
10  var boxofficeArr=new Array(14.7,33.9,12,15.3,12.5);// 定义票房数组 boxofficeArr
11  var sortArr=new Array(14.7,33.9,12,15.3,12.5);// 定义票房数组 sortArr
12  function ascOrder(x,y){                   // 定义比较函数
13    if(x<y){                                // 如果第一个参数值小于第二个参数值
14      return 1;                             // 返回 1
15    }else{
16      return -1;                            // 返回 -1
17    }
```

```
18  }
19  sortArr.sort(ascOrder);                        // 对票房进行降序排序
20  for(var i=0; i<sortArr.length; i++){           // 定义外层 for 语句
21    for(var j=0; j<sortArr.length; j++){         // 定义内层 for 语句
22      if(sortArr[i]==boxofficeArr[j]){           // 分别获取排序后的票房在原
票房数组中的索引
23        document.write("<tr height=26 bgcolor='#FFFFFF'>");   // 输出
<tr> 标签
24        document.write("<td align='center'>"+(i+1)+"</td>");   // 输出
影片排名
25        // 输出票房对应的影片名称
26        document.write("<td class='left'>"+movieArr[j]+"</td>");
27        document.write("<td align='center'>"+sortArr[i]+" 亿元 </td>");
// 输出票房
28        document.write("</tr>");                 // 输出 </tr> 标签
29      }
30    }
31  }
32  </script>
33  </table>
```

本实例的运行结果如图 17.15 所示。

图 17.15　输出 2016 电影票房排行榜前五名

17.5.3　获取某段数组元素

获取数组中的某段数组元素主要通过 slice() 方法来实现。slice() 方法可以从已有的数组中返回选定的元素。

slice() 方法的语法格式如下：

```
arrayObject.slice(start,end)
```

该语法中的参数说明如下。

（1）start：必选项，规定从何处开始选取。如果该参数是负数，那么它规定的是从数组末尾开始算起。也就是说，-1 指最后一个元素，-2 指倒数第二个元素，依次类推。

（2）end：可选项。规定从何处结束选取。该参数是结束截取数组处的数组下标。如果没有指定该参数，那么切分的数组包含从 start 到数组结束的所有元素。如果这个参数是负数，那么将从数组末尾开始算起。

slice() 方法的返回值为截取后的数组元素，该方法返回的数据中不包括 end 索引对应的数据。

例如，获取指定数组中的某段数组元素。代码如下：

```
01  var arr=new Array("a","b","c","d","e","f");          // 定义数组
02  document.write(" 原数组："+arr+"<br>");                // 输出原数组
03  // 输出截取后的数组
04  document.write(" 获取数组中第 3 个元素后的所有元素："+arr.slice(2)+ "<br>");
05  document.write(" 获取数组中第 2 个到第 5 个元素："+arr.slice(1,5)+ "<br>");// 输出截取后的数组
06  document.write(" 获取数组中倒数第 2 个元素后的所有元素："+arr.slice(-2)); // 输出截取后的数组
```

运行程序，会输出原数组和截取后的数组中的元素，运行结果如图 17.16 所示。

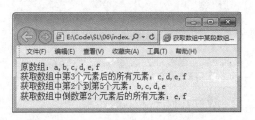

图 17.16　获取数组中某段数组元素

下面是一个实例：某歌手参加歌唱比赛，5 位评委给出的分数分别是 95、90、89、91、96，要获得最终的得分，需要去掉一个最高分和一个最低分，并计算剩余 3 个分数的平均分。试计算该选手的最终得分。代码如下：

```
01  <script type="text/javascript">
02  var scoreArr=new Array(95,90,89,91,96); // 定义分数数组
03  var scoreStr="";                        // 定义分数字符串变量
04  for(var i=0; i<scoreArr.length; i++){
05      scoreStr+=scoreArr[i]+" 分 ";        // 对所有分数进行连接
06  }
07  function ascOrder(x,y){                  // 定义比较函数
08      if(x<y){                             // 如果第一个参数值小于第二个参数值
09          return 1;                        // 返回 1
10      }else{
11          return -1;                       // 返回 -1
12      }
13  }
14  scoreArr.sort(ascOrder);                 // 对分数进行降序排序
15  var newArr=scoreArr.slice(1,scoreArr.length-1);// 去掉最高分和最低分
```

```
16  var totalScore=0;                                    // 定义总分变量
17  for(var i=0; i<newArr.length; i++){
18      totalScore+=newArr[i];                           // 计算总分
19  }
20  document.write("5 位评委打分："+scoreStr);              // 输出 5 位评委的打分
21  document.write("<br> 去掉一个最高分："+scoreArr[0]+" 分 "); // 输出去掉的最高分
22  // 输出去掉的最低分
23  document.write("<br> 去掉一个最低分："+scoreArr[scoreArr.length-1]+" 分 ");
24  document.write("<br> 选手最终得分："+totalScore/newArr.length+" 分 ");
// 输出选手最终得分
25  </script>
```

运行程序，结果如图 17.17 所示。

图 17.17　计算选手的最终得分

17.5.4　将数组转换成字符串

将数组转换成字符串主要通过 toString()、toLocaleString() 和 join() 方法来实现。

1. toString() 方法

toString() 方法可以把数组转换为字符串并返回结果，其语法格式如下：

```
arrayObject.toString()
```

其中，arrayObject 为必选项，是数组的名称。

toString() 方法的返回值为以字符串显示的数组对象，其返回值与没有参数的 join() 方法返回的字符串相同。

🗒 **学习笔记**

在将数组转换成字符串后，数组中的各元素以逗号分隔。

例如，将数组转换成字符串。代码如下：

```
01  var arr=new Array("a","b","c","d","e","f");  // 定义数组
02  document.write(arr.toString());              // 输出转换后的字符串
```

运行结果为：

```
a,b,c,d,e,f
```

2. toLocaleString() 方法

toLocaleString() 方法用于将数组转换成本地字符串，其语法格式如下：

```
arrayObject.toLocaleString()
```

其中，arrayObject 为必选项，是数组的名称。

toLocaleString() 方法的返回值为以本地格式的字符串显示的数组对象。

📋 **学习笔记**

> toLocaleString() 方法首先调用每个数组元素的 toLocaleString() 方法，然后使用地区特定的分隔符把生成的字符串连接起来，形成一个字符串。

例如，将数组转换成用 "," 分隔的字符串。代码如下：

```
01  var arr=new Array("a","b","c","d","e","f");  // 定义数组
02  document.write(arr.toLocaleString());         // 输出转换后的字符串
```

运行结果为：

```
a,b,c,d,e,f
```

3. join() 方法

join() 方法用于将数组中的所有元素放入一个字符串中，其语法格式如下：

```
arrayObject.join(separator)
```

该语法中的参数说明如下。

（1）arrayObject：必选项，数组的名称。

（2）separator：可选项，指定要使用的分隔符。如果省略该参数，则使用逗号作为分隔符。

join() 方法的返回值为一个字符串。该字符串把 arrayObject 的每个元素转换为字符串，然后把这些字符串用指定的分隔符连接起来。

例如，以指定的分隔符将数组中的元素转换成字符串。代码如下：

```
01  var arr=new Array("a","b","c","d","e","f");  // 定义数组
02  document.write(arr.join("#"));                 // 输出转换后的字符串
```

运行结果为：

```
a#b#c#d#e#f
```

第 18 章　AJAX 技术

AJAX 是 Asynchronous JavaScript and XML 的缩写，意思是异步的 JavaScript 和 XML。AJAX 并不是一门新的语言或技术，它是 JavaScript、XML、CSS、DOM 等多种已有技术的组合，可以实现客户端的异步请求操作，进而实现在不需要刷新网页的情况下与服务器进行通信，缩短了用户的等待时间，减轻了服务器和带宽的负担，提供了更好的服务响应。本章对 AJAX 的应用领域、技术特点及其使用的技术进行介绍。

18.1　AJAX 概述

AJAX 是增强的 JavaScript，是一种可以调用后台服务器获得数据的客户端 JavaScript 技术，它支持更新部分网页的内容而无须重载整个网页。

18.1.1　AJAX 应用案例

随着 Web 2.0 时代的到来，越来越多的网站开始应用 AJAX。实际上，我们已经在不知不觉中体验了 AJAX 为 Web 应用带来的变化。例如，Google 地图和百度地图。下面就来看看都有哪些网站在应用 AJAX，从而更好地了解 AJAX 的用途。

（1）百度搜索提示。

当在百度首页的搜索文本框中输入要搜索的关键字时，下方会自动给出相关提示。如果给出的提示有符合要求的内容，可以直接进行选择，这样可以方便用户。例如，输入"明日科"后，在下面将显示如图 18.1 所示的提示信息。

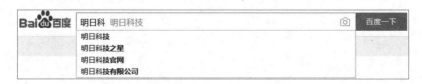

图 18.1　百度搜索提示网页

（2）在明日学院网站首页选择偏好课程。

进入明日学院网站的首页，在首页的搜索框中输入"html"，然后单击右侧的搜索按钮，在不刷新网页的情况下，就可以在下方搜索到包含"html"关键字的课程，效果如图 18.2 所示。

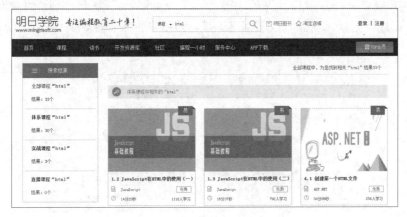

图 18.2　明日学院首页选择偏好课程

18.1.2　AJAX 的开发模式

在 Web 2.0 时代以前，多数网站采用的都是传统的开发模式，而随着 Web 2.0 时代的到来，越来越多的网站开始采用 AJAX 开发模式。为了让读者更好地了解 AJAX 开发模式，下面对 AJAX 开发模式与传统开发模式进行比较。

在传统的 Web 应用模式中，网页中用户的每一次操作都将触发一次返回 Web 服务器的 HTTP 请求，服务器进行相应的处理（获得数据、运行与不同的系统会话）后，给客户端返回一个 HTML 网页，如图 18.3 所示。

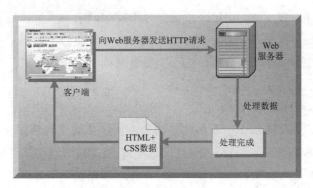

图 18.3　Web 应用的传统开发模式

而在 AJAX 应用模式中，网页中用户的操作将通过 AJAX 引擎与 Web 服务器进行通信，然后将返回结果提交给客户端网页的 AJAX 引擎，再由 AJAX 引擎将这些数据插入网页的指定位置，如图 18.4 所示。

从图 18.3 和图 18.4 中可以看出，对于用户的每次操作，在传统的 Web 应用模式中，将生成一次 HTTP 请求，而在 AJAX 应用开发模式中，将变成对 AJAX 引擎的一次 JavaScript 调用。在 AJAX 应用开发模式中，通过 JavaScript 实现在不刷新整个网页的情况下对部分数据进行更新，从而降低了网络流量，给用户带来了更好的体验。

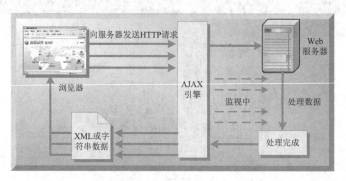

图 18.4　Web 应用的 AJAX 开发模式

18.1.3　AJAX 的优点

与传统的 Web 应用模式不同，AJAX 在用户与服务器之间引入了一个中间媒介（AJAX 引擎），从而消除了网络交互过程中的"处理—等待—处理—等待"的缺点，大大改善了网站的视觉效果。下面我们就来看看 AJAX 的优点有哪些。

（1）可以把一部分以前由服务器负担的工作转移到客户端，利用客户端闲置的资源进行处理，减轻服务器和带宽的负担，节约空间和成本。

（2）不需要刷新来更新网页，从而使用户不用再像以前一样在服务器处理数据时，只能焦急地等待。AJAX 使用 XMLHttpRequest 对象发送请求并得到服务器的响应，在无须重新载入整个网页的情况下就可以通过 DOM 及时地将更新的内容显示在网页上。

（3）可以调用 XML 等外部数据，进一步促进网页显示和数据的分离。

（4）基于标准化的并被广泛支持的技术，无须下载插件或小程序即可轻松实现桌面应用程序的效果。

（5）没有平台限制。AJAX 把服务器的角色由原本传输内容转变为传输数据，而数据格式既可以是纯文本格式，又可以是 XML 格式，这两种格式没有平台限制。

同其他事物一样，AJAX 也有一些缺点，具体表现在以下几方面。

（1）大量的 JavaScript 代码，不易维护。

（2）在可视化设计上比较困难。

（3）打破了"页"的概念。

（4）给搜索引擎带来困难。

18.2　AJAX 的技术组成

AJAX 是 XMLHttpRequest 对象和 XML、JavaScript、DOM、CSS 等多种技术的组合。其中，只有 XMLHttpRequest 对象是新技术，其他的均为已有技术。下面我们就对 AJAX 使用的技术进行简要的介绍。

18.2.1　XMLHttpRequest 对象

AJAX 使用的技术中，最核心的技术就是 XMLHttpRequest 对象，它是一个具有应用程序接口的 JavaScript 对象，能够使用 HTTP（超文本传输协议）连接一个服务器，是微软公司为了满足开发者的需要，于 1999 年在 IE 5.0 浏览器中率先推出的。现在许多浏览器都对其提供了支持，只是实现方式与 IE 的实现方式有所不同。在 18.3 节中会对 XMLHttpRequest 对象进行详细的介绍。

18.2.2　XML

XML 是 Extensible Markup Language（可扩展标记语言）的缩写，它提供了用于描述结构化数据的格式，适用于不同应用程序间的数据交换，而且这种交换不以预先定义的一组数据结构为前提，增强了可扩展性。XMLHttpRequest 对象与服务器交换的数据通常采用的是 XML 格式。下面对 XML 进行简要介绍。

1．XML 文档结构

XML 是一套定义语义标记的规则，也是用来定义其他标记语言的元标记语言。在使用 XML 时，首先要了解 XML 文档的基本结构，然后根据该结构创建需要的 XML 文档。下面通过一个简单的 XML 文档来说明 XML 文档的结构。placard.xml 文件的代码如下：

```
01 <?xml version="1.0" encoding="gb2312"?><!-- 说明是 XML 文档，并指定 XML 文
档的版本号和编码 -->
02 <placard version="2.0">                    <!-- 定义 XML 文档的根元素，并设置
version 属性 -->
03   <description> 公告栏 </description>      <!-- 定义 XML 文档元素 -->
04   <createTime> 创建于 2017 年 12 月 15 日 </createTime>
05   <info id="1">                            <!-- 定义 XML 文档元素 -->
06     <title> 重要通知 </title>
07     <content><![CDATA[ 今天下午 1:50 将进行乒乓球比赛，请各位选手做好准备。]]>
</content>
08     <pubDate>2017-12-15 16:12:36</pubDate>
09   </info>                                  <!-- 定义 XML 文档元素的结束标签 -->
```

```
10    <info id="2">
11     <title> 幸福 </title>
12    <content><![CDATA[ 一家人永远在一起就是幸福 ]]></content>
13    <pubDate>2017-12-16 10:19:56</pubDate>
14    </info>
15  </placard>                        <!-- 定义 XML 文档根元素的结束标签 -->
```

在上面的 XML 代码中，第 1 行是 XML 声明，用于说明这是一个 XML 文档，并指定其版本号和编码。除第 1 行以外的内容均为元素。在 XML 文档中，元素以树形分层结构排列，其中 <placard> 为根元素，其他元素都是该元素的子元素。

📋 **学习笔记**

在 XML 文档中，如果元素的文本中包含标签，则可以使用 CDATA 段将元素的文本括起来。使用 CDATA 段括起来的内容都会被 XML 解析器当作普通文本，任何符号都不会被认为是标签。CDATA 的语法格式如下：

<![CDATA[文本内容]]>

CDATA 段不能进行嵌套，即 CDATA 段中不能包含 CDATA 段。另外，在字符串 "]]>" 之间不能有空格或换行符。

2. XML 语法要求

了解了 XML 文档的基本结构，接下来还需要熟悉创建 XML 文档的语法要求。创建 XML 文档的语法要求如下。

（1）XML 文档必须有一个顶层元素，其他元素必须嵌入顶层元素中。

（2）元素嵌套要正确，不允许元素间相互重叠或跨越。

（3）每个元素必须同时拥有起始标签和结束标签。这点与 HTML 不同，XML 不允许忽略结束标签。

（4）起始标签中的元素类型名必须与相应结束标签中的类型名完全匹配。

（5）XML 元素类型名区分大小写，而且起始标签和结束标签必须准确匹配。例如，分别定义起始标签 <Title>、结束标签 </title>，由于起始标签的类型名与结束标签的类型名不匹配，所以元素是非法的。

（6）元素类型名中可以包含字母、数字和其他字母元素类型，也可以使用非英文字符，但不可以以数字或符号"-"开头，也不可以包含空格符和冒号"："。

（7）元素可以包含属性，但属性值必须用单引号或双引号引起来，且前后两个引号必须一致，不能一个是单引号，一个是双引号。在一个元素节点中，属性名不可以重复。

3. 为 XML 文档中的元素定义属性

在一个元素的起始标签中，可以自定义一个或多个属性。属性是依附元素而存在的。属性值要用单引号或双引号引起来。

例如，给元素 info 定义属性 id，用于说明公告信息的 ID 号。代码如下：

`<info id="1">`

给元素添加属性是为元素提供信息的一种方法。当使用 CSS 显示 XML 文档时，浏览器不可以访问属性及属性值。若使用数据绑定、HTML 页中的脚本或 XSL 样式表显示 XML 文档，则浏览器可以访问属性及属性值。

📋 学习笔记

相同的属性名不能在元素起始标签中出现多次。

4. XML 的注释

注释是为了便于阅读和理解而在 XML 文档添加的附加信息。注释是对文档结构或内容的解释，不属于 XML 文档的内容，因此，XML 解析器不会处理注释内容。XML 文档的注释以字符串 "<!--" 开始，以字符串 "-->" 结束。XML 解析器将忽略注释中的所有内容，这样可以在 XML 文档中添加注释，以说明文档的用途，或者把没有准备好的文档部分临时注释掉。

📋 学习笔记

在 XML 文档中，解析器将 "-->" 看作一个注释结束符号，因此字符串 "-->" 不能出现在注释的内容中，只能作为注释的结束符号。

18.2.3　JavaScript

JavaScript 是一种解释型的、基于对象的脚本语言，其核心已经嵌入目前主流的 Web 浏览器中。虽然平时应用最多的是通过 JavaScript 实现一些网页特效及表单数据验证等功能，但 JavaScript 可以实现的功能远不止这些。JavaScript 是一种具有丰富的面向对象特性的程序设计语言，利用它能执行许多复杂的任务。例如，AJAX 就是利用 JavaScript 将 DOM、XHTML（或 HTML）、XML、CSS 等技术综合起来，并控制它们的行为的。因此，要开发一个复杂高效的 AJAX 应用程序，就必须对 JavaScript 有深入地了解。

JavaScript 不是 Java 的精简版，它只能在某个解释器或 "宿主" 上运行，如 ASP、PHP、JSP、Internet 浏览器或 Windows 脚本宿主。

JavaScript 是一种宽松类型的语言，宽松类型意味着不必显式定义变量的数据类型。此外，在大多数情况下，JavaScript 将根据需要自动进行转换。例如，如果将一个数值添加到由文本组成的某项（一个字符串）中，那么该数值将被转换为文本。

18.2.4　DOM

DOM 是 Document Object Model（文档对象模型）的缩写，它为 XML 文档的解析定义了一组接口。XML 解析器首先读入整个文档，然后构建一个驻留内存的树结构，最后通过 DOM 遍历树获取来自不同位置的数据，可以添加、修改、删除、查询和重新排列树及其分支。另外，还可以根据不同类型的数据源创建 XML 文档。在 AJAX 应用中，通过 JavaScript 操作 DOM，可以达到在不刷新网页的情况下实时修改用户界面的目的。

18.2.5　CSS

CSS 是用于控制网页样式并允许将样式信息与网页内容分离的一种标记性语言。在 AJAX 中，通常使用 CSS 进行网页布局，并通过改变文档对象的 CSS 属性来控制网页的外观和行为。CSS 是 AJAX 开发人员需要的重要"武器"，提供了从内容中分离应用样式和设计的机制。虽然 CSS 在 AJAX 应用中扮演着至关重要的角色，但它也是创建跨浏览器应用的一大阻碍，因为不同的浏览器厂商支持的 CSS 级别也不同。

18.3　XMLHttpRequest 对象的使用

使用 XMLHttpRequest 对象，AJAX 可以像桌面应用程序一样只与服务器进行数据层面的交换，而不用每次都刷新网页，也不用每次都将数据处理的工作交给服务器来完成，这样既减轻了服务器的负担，又加快了响应速度、缩短了用户的等待时间。

18.3.1　XMLHttpRequest 对象的初始化

在使用 XMLHttpRequest 对象发送请求和处理响应之前，首先需要初始化该对象，由于 XMLHttpRequest 不是一个 W3C 标准，所以对于不同的浏览器，初始化的方法也是不同的。通常情况下，初始化 XMLHttpRequest 对象只需要考虑两种情况：一种情况是 IE 浏览器，另一种情况是非 IE 浏览器。下面对这两种情况分别进行介绍。

1. IE 浏览器

IE 浏览器把 XMLHttpRequest 对象实例化为一个 ActiveXObject 对象。具体语法如下：

```
var http_request = new ActiveXObject("Msxml2.XMLHTTP");
```

或

```
var http_request = new ActiveXObject("Microsoft.XMLHTTP");
```

在上面的语法中，Msxml2.XMLHTTP 和 Microsoft.XMLHTTP 是针对 IE 浏览器的不同版本进行设置的，目前比较常用的是这两种。

2. 非 IE 浏览器

非 IE 浏览器（如 Firefox、Opera、Mozilla、Safari）把 XMLHttpRequest 对象实例化为一个本地 JavaScript 对象。具体语法如下：

```
var http_request = new XMLHttpRequest();
```

为了提高程序的兼容性，可以创建一个跨浏览器的 XMLHttpRequest 对象。创建一个跨浏览器的 XMLHttpRequest 对象其实很简单，只需判断一下不同浏览器的实现方式即可，如果浏览器提供了 XMLHttpRequest 类，就直接创建一个该类的实例，否则实例化一个 ActiveXObject 对象。具体代码如下：

```
01 <script type="text/javascript">
02     if (window.XMLHttpRequest) {                    // 非 IE 浏览器
03         http_request = new XMLHttpRequest();
04     } else if (window.ActiveXObject) {              //IE 浏览器
05         try {
06             http_request = new ActiveXObject("Msxml2.XMLHTTP");
07         } catch (e) {
08             try {
09                 http_request = new ActiveXObject("Microsoft.XMLHTTP");
10             } catch (e) {}
11         }
12     }
13 </script>
```

在上面的代码中，调用 window.ActiveXObject 将返回一个对象或 null。在 if 语句中，会把返回值看作 true 或 false（如果返回的是一个对象，则为 true；如果返回的是 null，则为 false）。

📋 **学习笔记**

> 由于 JavaScript 具有动态类型特性，而且 XMLHttpRequest 对象在不同浏览器上的实例是兼容的，所以可以用同样的方式访问 XMLHttpRequest 实例的属性和方法，而无须考虑创建该实例的方法是什么。

18.3.2　XMLHttpRequest 对象的常用属性

XMLHttpRequest 对象提供了一些常用属性，通过这些属性可以获取服务器的响应状态和响应内容等，下面对 XMLHttpRequest 对象的常用属性进行介绍。

1. 指定状态改变时触发的事件处理器的属性

XMLHttpRequest 对象提供了用于指定状态改变时触发的事件处理器的属性 onreadystatechange。在 AJAX 中，每个状态在改变时都会触发这个事件处理器，通常会调用一个 JavaScript 函数。

例如，通过下面的代码可以实现当指定状态改变时触发 JavaScript 函数，这里为 getResult()：

```
http_request.onreadystatechange = getResult;// 当状态改变时执行 getResult() 函数
```

2. 获取请求状态的属性

XMLHttpRequest 对象提供了用于获取请求状态的属性 readyState，该属性共包含 5 个属性值，如表 18.1 所示。

表 18.1 readyState 属性的属性值

值	意 义
0	未初始化
1	正在加载
2	已加载
3	交互中
4	完成

在实际应用中，readyState 属性经常用于判断请求状态，当请求状态等于 4，即请求状态为完成时，再判断请求是否成功，如果成功，则开始处理返回结果。

3. 获取服务器的字符串响应的属性

XMLHttpRequest 对象提供了用于获取服务器的字符串响应的属性 responseText。例如，获取服务器返回的字符串响应，并赋给变量 h，可以使用下面的代码：

```
var h=http_request.responseText;                    // 获取服务器返回的字符串响应
```

在上面的代码中，http_request 为 XMLHttpRequest 对象。

4. 获取服务器的 XML 响应的属性

XMLHttpRequest 对象提供了用于获取服务器的 XML 响应的属性 responseXML，表示为 XML。XMLHttpRequest 对象可以解析为一个 DOM 对象。例如，获取服务器返回的 XML 响应，并赋给变量 xmldoc，可以使用下面的代码：

```
var xmldoc = http_request.responseXML;              // 获取服务器返回的 XML 响应
```

在上面的代码中，http_request 为 XMLHttpRequest 对象。

5. 返回服务器的 HTTP 状态码的属性

XMLHttpRequest 对象提供了用于返回服务器的 HTTP 状态码的属性 status。status 属性的语法格式如下：

```
http_request.status
```

其中，http_request 为 XMLHttpRequest 对象。

status 的返回值为长整型的数值，代表服务器的 HTTP 状态码。status 属性的状态码如表 18.2 所示。

表 18.2 status 属性的状态码

值	意　义	值	意　义
100	继续发送请求	200	请求已成功
202	请求被接受，但尚未成功	400	错误的请求
404	文件未找到	408	请求超时
500	内部服务器错误	501	服务器不支持当前请求所需要的某个功能

学习笔记

status 属性只有在 send() 方法返回成功时才有效。

status 属性常用于当请求状态为完成时，判断当前的服务器状态是否成功。例如，当请求完成时，判断请求是否成功。代码如下：

```
01  <script type="text/javascript">
02      if (http_request.readyState == 4) { // 当请求状态为完成时
03          if (http_request.status == 200) { // 请求成功，开始处理返回结果
04              alert("请求成功！");
05          } else{                              // 请求未成功
06              alert("请求未成功！");
07          }
08      }
09  </script>
```

18.3.3 XMLHttpRequest 对象的常用方法

XMLHttpRequest 对象提供了一些常用的方法，通过这些方法可以对请求进行操作。下面对 XMLHttpRequest 对象的常用方法进行介绍。

1. 创建新请求的方法

open() 方法用于设置进行异步请求目标的 URL、请求方法和其他参数信息，具体语法格式如下：

```
open("method","URL"[,asyncFlag[,"userName"[, "password"]]])
```

open() 方法的参数说明如表 18.3 所示。

表 18.3　open() 方法的参数说明

参　　数	说　　明
method	用于指定请求的类型，一般为 GET 或 POST
URL	用于指定请求地址，可以使用绝对地址或相对地址，并且可以传递查询字符串
asyncFlag	可选参数，用于指定请求方式，异步请求为 true，同步请求为 false，默认情况下为 true
userName	可选参数，用于指定请求用户名，没有时可省略
password	可选参数，用于指定请求密码，没有时可省略

例如，设置异步请求目标为 deal.html，请求的类型为 GET，请求方式为异步请求。代码如下：

```
http_request.open("GET","deal.html",true);  // 设置异步请求，请求的类型为 GET
```

2．向服务器发送请求的方法

send() 方法用于向服务器发送请求。如果请求声明为异步请求，则该方法将立即返回，否则将等到接收到响应。send() 方法的语法格式如下：

```
send(content)
```

参数 content 用于指定发送的数据，可以是 DOM 对象的实例、输入流或字符串。如果没有参数需要传递，则可以将 content 设置为 null。

例如，向服务器发送一个不包含任何参数的请求，可以使用下面的代码：

```
http_request.send(null);                    // 向服务器发送一个不包含任何参数的请求
```

3．设置请求的 HTTP 头的方法

setRequestHeader() 方法用于为请求的 HTTP 头设置值，其具体语法格式如下：

```
setRequestHeader("header", "value")
```

该语法中的参数说明如下。

（1）header：用于指定 HTTP 头。

（2）value：用于为指定的 HTTP 头设置值。

📋 学习笔记

setRequestHeader() 方法只有在调用 open() 方法后才能调用。

例如，在发送 POST 请求时，需要设置 Content-Type 请求头的值为 "application/x-www-form-urlencoded"，这时就可以通过 setRequestHeader() 方法进行设置，具体代码如下：

```
// 设置 Content-Type 请求头的值
http_request.setRequestHeader("Content-Type","application/x-www-form-
urlencoded");
```

4．停止或放弃当前异步请求的方法

abort() 方法用于停止或放弃当前异步请求，其语法格式如下：

```
abort()
```

例如，停止当前异步请求可以使用下面的语句：

```
http_request.abort();                    // 停止当前异步请求
```

5. 返回 HTTP 头信息的方法

XMLHttpRequest 对象提供了两种返回 HTTP 头信息的方法，分别是 getResponseHeader()
方法和 getAllResponseHeaders() 方法。下面分别进行介绍。

1）getResponseHeader() 方法

getResponseHeader() 方法用于以字符串的形式返回指定的 HTTP 头信息，其语法格式
如下：

```
getResponseHeader("headerLabel")
```

参数 headerLabel 用于指定 HTTP 头，包括 Server、Content-Type 和 Date 等。

📖 学习笔记

getResponseHeader() 方法只有在调用 send() 方法后才能调用。

例如，要获取 HTTP 头 Content-Type 的值，可以使用以下代码：

```
http_request.getResponseHeader("Content-Type");    // 获取 HTTP 头 Content-
Type 的值
```

如果请求的是 HTML 文件，则上面的代码将获取到以下内容：

```
text/html
```

2）getAllResponseHeaders() 方法

getAllResponseHeaders() 方法用于以字符串的形式返回完整的 HTTP 头信息，其语法
格式如下：

```
getAllResponseHeaders()
```

📖 学习笔记

getAllResponseHeaders() 方法只有在调用 send() 方法后才能调用。

例如，应用下面的代码调用 getAllResponseHeaders() 方法，将弹出如图 18.5 所示的对
话框，以显示完整的 HTTP 头信息。

```
alert(http_request.getAllResponseHeaders());    // 输出完整的 HTTP 头信息
```

图 18.5　获取的完整的 HTTP 头信息

下面是一个实例：通过 XMLHttpRequest 对象读取 HTML 文件，并输出读取结果。关键代码如下：

```
01  <script type="text/javascript">
02  var xmlHttp;                          // 定义 XMLHttpRequest 对象
03  function createXmlHttpRequestObject(){
04      // 如果在 IE 浏览器下运行
05      if(window.ActiveXObject){
06          try{
07              xmlHttp=new ActiveXObject("Microsoft.XMLHTTP");
08          }catch(e){
09              xmlHttp=false;
10          }
11      }else{
12      // 如果在 Mozilla 或其他浏览器下运行
13          try{
14              xmlHttp=new XMLHttpRequest();
15          }catch(e){
16              xmlHttp=false;
17          }
18      }
19      // 返回创建的对象或显示错误信息
20      if(!xmlHttp)
21          alert("返回创建的对象或显示错误信息");
22      else
23          return xmlHttp;
24  }
25  function ReqHtml(){
26      createXmlHttpRequestObject();  // 调用函数创建 XMLHttpRequest 对象
27      xmlHttp.onreadystatechange=StatHandler;   // 指定回调函数
28      xmlHttp.open("GET","text.html",true);      // 调用 text.html 文件
29      xmlHttp.send(null);
30  }
31  function StatHandler(){
32      if(xmlHttp.readyState==4 && xmlHttp.status==200){   // 如果请求已完成并请求成功
33          // 获取服务器返回的数据
34          document.getElementById("webpage").innerHTML=xmlHttp.responseText;
35      }
36  }
37  </script>
38  <body>
39  <!-- 创建超链接 -->
40  <a href="#" onclick="ReqHtml();">通过 XMLHttpRequest 对象请求 HTML 文件</a>
```

```
41  <!-- 通过 <div> 标签输出请求内容 -->
42  <div id="webpage"></div>
```

运行程序，单击"通过 XMLHttpRequest 对象请求 HTML 文件"超链接，将输出如图 18.6 所示的网页。

图 18.6　通过 XMLHttpRequest 对象读取 HTML 文件

📋 学习笔记

　　运行上述实例程序需要搭建 Web 服务器，推荐使用 Apache 服务器。安装服务器后，将该实例文件夹"01"存储在网站根目录（通常为安装目录下的 htdocs 文件夹）下，在地址栏中输入"http://localhost/01/index.html"，然后按 Enter 键运行。

　　通过 XMLHttpRequest 对象不仅可以读取 HTML 文件，还可以读取文本文件、XML 文件，其实现交互的方法与读取 HTML 文件的方法类似。

第 19 章　jQuery 基础

随着互联网的快速发展，涌现出一批优秀的 JavaScript 脚本库，如 ExtJs、prototype、Dojo 等，这些脚本库使开发人员从复杂烦琐的 JavaScript 中解脱出来，将开发的重点从实现细节转向功能需求上，提高了项目开发的效率。其中 jQuery 是继 prototype 之后又一个优秀的 JavaScript 脚本库。本章对 jQuery 的下载使用和 jQuery 选择器进行介绍。

19.1　jQuery 概述

jQuery 是一套简洁、快速、灵活的 JavaScript 脚本库，是由 John Resig 等人于 2006 年创建的，它帮助开发人员简化了 JavaScript 代码。JavaScript 脚本库类似于 java 的类库，将一些工具方法或对象方法封装在类库中，方便用户使用。因为简便易用，所以 jQuery 被大量的开发人员推崇并使用。

📋 **学习笔记**

> jQuery 是脚本库，而不是框架，库不等于框架。例如，System 程序集是类库，Spring MVC 是框架。

脚本库能够帮助我们完成编码逻辑并实现业务功能。使用 jQuery 极大地提高了编写 JavaScript 代码的效率，让代码更加简洁、健壮。网络上丰富的 jQuery 插件也使开发人员的工作更轻松，使项目的开发效率有了质的提升。jQuery 不仅适合网页设计师、开发者和编程爱好者，还适合商业开发，可以说，jQuery 适合任何应用 JavaScript 的地方。

jQuery 是一个简洁快速的 JavaScript 脚本库，它能让开发人员在网页上简单地操作文档、处理事件、运行动画效果或添加异步交互。jQuery 的设计改变了开发人员编写 JavaScript 代码的方式、提高了编程效率。jQuery 的主要特点如下。

（1）精致小巧的代码。

（2）强大的功能函数。

（3）跨浏览器。

（4）链式的语法风格。

（5）丰富的插件。

19.2　下载与配置 jQuery

要在网站中应用 jQuery 库，就需要下载并配置它，下面对如何下载与配置 jQuery 进行介绍。

1. 下载 jQuery

jQuery 是一个开源的脚本库，可以从官方网站（http://jquery.com）下载。下面介绍具体的下载步骤。

（1）在浏览器的地址栏中输入"http://jquery.com/download"，并按 Enter 键，将进入 jQuery 的下载网页，如图 19.1 所示。

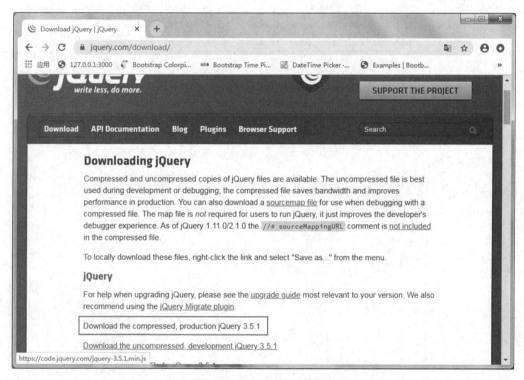

图 19.1　jQuery 的下载网页

（2）在下载网页中，可以下载最新版本的 jQuery 库，目前，jQuery 的最新版本是 jQuery 3.5.1。点击图 19.1 中的"Download the compressed, production jQuery 3.5.1"超链接，网页跳转至如图 19.2 所示的代码页。

（3）按"Ctrl+S"键或在该网页单击鼠标右键，然后在弹出的快捷菜单中选择"另存为"选项，将弹出"另存为"对话框，如图 19.3 所示，在该对话框中选择保存的路径，然后单击"保存"按钮。

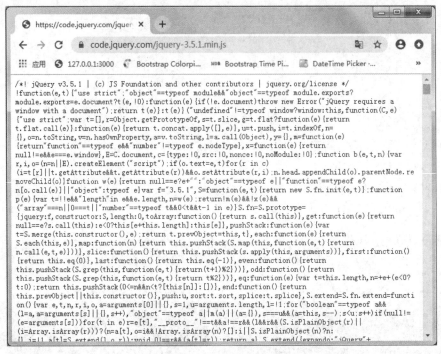

图 19.2　jQuery 3.5.1 代码页

图 19.3　"另存为"对话框

学习笔记

（1）在项目中通常使用压缩后的文件，即本节下载的 jquery-3.5.1.min.js。

（2）由于新版本 jQuery 和 IE 浏览器存在兼容性问题，本书中的 jQuery 程序是在 IE 11 浏览器下运行的。

2. 配置 jQuery

将 jQuery 库下载到本地计算机后，需要在项目中配置 jQuery 库。将下载的 jquery-3.5.1.min.js 文件放置在项目的指定文件夹中，通常放置在 JS 文件夹中，然后在需要应用 jQuery 的网页中使用下面的语句，将其引用到文件中：

```
<script type="text/javascript" src="JS/jquery-3.5.1.min.js"></script>
```

📋 **学习笔记**

引用 jQuery 的 <script> 标签，必须放在所有的自定义脚本文件的 <script> 之前，否则无法在自定义的脚本代码中应用 jQuery 脚本库。

19.3　jQuery 选择器

开发人员在实现网页的业务逻辑时，必须操作相应的对象或数组，此时需要利用选择器选择匹配的元素，以便进行下一步操作。因此，选择器是一切网页操作的基础，没有它开发人员将无所适从。在传统的 JavaScript 中，只能根据元素的 id 和 TagName 来获取相应的 DOM 元素。但是 jQuery 却提供了许多功能强大的选择器，以帮助开发人员获取网页上的 DOM 元素，获取的每个 DOM 元素都将以 jQuery 包装集的形式返回。本节介绍如何应用 jQuery 的选择器选择匹配的元素。

19.3.1　jQuery 的工厂函数

在介绍 jQuery 的选择器之前，先来介绍一下 jQuery 的工厂函数"$"。在 jQuery 中，无论使用哪种类型的选择器，都需要从一个"$"符号和一对"()"开始。在"()"中通常使用字符串参数，参数中可以包含任何 CSS 选择符表达式。以下是几种比较常见的用法。

（1）在参数中使用标签名。

$("div")：用于获取文档中全部的 <div>。

（2）在参数中使用 id 属性值。

$("#username")：用于获取文档中 id 属性值为 username 的一个元素。

（3）在参数中使用 CSS 类名。

$(".btn_grey")：用于获取文档中使用 CSS 类名为 btn_grey 的所有元素。

19.3.2 基本选择器

基本选择器在实际应用中比较广泛，建议重点掌握。基本选择器是其他类型选择器的基础，是 jQuery 选择器中最重要的部分。jQuery 基本选择器包括 ID 选择器、元素选择器、类名选择器、复合选择器和通配符选择器。下面对它们进行详细介绍。

1. ID 选择器

ID 选择器（#id）利用 DOM 元素的 id 属性值来筛选匹配的元素，并以 jQuery 包装集的形式返回对象。这就像一个学校中每名学生都有自己的学号一样，学生的姓名是可以重复的，但是学号是不可以重复的，因此，根据学生的学号就可以获取指定学生的信息。

ID 选择器的使用方法如下：

```
$("#id");
```

其中，id 为要查询元素的 id 属性值。例如，要查询 id 属性值为 user 的元素，可以使用下面的 jQuery 代码：

```
$("#user");
```

📋 **学习笔记**

> 如果网页中出现了两个相同的 id 属性值，那么在程序运行时，网页会报出"JS 运行错误"的对话框，因此在网页中设置 id 属性值时要确保该属性值在网页中是唯一的。

下面是一个实例：在网页中添加一个 id 属性值为 testInput 的文本框和一个按钮，通过单击按钮来获取文本框中的值，关键步骤如下。

（1）创建 index.html 文件，在该文件的 <head> 标签中应用下面的语句引入 jQuery 库：

```
<script type="text/javascript" src="JS/jquery-3.5.1.min.js"></script>
```

（2）在网页的 <body> 标签中添加一个 id 属性值为 testInput 的文本框和一个按钮，代码如下：

```
01 <input type="text" id="testInput" name="test" value=""/>
02 <input type="button" value=" 输入的值为 "/>
```

（3）在引入 jQuery 库的代码下方编写 jQuery 代码，实现单击按钮来获取文本框中的值，具体代码如下：

```
03 <script type="text/javascript">
04   $(document).ready(function(){
05     $("input[type='button']").click(function(){// 为按钮绑定单击事件
06       var inputValue = $("#testInput").val();// 获取文本框的值
07       alert(inputValue);                      // 输出文本框的值
08     });
09   });
10 </script>
```

在上面的代码中，第 5 行使用了 jQuery 中的属性选择器来匹配文档中的按钮，并为按钮绑定了单击事件。

📋 **学习笔记**

> ID 选择器是以 "#id" 的形式来获取对象的，在上述代码中，用 \$("#testInput") 获取了一个 id 属性值为 testInput 的 jQuery 包装集，然后调用包装集的 val() 方法获取在文本框中输入的值。

运行本实例程序，在文本框中输入"一场说走就走的旅行"，如图 19.4 所示，然后单击"输入的值为"按钮，将弹出显示输入的文字的对话框，如图 19.5 所示。

图 19.4　在文本框中输入文字

图 19.5　弹出的对话框

jQuery 中的 ID 选择器相当于传统的 JavaScript 中的 document.getElementById() 方法，jQuery 用更简洁的代码实现了相同的功能。虽然两者都获取了指定的元素对象，但是两者调用的方法是不同的。利用 JavaScript 获取的对象只能调用 DOM 方法，而 jQuery 获取的对象既可以使用 jQuery 封装的方法，又可以使用 DOM 方法。但是 jQuery 在调用 DOM 方法时需要进行特殊的处理，即需要将 jQuery 对象转换为 DOM 对象。

2. 元素选择器

元素选择器根据元素名称匹配相应的元素。通俗地讲，元素选择器指向的是 DOM 元素的标签名，即元素选择器根据元素的标签名进行选择。可以把元素的标签名理解为学生的姓名，在一所学校中可能有多位姓名为刘伟的学生，但是姓名为吴语的学生也许只有一位，因此，通过元素选择器匹配的元素可能有多个，也可能只有一个。在多数情况下，元素选择器匹配的是一组元素。

元素选择器的使用方法如下：

```
$("element");
```

其中，element 为要查询元素的标签名。例如，要查询全部的 div 元素，可以使用下面的 jQuery 代码：

```
$("div");
```

下面是一个实例：在网页中添加两个 \<div\> 标签和一个按钮，通过单击按钮来获取这两个 \<div\>，并修改它们的内容。关键步骤如下。

（1）创建 index.html 文件，在该文件的 \<head\> 标签中应用下面的语句引入 jQuery 库：

```
<script type="text/javascript" src="JS/jquery-3.5.1.min.js"></script>
```

（2）在网页的 `<body>` 标签中添加两个 `<div>` 标签和一个按钮，代码如下：

```
01  <div><img src="images/strawberry.jpg"/>这里种了一株草莓</div>
02  <div><img src="images/fish.jpg"/>这里养了一条鱼</div>
03  <input type="button" value=" 若干年后 " />
```

（3）在引入 jQuery 库的代码下方编写 jQuery 代码，实现单击按钮来获取全部的 div 元素，并修改它们的内容。具体代码如下：

```
04  <script type="text/javascript">
05    $(document).ready(function(){
06      $("input[type='button']").click(function(){// 为按钮绑定单击事件
07          // 获取第一个 div 元素
08          $("div").eq(0).html("<img src='images/strawberry1.jpg'/> 这
里长出了一片草莓");
09          // 获取第二个 div 元素
10          $("div").get(1).innerHTML="<img src='images/fish1.jpg'/>这里
的鱼没有了";
11      });
12    });
13  </script>
```

在上面的代码中，使用元素选择器获取了一组 div 元素的 jQuery 包装集，它是一组 Object 对象，存储方式为"[Object Object]"，但是这种方式并不能显示单独元素的文本信息，需要通过索引器来确定要选取哪个 div 元素，这里分别使用了两个不同的索引器：eq() 和 get()。这里的索引器类似于房间的门牌号，不同的是，门牌号是从 1 开始计数的，而索引器则是从 0 开始计数的。

📋 **学习笔记**

本实例使用了两种方法来设置元素的文本内容：第一种方法是通过 jQuery 中的 html() 方法；第二种方法是对 DOM 对象中的元素设置 innerHTML 属性。本实例还使用了 $(document).ready() 方法，当网页元素载入完成时，会自动执行程序，并自动为按钮绑定单击事件。

eq() 方法返回的是一个 jQuery 包装集，因此它只能调用 jQuery 的方法；get() 方法返回的是一个 DOM 对象，因此它只能调用 DOM 对象的方法。eq() 方法与 get() 方法默认都是从 0 开始计数的。

运行本实例程序，首先显示如图 19.6 所示的网页，然后单击"若干年后"按钮，将显示如图 19.7 所示的网页。

图 19.6 单击按钮前   图 19.7 单击按钮后

3. 类名选择器

类名选择器通过元素拥有的 CSS 类的名称查找匹配的 DOM 元素。在一个网页中，一个元素可以有多个 CSS 类，一个 CSS 类又可以匹配多个元素，如果在元素中有一个匹配的类的名称，就可以被类名选择器选取。

可以这样理解类名选择器：在大学时大部分人都选过课，可以把 CSS 类名理解为课程名称，把元素理解为学生，学生可以选择多门课程，而一门课程又可以被多名学生选择。CSS 类与元素的关系既可以是多对多的关系，又可以是一对多或多对一的关系。

类名选择器的使用方法如下：

```
$(".class");
```

其中，class 为要查询元素所用的 CSS 类名。例如，要查询使用 CSS 类名为 word_orange 的元素，可以使用下面的 jQuery 代码：

```
$(".word_orange");
```

下面是一个实例：在网页中，首先添加两个 <div> 标签，并为其中一个设置 CSS 类，然后通过 jQuery 的类名选择器选取设置了 CSS 类的 <div> 标签，并设置其 CSS 样式。关键步骤如下。

（1）创建 index.html 文件，在该文件的 <head> 标签中应用下面的语句引入 jQuery 库：

```
<script type="text/javascript" src="JS/jquery-3.5.1.min.js"></script>
```

（2）在网页的 <body> 标签中添加两个 <div> 标签，一个使用 CSS 类 myClass，另一个不设置 CSS 类，代码如下：

```
01 <div class="myClass">注意观察我的样式</div>
02 <div>我的样式是默认的</div>
```

📋 **学习笔记**

> 上述程序添加了两个 <div> 标签，是为了对比效果，默认的背景颜色都是蓝色的，文字颜色都是黑色的。

（3）在引入 jQuery 库的代码下方编写 jQuery 代码，实现按 CSS 类名选取 DOM 元素，并更改其样式（这里更改了背景颜色和文字颜色）。具体代码如下：

```
03 <script type="text/javascript">
```

```
04    $(document).ready(function() {
05      var myClass = $(".myClass");      // 选取 DOM 元素
06      myClass.css("background-color","#C50210");  // 为选取的 DOM 元素设
置背景颜色
07      myClass.css("color","#FFF");      // 为选取的 DOM 元素设置文字颜色
08    });
09  </script>
```

在上面的代码中，只为其中的一个 <div> 标签设置了 CSS 类名称，但是由于程序中
并没有名称为 myClass 的 CSS 类，所以这个类是没有任何属性的。类名选择器将返回一
个名为 myClass 的 jQuery 包装集，利用 css() 方法可以为对应的 div 元素设定 CSS 属性值，
这里将元素的背景颜色设置为深红色，将文字颜色设置为白色。

📋 **学习笔记**

> 类名选择器也可能获取一组 jQuery 包装集，这是由于多个元素可以拥有同一个
> CSS 样式。

运行本实例程序，将显示如图 19.8 所示的网页。其中，左侧为更改样式后的效果，
右侧为默认的样式。由于使用了 $(document).ready() 方法，所以选择元素并更改样式在
DOM 元素加载就绪时就已经自动执行完毕了。

图 19.8 通过类名选择器选择元素并更改样式

4. 复合选择器

复合选择器将多个选择器（可以是 ID 选择器、元素选择器或类名选择器）组合在一起，
两个选择器之间以逗号 "," 分隔，只要符合其中的任何一个匹配条件就会被匹配，返回
的是一个集合形式的 jQuery 包装集，利用 jQuery 索引器可以取得集合中的 jQuery 对象。

📋 **学习笔记**

> 复合选择器并不是匹配同时满足这几个选择器的匹配条件的元素，而是将每个选
> 择器匹配的元素合并后一起返回。

复合选择器的使用方法如下：

```
$("selector1,selector2,...,selectorN");
```

该语法中的参数说明如下。

（1）selector1：一个有效的选择器，可以是 ID 选择器、元素选择器或类名选择器等。

（2）selector2：另一个有效的选择器，可以是 ID 选择器、元素选择器或类名选择器等。

（3）selectorN：（可选择）为第 N 个有效的选择器，可以是 ID 选择器、元素选择器或类名选择器等。

例如，要查询文档中的全部 <span> 标签和使用 CSS 类 myClass 的 <div> 标签，可以使用下面的 jQuery 代码：

```
$("span,div.myClass");
```

下面通过一个实例，在网页中添加 3 种不同元素并统一设置样式。使用复合选择器筛选 div 元素和 id 属性值为 span 的元素，并为它们添加新的样式。关键步骤如下。

（1）创建 index.html 文件，在该文件的 <head> 标签中应用下面的语句引入 jQuery 库：

```
<script type="text/javascript" src="JS/jquery-3.5.1.min.js"></script>
```

（2）在网页的 <body> 标签中添加一个 <p> 标签、一个 <div> 标签、一个 id 属性值为 span 的 <span> 标签和一个按钮，并为除按钮以外的 3 个标签指定 CSS 类名，代码如下：

```
01 <p class="default">p 元素 </p>
02 <div class="default">div 元素 </div>
03 <span class="default" id="span">id 属性值为 span 的元素 </span>
04 <input type="button" value=" 为 div 元素和 id 属性值为 span 的元素换肤 " />
```

（3）在引入 jQuery 库的代码下方编写 jQuery 代码，实现单击按钮来获取全部 div 元素和 id 属性值为 span 的元素，并为它们添加新的样式。具体代码如下：

```
05 <script type="text/javascript">
06 $(document).ready(function() {
07   $("input[type=button]").click(function(){    // 绑定按钮的单击事件
08     $("div,#span").addClass("change");         // 添加所使用的 CSS 类
09   });
10 });
11 </script>
```

运行本实例程序，将显示如图 19.9 所示的网页，单击"为 div 元素和 id 属性值为 span 的元素换肤"按钮，将为"div 元素"和"id 属性值为 span 的元素"两个按钮换肤，如图 19.10 所示。

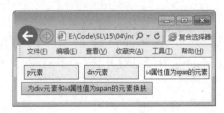

图 19.9　单击按钮前

图 19.10　单击按钮后

5. 通配符选择器

通配符就是指符号"*"，代表网页上的每个元素，即如果使用 $("*")，那么将获取网页上所有的 DOM 元素集合的 jQuery 包装集。通配符选择器比较好理解，这里不再给予实例程序。

19.3.3 层级选择器

层级选择器以网页 DOM 元素之间的父子关系为匹配的筛选条件。下面先来看什么是网页上元素的关系。例如，下面的代码是最常用，也是最简单的 DOM 元素结构：

```
01 <html>
02    <head></head>
03    <body></body>
04 </html>
```

在这段代码所示的网页结构中，html 元素是网页上其他所有元素的祖先元素，那么 head 元素就是 html 元素的子元素，即 html 元素是 head 元素的父元素，而网页上的 head 元素与 body 元素则是同辈元素，如图 19.11 所示。也就是说，html 元素是 head 元素和 body 元素的"父亲"，head 元素和 body 元素是 html 元素的"儿子"，head 元素与 body 元素是"兄弟"。

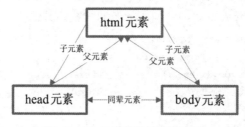

图 19.11　元素层级关系示意图

在了解了网页上元素的关系后，再来介绍 jQuery 提供的层级选择器。jQuery 提供了 ancestor descendant 选择器、parent>child 选择器、prev+next 选择器和 prev~siblings 选择器，下面进行详细介绍。

1. ancestor descendant 选择器

ancestor descendant 选择器中的 ancestor 代表祖先，descendant 代表子孙，用于在给定的祖先元素下匹配所有的后代元素。ancestor descendant 选择器的使用方法如下：

```
$("ancestor descendant");
```

该语法中的参数说明如下。

（1）ancestor：任何有效的选择器。

（2）descendant：用以匹配元素的选择器，且是 ancestor 指定元素的后代元素。

例如，要匹配 ul 元素下的全部 li 元素，可以使用下面的 jQuery 代码：

```
$("ul li");
```

下面是一个实例：通过 jQuery 为版权列表设置样式。关键步骤如下。

（1）创建 index.html 文件，在该文件的 <head> 标签中应用下面的语句引入 jQuery 库：

```
<script type="text/javascript" src="JS/jquery-3.5.1.min.js"></script>
```

（2）在网页的 <body> 标签中，首先添加一个 <div> 标签，并在该 <div> 标签内添加一个 <ul> 标签及其子标签 <li>，然后在 <div> 标签的后面再添加一个 <ul> 标签及其子标签 <li>，代码如下：

```
01 <div id="bottom">
02 <ul>
03    <li>技术服务热线：400-675-1066  传真：0431-84978981  企业邮箱：mingrisoft@
mingrisoft.com
04    </li>
05    <li>Copyright &copy; www.mrbccd.com All Rights Reserved! </li>
06 </ul>
07 </div>
08 <ul>
09    <li>技术服务热线：400-675-1066  传真：0431-84978981 企业邮箱：mingrisoft@
mingrisoft.com
10    </li>
11    <li>Copyright &copy; www.mrbccd.com All Rights Reserved! </li>
12 </ul>
```

（3）编写 CSS 样式，通过 ID 选择器设置 <div> 标签的样式，并编写一个类选择器 copyright，用于设置 <div> 标签内的版权列表的样式，具体代码如下：

```
01 <style type="text/css">
02    body{
03       margin:0px;                        /* 设置外边距 */
04    }
05    #bottom{
06       background-image:url(images/bg_bottom.jpg);  /* 设置背景 */
07       width:800px;                       /* 设置宽度 */
08       height:58px;                       /* 设置高度 */
09       clear: both;                       /* 设置左右两侧无浮动内容 */
10       text-align:center;                 /* 设置文字居中对齐 */
11       padding-top:10px;                  /* 设置顶边距 */
12       font-size:12px;                    /* 设置字体大小 */
13    }
14    .copyright{
15       color:#FFFFFF;                     /* 设置文字颜色 */
16       list-style:none;                   /* 不显示项目符号 */
17       line-height:20px;                  /* 设置行高 */
```

```
18      }
19  </style>
```

（4）在引入 jQuery 库的代码下方编写 jQuery 代码，匹配 div 元素的子元素 ul，并为其添加 CSS 样式，具体代码如下：

```
13  <script type="text/javascript">
14  $(document).ready(function(){
15    $("div ul").addClass("copyright");  // 为 div 元素的子元素 ul 添加样式
16  });
17  </script>
```

运行程序，将显示如图 19.12 所示的效果，其中，上面的版权信息是通过 jQuery 添加样式的效果，下面的版权信息是默认的效果。

图 19.12　通过 jQuery 为版权列表设置样式

2．parent>child 选择器

parent>child 选择器中的 parent 代表父元素、child 代表子元素。使用 parent>child 选择器只能选择父元素的直接子元素。parent>child 选择器的使用方法如下：

```
$("parent>child");
```

该语法中的参数说明如下。

（1）parent：任何有效的选择器。

（2）child：用以匹配元素的选择器，且是 parent 元素的直接子元素。

例如，要匹配表单中的直接子元素 input，可以使用下面的 jQuery 代码：

```
$("form > input");
```

下面是一个实例：应用 parent>child 选择器匹配表单中的直接子元素 input，实现为匹配元素换肤的功能。关键步骤如下。

（1）创建 index.html 文件，在该文件的 <head> 标签中应用下面的语句引入 jQuery 库：

```
<script type="text/javascript" src="JS/jquery-3.5.1.min.js"></script>
```

（2）在网页的 <body> 标签中添加一个表单，并在该表单中添加 6 个 input 元素，并且将"换肤"按钮用 <span> 标签括起来，关键代码如下：

```
01  <form id="form1" name="form1" method="post" action="">
02    姓    名：<input type="text" name="name" id="name" /><br />
03    籍    贯：<input name="native" type="text" id="native" /><br />
```

```
04    生    日: <input type="text" name="birthday" id="birthday" /><br />
05    E-mail: <input type="text" name="email" id="email" /><br />
06    <span>
07    <input type="button" name="change" id="change" value=" 换肤 "/>
08    </span>
09    <input type="button" name="default" id="default" value=" 恢复默认 "/>
10  </form>
```

（3）编写 CSS 样式，用于指定 input 元素的默认样式，并添加一个用于改变 input 元素样式的 CSS 类，具体代码如下：

```
01  <style type="text/css">
02    input{
03      margin:5px;                          /* 设置 input 元素的外边距为 5px*/
04    }
05    .input {
06      font-size:12pt;                      /* 设置文字大小 */
07      color:#333333;                       /* 设置文字颜色 */
08      background-color:#cef;               /* 设置背景颜色 */
09      border:1px solid #000000;            /* 设置边框 */
10    }
11  </style>
```

（4）在引入 jQuery 库的代码下方编写 jQuery 代码，实现匹配表单元素的直接子元素，并为其添加和移除 CSS 样式。具体代码如下：

```
11  <script type="text/javascript">
12  $(document).ready(function(){
13    $("#change").click(function(){       // 绑定 "换肤" 按钮的单击事件
14      $("form>input").addClass("input");// 为表单元素的直接子元素 input
添加样式
15    });
16    $("#default").click(function(){      // 绑定 "恢复默认" 按钮的单击事件
17      $("form>input").removeClass("input");// 移除为表单元素的直接子元素
input 添加的样式
18    });
19  });
20  </script>
```

📋 **学习笔记**

> 在上面的代码中，addClass() 方法用于为元素添加 CSS 类，removeClass() 方法用于移除为元素添加的 CSS 类。

运行程序，将显示如图 19.13 所示的效果，然后单击 "换肤" 按钮，将显示如图 19.14 所示的效果；单击 "恢复默认" 按钮，将再次显示如图 19.13 所示的效果。

图 19.13　默认的效果　　　　　　图 19.14　单击"换肤"按钮之后的效果

在图 19.14 中，虽然"换肤"按钮也是 form 元素的子元素 input，但由于 input 元素不是 form 元素的直接子元素，所以在执行换肤操作时，该按钮的样式并没有改变。

3. prev+next 选择器

prev+next 选择器用于匹配所有紧接在 prev 元素后的 next 元素。其中，prev 和 next 是两个相同级别的元素。prev+next 选择器的使用方法如下：

```
$("prev+next");
```

该语法中的参数说明如下。

（1）prev：任何有效的选择器。

（2）next：一个有效选择器，并紧接着 prev 选择器。

例如，要匹配 <div> 标签后的 <img> 标签，可以使用下面的 jQuery 代码：

```
$("div+img");
```

下面通过一个实例，筛选紧跟在 <lable> 标签后的 <p> 标签，并将匹配元素的背景颜色改为淡蓝色。关键步骤如下。

（1）创建 index.html 文件，在该文件的 <head> 标签中应用下面的语句引入 jQuery 库：

```
<script type="text/javascript" src="JS/jquery-3.5.1.min.js"></script>
```

（2）在网页的 <body> 标签中，首先添加一个 <div> 标签，并在该 <div> 标签中添加两对 <label> 标签和 <p> 标签，其中第二对 <label> 标签和 <p> 标签用 <fieldset> 括起来，然后在 <div> 标签的下方再添加一个 <p> 标签，关键代码如下：

```
01  <div>
02      <label>第一个 label</label>
03      <p>第一个 p</p>
04      <fieldset>
05          <label>第二个 label</label>
06          <p>第二个 p</p>
07      </fieldset>
08  </div>
09  <p>div 外面的 p</p>
```

（3）编写 CSS 样式，用于设置 body 元素的字体大小，并添加一个用于设置背景的 CSS 类，具体代码如下：

```
01  <style type="text/css">
02      body{
03          font-size:12px;              /* 设置字体大小 */
04      }
05      .background{
06          background:#cef;              /* 设置背景颜色 */
07      }
08  </style>
```

（4）在引入 jQuery 库的代码下方编写 jQuery 代码，实现匹配 label 元素的同级元素 p，并为其添加 CSS 类，具体代码如下：

```
10  <script type="text/javascript">
11      $(document).ready(function(){
12          $("label+p").addClass("background");  // 为匹配的元素添加 CSS 类
13      });
14  </script>
```

运行程序，将显示如图 19.15 所示的效果。从图 19.15 中可以看出，"第一个 p" 和 "第二个 p" 的段落被添加了背景，而 "div 外面的 p" 由于不是 label 元素的同级元素，所以没有被添加背景。

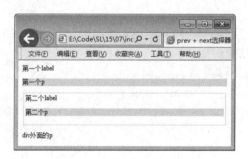

图 19.15　为 label 元素的同级元素 p 设置背景

4. prev~siblings 选择器

prev~siblings 选择器用于匹配 prev 元素之后的所有 siblings 元素。其中，prev 和 siblings 是两个同辈元素。prev~siblings 选择器的使用方法如下：

```
$("prev~siblings");
```

该语法中的参数说明如下。

（1）prev：任何有效的选择器。

（2）siblings：一个有效选择器，匹配的元素和 prev 选择器匹配的元素是同辈元素。

例如，要匹配 div 元素的同辈元素 ul，可以使用下面的 jQuery 代码：

```
$("div~ul");
```

下面通过一个实例，应用选择器筛选网页中 div 元素的同辈元素，并为其添加 CSS 样式。关键步骤如下。

（1）创建 index.html 文件，在该文件的 <head> 标签中应用下面的语句引入 jQuery 库：

```
<script type="text/javascript" src="JS/jquery-3.5.1.min.js"></script>
```

（2）在网页的 <body> 标签中，首先添加一个 <div> 标签，并在该 <div> 标签中添加两个 <p> 标签，然后在 <div> 标签的下方再添加一个 <p> 标签，关键代码如下：

```
01 <div>
02    <p>第一个 p</p>
03    <p>第二个 p</p>
04 </div>
05 <p>div 外面的 p</p>
```

（3）编写 CSS 样式，用于设置 body 元素的字体大小，并添加一个用于设置背景的 CSS 类，具体代码如下：

```
01 <style type="text/css">
02   body{
03     font-size:12px;              /* 设置字体大小 */
04   }
05   .background{
06     background:#cef;             /* 设置背景颜色 */
07   }
08 </style>
```

（4）在引入 jQuery 库的代码下方编写 jQuery 代码，实现匹配 div 元素的同辈元素 p，并为其添加 CSS 类，具体代码如下：

```
06 <script type="text/javascript">
07   $(document).ready(function(){
08     $("div~p").addClass("background");    // 为匹配的元素添加 CSS 类
09   });
10 </script>
```

运行程序，将显示如图 19.16 所示的效果。从图 19.16 中可以看出，"div 外面的 p"的段落被添加了背景，而"第一个 p"和"第二个 p"的段落由于不是 div 元素的同辈元素，所以没有被添加背景。

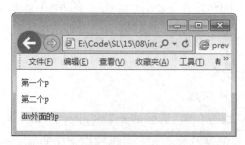

图 19.16　为 div 元素的同辈元素设置背景

19.3.4 过滤选择器

过滤选择器包括简单过滤器、内容过滤器、可见性过滤器、表单对象属性的过滤器和子元素选择器。下面分别进行详细介绍。

1. 简单过滤器

简单过滤器是指以冒号开头，通常用于实现简单过滤效果的过滤器，如匹配找到的第一个元素等。jQuery 提供的简单过滤器如表 19.1 所示。

表 19.1 jQuery 提供的简单过滤器

过 滤 器	说 明	示 例
:first	匹配找到的第一个元素，与选择器结合使用	// 匹配表格的第一行 $("tr:first")
:last	匹配找到的最后一个元素，与选择器结合使用	// 匹配表格的最后一行 $("tr:last")
:even	匹配所有索引值为偶数的元素，索引值从 0 开始计数	// 匹配索引值为偶数的行 $("tr:even")
:odd	匹配所有索引值为奇数的元素，索引值从 0 开始计数	// 匹配索引值为奇数的行 $("tr:odd")
:eq(index)	匹配一个给定索引值的元素	// 匹配第二个 div 元素 $("div:eq(1)")
:gt(index)	匹配所有大于给定索引值的元素	// 匹配第二个及以上的 div 元素 $("div:gt(0)")
:lt(index)	匹配所有小于给定索引值的元素	// 匹配第二个及以下的 div 元素 $("div:lt(2)")
:header	匹配如 h1，h2，h3，…之类的标题元素	// 匹配全部的标题元素 $(":header")
:not(selector)	去除所有与给定选择器匹配的元素	// 匹配没有被选中的 input 元素 $("input:not(:checked)")
:animated	匹配所有正在执行动画效果的元素	// 匹配所有正在执行动画效果的元素 $(":animated")

下面是一个实例：使用几个简单过滤器来控制表格中相应行的样式，实现一个带表头的双色表格。关键步骤如下。

（1）创建 index.html 文件，在该文件的 <head> 标签中应用下面的语句引入 jQuery 库：

```
<script type="text/javascript" src="JS/jquery-3.5.1.min.js"></script>
```

（2）在网页的 <body> 标签中添加一个 5 行 5 列的表格，关键代码如下：

```
01 <table width="98%" border="0" align="center" cellpadding="0" cellspacing="1"
   bgcolor="#3F873B">
02     <tr>
```

```
03        <td width="11%" height="27">编号 </td>
04        <td width="14%">祝福对象 </td>
05        <td width="12%">祝福者 </td>
06        <td width="33%">字条内容 </td>
07        <td width="30%">发送时间 </td>
08      </tr>
09      …                    <!-- 此处省略了其他行的代码 -->
10  </table>
```

（3）编写 CSS 样式，通过元素选择器设置单元格的样式，并编写 th、even 和 odd 三个类选择器，用于控制表格中相应行的样式，具体代码如下：

```
01  <style type="text/css">
02      td{
03          font-size:12px;                 /* 设置单元格中的字体大小 */
04          padding:3px;                    /* 设置内边距 */
05      }
06      .th{
07          background-color:#B6DF48;  /* 设置背景颜色 */
08          font-weight:bold;               /* 设置文字加粗显示 */
09          text-align:center;              /* 文字居中对齐 */
10      }
11      .even{
12          background-color:#E8F3D1;       /* 设置奇数行的背景颜色 */
13      }
14      .odd{
15          background-color:#F9FCEF;       /* 设置偶数行的背景颜色 */
16      }
17  </style>
```

（4）在引入 jQuery 库的代码下方编写 jQuery 代码，实现匹配表格中相应的行，并为其添加 CSS 类，具体代码如下：

```
11  <script type="text/javascript">
12      $(document).ready(function() {
13          $("tr:even").addClass("even");      // 设置奇数行所用的 CSS 类
14          $("tr:odd").addClass("odd");         // 设置偶数行所用的 CSS 类
15          $("tr:first").removeClass("even");   // 移除 even 类
16          $("tr:first").addClass("th");        // 添加 th 类
17      });
18  </script>
```

上面的代码在为表格的第一行添加 th 类时，需要先将该行应用的 even 类移除，否则，新添加的 CSS 类将不起作用。

运行程序，将显示如图 19.17 所示的效果。其中，第一行为表头，编号为 1 和 3 的行采用的是偶数行的样式，编号为 2 和 4 的行采用的是奇数行的样式。

图 19.17　带表头的双色表格

2. 内容过滤器

内容过滤器通过 DOM 元素包含的文本内容，以及是否含有匹配的元素进行筛选，包括 :contains(text) 过滤器、:empty 过滤器、:has(selector) 过滤器和 :parent 过滤器 4 种，如表 19.2 所示。

表 19.2　jQuery 的内容过滤器

过 滤 器	说　　明	示　　例
:contains(text)	匹配包含给定文本的元素	// 匹配含有 "DOM" 文本内容的 li 元素 $("li:contains('DOM')")
:empty	匹配所有不包含子元素或文本的空元素	// 匹配不包含子元素的单元格 $("td:empty")
:has(selector)	匹配含有选择器所匹配元素的元素	// 匹配含有 \<p\> 标签的单元格 $("td:has(p)")
:parent	匹配含有子元素或文本的元素	// 匹配含有子元素或文本的单元格 $("td:parent")

下面是一个实例：应用内容过滤器匹配为空的单元格、不为空的单元格和包含指定文本的单元格。关键步骤如下。

（1）创建 index.html 文件，在该文件的 \<head\> 标签中应用下面的语句引入 jQuery 库：

```
<script type="text/javascript" src="JS/jquery-3.5.1.min.js"></script>
```

（2）在网页的 \<body\> 标签中添加一个 5 行 5 列的表格，关键代码如下：

```
01 <table width="98%" border="0" align="center" cellpadding="0" cellspacing="1"
bgcolor="#3F873B">
02     <tr>
03       <td width="11%" height="27"> 编号 </td>
04       <td width="14%"> 祝福对象 </td>
05       <td width="12%"> 祝福者 </td>
06       <td width="33%"> 字条内容 </td>
07       <td width="30%"> 发送时间 </td>
08     </tr>
09     …              <!-- 此处省略了其他行的代码 -->
10 </table>
```

（3）在引入 jQuery 库的代码下方编写 jQuery 代码，实现匹配表格中不同的单元格，并分别为匹配的单元格设置背景颜色、添加默认内容和设置文字颜色，具体代码如下：

```
11  <script type="text/javascript">
12      $(document).ready(function(){
13      $("td:parent").css("background-color","#E8F3D1");// 为不为空的单元
格设置背景颜色
14      $("td:empty").html(" 暂无内容 ");     // 为空的单元格添加默认内容
15      // 将含有文本 "mjh" 的单元格的文字颜色设置为红色
16      $("td:contains('mjh')").css("color","red");
17      };
18  </script>
```

运行程序，将显示如图 19.18 所示的效果。

图 19.18　匹配表格中不同的单元格

3. 可见性过滤器

元素的可见状态有两种，分别是隐藏状态和显示状态。可见性过滤器就是利用元素的可见状态匹配元素的。因此，可见性过滤器也有两种，即匹配所有可见元素的 :visible 过滤器和匹配所有不可见元素的 :hidden 过滤器。

📖 学习笔记

在应用 :hidden 过滤器时，display 属性为 none，以及 input 元素的 type 属性为 hidden 的元素都会被匹配。

例如，在网页中添加 3 个 input 元素，其中，第一个为显示的文本框，第二个为不显示的文本框，第 3 个为隐藏域。代码如下：

```
01  <input type="text" value=" 显示的 input 元素 ">
02  <input type="text" value=" 不显示的 input 元素 " style="display:none">
03  <input type="hidden" value=" 我是隐藏域 ">
```

通过可见性过滤器获取网页中显示和隐藏的 input 元素的值，代码如下：

```
04  <script type="text/javascript">
05      $(document).ready(function() {
```

```
06          var visibleVal = $("input:visible").val(); // 获取显示的 input 元素的值
07          var hiddenVal1 = $("input:hidden:eq(0)").val();    // 获取第一个隐
藏的 input 元素的值
08          var hiddenVal2 = $("input:hidden:eq(1)").val();    // 获取第二个隐
藏的 input 元素的值
09          alert(visibleVal+"\n"+hiddenVal1+"\n"+hiddenVal2);// 弹出获取的信息
10     });
11 </script>
```

执行上面的代码，结果如图 19.19 所示。

图 19.19　弹出显示和隐藏的 input 元素的值

4. 表单对象的属性过滤器

表单对象的属性过滤器通过表单元素的状态（如选中、不可用等状态）属性匹配元素，包括 :checked 过滤器、:disabled 过滤器、:enabled 过滤器和 :selected 过滤器 4 种，如表 19.3 所示。

表 19.3　jQuery 的表单对象的属性过滤器

过　滤　器	说　　明	示　　例
:checked	匹配所有被选中的元素	// 匹配 checked 属性为 checked 的 input 元素 $("input:checked")
:disabled	匹配所有不可用的元素	// 匹配 disabled 属性为 disabled 的 input 元素 $("input:disabled")
:enabled	匹配所有可用的元素	// 匹配 enabled 属性为 enabled 的 input 元素 $("input:enabled ")
:selected	匹配所有被选中的 option 元素	// 匹配 select 元素中被选中的 option 元素 $("select option:selected")

下面是一个实例：利用表单对象的属性过滤器匹配表单中相应的元素，并对匹配的元素执行不同的操作。关键步骤如下。

（1）创建 index.html 文件，在该文件的 <head> 标签中应用下面的语句引入 jQuery 库：

<script type="text/javascript" src="JS/jquery-3.5.1.min.js"></script>

（2）在网页的 <body> 标签中，添加一个表单，并在该表单中添加 3 个复选框、1 个不可用按钮和 1 个下拉菜单，其中，前两个复选框为选中状态，关键代码如下：

```
01  <form>
02      复选框 1: <input type="checkbox" checked="checked" value=" 复选框 1"/>
03      复选框 2: <input type="checkbox" checked="checked" value=" 复选框 2"/>
04      复选框 3: <input type="checkbox" value=" 复选框 3"/><br />
05      不可用按钮: <input type="button" value=" 不可用按钮 " disabled><br />
06      下拉菜单:
07      <select onchange="selectVal()">
08          <option value=" 菜单项 1"> 菜单项 1</option>
09          <option value=" 菜单项 2"> 菜单项 2</option>
10          <option value=" 菜单项 3"> 菜单项 3</option>
11      </select>
12  </form>
```

（3）在引入 jQuery 库的代码下方编写 jQuery 代码，实现匹配表单中被选中的 checkbox 元素、不可用元素和被选中的 option 元素，具体代码如下：

```
13  <script type="text/javascript">
14      $(document).ready(function() {
15          $("input:checked").css("display","none");// 隐藏选中的复选框
16          $("input:disabled").val(" 我是不可用的 ");   // 为灰色不可用按钮赋值
17      });
18      function selectVal(){                          // 下拉菜单变化时执行的函数
19          alert($("select option:selected").val());// 显示选中的值
20      }
21  </script>
```

运行程序，选中下拉菜单中的菜单项 3，将弹出显示选中菜单项值的对话框，如图 19.20 所示。在图 19.20 中，设置选中的两个复选框为隐藏状态，另外一个复选框没有被隐藏，不可用按钮的 value 值被修改为"我是不可用的"。

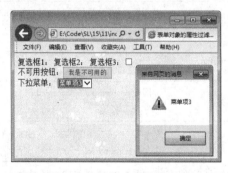

图 19.20　利用表单对象的属性过滤器匹配表单中相应的元素

5. 子元素选择器

子元素选择器用于筛选给定某个元素的子元素，具体的过滤条件由选择器的种类来定。jQuery 提供的子元素选择器如表 19.4 所示。

表 19.4　jQuery 提供的子元素选择器

选 择 器	说　　明	示　　例
:first-child	匹配所有给定元素的第一个子元素	// 匹配 ul 元素中的第一个子元素 li $("ul li:first-child")
:last-child	匹配所有给定元素的最后一个子元素	// 匹配 ul 元素中的最后一个子元素 li $("ul li:last-child")
:only-child	匹配元素中唯一的子元素	// 匹配只含有一个 li 元素的 ul 元素中的 li $("ul li:only-child")

:nth-child(index/
even/odd/equation)
	匹配其父元素下的第 N 个子元素或奇偶元素，
	index 是从 1 开始的，而不是从 0 开始的
		// 匹配 ul 中索引值为偶数的 li 元素
		$("ul li:nth-child(even)")
		// 匹配 ul 中的第 3 个 li 元素
		$("ul li:nth-child(3)")

19.3.5　属性选择器

属性选择器以元素的属性为过滤条件来筛选对象。jQuery 提供的属性选择器如表 19.5 所示。

表 19.5　jQuery 提供的属性选择器

选 择 器	说　　明	示　　例
[attribute]	匹配包含给定属性的元素	// 匹配含有 name 属性的 div 元素 $("div[name]")
[attribute=value]	匹配给定的属性是某个特定值的元素	// 匹配 name 属性是 test 的 div 元素 $("div[name='test']")
[attribute!=value]	匹配给定的属性不等于特定值的元素	// 匹配 name 属性不是 test 的 div 元素 $("div[name!='test']")
[attribute*=value]	匹配给定的属性是包含某些值的元素	// 匹配 name 属性中含有 test 值的 div 元素 $("div[name*='test']")
[attribute^=value]	匹配给定的属性是以某些值为开头的元素	// 匹配 name 属性中以 test 开头的 div 元素 $("div[name^='test']")
[attribute$=value]	匹配给定的属性是以某些值结尾的元素	// 匹配 name 属性中以 test 结尾的 div 元素 $("div[name$='test']")

[selector1][selector2]
[selectorN]
	复合属性选择器，在同时满足多个条件时使用	// 匹配具有 id 属性且 name 属性是以 test 开头
		// 的 div 元素
		$("div[id][name^='test']")

19.3.6 表单选择器

表单选择器用于匹配经常在表单中出现的元素。但是匹配的元素不一定在表单中。jQuery 提供的表单选择器如表 19.6 所示。

表 19.6　jQuery 提供的表单选择器

选 择 器	说　　明	示　　例

:input	匹配所有的 input 元素	// 匹配所有的 input 元素
		$(":input")
		// 匹配 \<form> 标签中的所有 input 元素。需要注意
		// 的是，在 form 和 ":" 之间有一个空格
		$("form :input")

:button	匹配所有的普通按钮，即 type="button" 的 input 元素	// 匹配所有的普通按钮 $(":button")
:checkbox	匹配所有的复选框	// 匹配所有的复选框 $(":checkbox")
:file	匹配所有的文件域	// 匹配所有的文件域 $(":file")
:hidden	匹配所有的不可见元素，或者 type 属性为 hidden 的元素	// 匹配所有的不可见元素 $(":hidden")
:image	匹配所有的图像域	// 匹配所有的图像域 $(":image")
:password	匹配所有的密码域	// 匹配所有的密码域 $(":password")
:radio	匹配所有的单选框	// 匹配所有的单选框 $(":radio")
:reset	匹配所有的重置按钮，即 type="reset" 的 input 元素	// 匹配所有的重置按钮 $(":reset")
:submit	匹配所有的提交按钮，即 type="submit" 的 input 元素	// 匹配所有的提交按钮 $(":submit")
:text	匹配所有的单行文本框	// 匹配所有的单行文本框 $(":text")

下面是一个实例：利用表单选择器匹配表单中相应的元素，并对匹配的元素执行不同的操作。关键步骤如下。

（1）创建 index.html 文件，在该文件的 \<head> 标签中应用下面的语句引入 jQuery 库：

```
<script type="text/javascript" src="JS/jquery-3.5.1.min.js"></script>
```

（2）在网页的 \<body> 标签中添加一个表单，并在该表单中添加复选框、单选框、图像域、文件域、密码域、文本框、普通按钮、重置按钮、提交按钮和隐藏域 input 元素，关键代码如下：

```
01  <form>
02      复选框：<input type="checkbox" />
03      单选框：<input type="radio" />
04      图像域：<input type="image" /><br>
05      文件域：<input type="file" /><br>
06      密码域：<input type="password" width="150px" /><br>
07      文本框：<input type="text" width="150px" /><br>
08      普通按钮：<input type="button" value=" 普通按钮 " /><br>
09      重置按钮：<input type="reset" value="" /><br>
10      提交按钮：<input type="submit" value="" /><br>
11      <input type="hidden" value=" 这是隐藏的元素 " />
12      <div id="testDiv"><span style="color:blue;">隐藏域的值：</span> </div>
13  </form>
```

（3）在引入 jQuery 库的代码下方编写 jQuery 代码，实现匹配表单中的各个表单元素，并实现不同的操作，具体代码如下：

```
14  <script type="text/javascript">
15      $(document).ready(function() {
16          $(":checkbox").attr("checked","checked");        // 选中复选框
17          $(":radio").attr("checked","checked");            // 选中单选框
18          $(":image").attr("src","images/fish1.jpg");       // 设置图片路径
19          $(":file").hide();                                // 隐藏文件域
20          $(":password").val("123");                        // 设置密码域的值
21          $(":text").val(" 文本框 ");                         // 设置文本框的值
22          $(":button").attr("disabled","disabled");         // 设置按钮不可用
23          $(":reset").val(" 重置按钮 ");                       // 设置重置按钮的值
24          $(":submit").val(" 提交按钮 ");                      // 设置提交按钮的值
25          $("#testDiv").append($("input:hidden:eq(1)").val());  // 显示隐
藏域的值
26      });
27  </script>
```

运行程序，将显示如图 19.21 所示的网页。

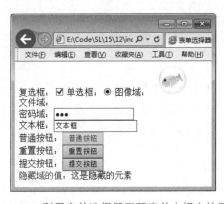

图 19.21 利用表单选择器匹配表单中相应的元素

第 20 章　jQuery 控制网页和事件处理

jQuery 提供了对网页元素进行操作的方法，这些方法比 JavaScript 操作网页元素的方法更加方便灵活。另外，虽然在传统的 JavaScript 中内置了一些事件响应的方式，但是 jQuery 增强、优化、扩展了基本的事件处理机制。本章对 jQuery 控制网页元素和 jQuery 的事件处理进行介绍。

20.1　jQuery 控制网页元素

通过 jQuery 可以对网页元素进行操作，这些操作主要包括以下几方面。
（1）对元素的内容和值进行操作。
（2）对网页中的 DOM 节点进行操作。
（3）对网页元素的属性进行操作。
（4）对元素的 CSS 样式进行操作。

20.1.1　对元素的内容和值进行操作

jQuery 提供了对元素的内容和值进行操作的方法。其中，元素的值是元素的一种属性，大部分元素的值都对应 value 属性。

元素的内容是指定义元素的起始标签和结束标签中间的内容，又可分为文本内容和 HTML 内容。下面通过一段代码来说明：

```
01  <div>
02      <p>测试内容 </p>
03  </div>
```

在上述这段代码中，div 元素的文本内容是"测试内容"，文本内容不包含元素的子元素，只包含元素的文本内容。"<p> 测试内容 </p>"是 div 元素的 HTML 内容，HTML 内容不仅包含元素的文本内容，还包含元素的子元素。

1. 对元素的内容进行操作

由于元素的内容又可分为文本内容和 HTML 内容，所以对元素内容进行操作也可以分为对文本内容进行操作和对 HTML 内容进行操作。下面分别进行详细介绍。

1）对文本内容进行操作

jQuery 提供了 text() 和 text(val) 两个方法对文本内容进行操作。其中，text() 方法用于获取全部匹配元素的文本内容，text(val) 方法用于设置全部匹配元素的文本内容。例如，在一个 HTML 网页中，包括下面 3 行代码：

```
01  <div>
02      <span id="clock">当前时间：2020-07-12 星期日 13:20:10</span>
03  </div>
```

要获取并输出 div 元素的文本内容，可以使用下面的代码：

```
alert($("div").text());        // 输出 div 元素的文本内容
```

执行上面的代码，结果如图 20.1 所示。

图 20.1　获取并输出的 div 元素的文本内容

📋 **学习笔记**

> text() 方法取得的结果是所有匹配元素包含的文本组合的文本内容，这个方法对 XML 文档也有效，因此可以用 text() 方法解析 XML 文档元素的文本内容。

如果需要重新设置 div 元素的文本内容，则可以使用下面的代码：

```
$("div").text("我是通过 text() 方法设置的文本内容");// 重新设置 div 元素的文本内容
```

📋 **学习笔记**

> 在使用 text() 方法重新设置 div 元素的文本内容后，div 元素原来的内容将被新设置的内容替换，包括 HTML 内容。例如，下面的代码：
>
> ```
> <div><span id="clock">当前时间：2020-07-12 星期日 13:20:10</span></div>
> ```
> 当应用 "$("div").text("我是通过 text() 方法设置的文本内容");" 设置值后，该 <div> 标签的内容将变为：
> ```
> <div>我是通过 text() 方法设置的文本内容</div>
> ```

2）对 HTML 内容进行操作

jQuery 提供了 html() 和 html(val) 两个方法对 HTML 内容进行操作。其中，html() 方法用于获取第一个匹配元素的 HTML 内容，text(val) 方法用于设置全部匹配元素的 HTML 内容。例如，在一个 HTML 网页中，包括下面 3 行代码：

```
01 <div>
02    <span id="clock"> 当前时间：2020-07-12 星期日 13:20:10</span>
03 </div>
```

如果需要获取并输出 div 元素的 HTML 内容，则可以使用下面的代码：

```
alert($("div").html());          // 输出 div 元素的 HTML 内容
```

执行上面的代码，结果如图 20.2 所示。

图 20.2　获取并输出的 div 元素的 HTML 内容

如果需要重新设置 div 元素的 HTML 内容，则可以使用下面的代码：

```
$("div").html("<span style='color:#FF0000'> 我是通过 html() 方法设置的 HTML
内容 </span>");// 重新设置 div 元素的 HTML 内容
```

学习笔记

html() 方法与 html(val) 方法不可以用于 XML 文档，但是可以用于 XHTML 文档。

下面通过一个具体的例子，说明对元素的文本内容与 HTML 内容进行操作的区别。
本实例将对网页中元素的文本内容与 HTML 内容进行重新设置。实现步骤如下。

（1）创建 index.html 文件，在该文件的 <head> 标签中应用下面的语句引入 jQuery 库：

```
<script type="text/javascript" src="JS/jquery-3.5.1.min.js"></script>
```

（2）在网页的 <body> 标签中添加两个 <div> 标签，这两个 <div> 标签除了 id 属性不同，
其他均相同，关键代码如下：

```
01 应用 text() 方法设置的内容
02 <div id="div1">
03 <span id="clock"> 默认显示的文本 </span>
04 </div>
05 <br /> 应用 html() 方法设置的内容
06 <div id="div2">
07 <span id="clock"> 默认显示的文本 </span>
08 </div>
```

（3）在引入 jQuery 库的代码下方编写 jQuery 代码，实现为 <div> 标签重新设置文本
内容和 HTML 内容，具体代码如下：

```
09 <script type="text/javascript">
10    $(document).ready(function(){
11       // 为 <div> 标签重新设置文本内容
```

```
12        $("#div1").text("<span style='color:#FF0000'>重新设置的文本内容
</span>");
13        // 为 <div> 标签重新设置 HTML 内容
14        $("#div2").html("<span style='color:#FF0000'>重新设置的 HTML 内容
</span>");
15      });
16 </script>
```

运行本实例程序，将显示如图 20.3 所示的运行结果。从运行结果中可以看出，在应用 text() 方法设置文本内容时，即使内容中包含 HTML 代码，也将被认为是普通文本，并不能作为 HTML 代码被浏览器解析，而应用 html() 方法设置的 HTML 内容中包括的 HTML 代码就可以被浏览器解析。

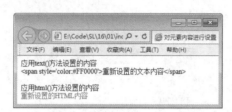

图 20.3　重新设置元素的文本内容与 HTML 内容

2. 对元素的值进行操作

jQuery 提供了 3 种对元素的值进行操作的方法，如表 20.1 所示。

表 20.1　对元素的值进行操作的方法

方　　法	说　　明	示　　例
val()	用于获取第一个匹配元素的当前值，返回值可能是一个字符串，也可能是一个数组。例如，当 select 元素有两个选中值时，返回结果是一个数组	// 获取 id 为 username 的元素的值 $("#username").val();
val(val)	用于设置所有匹配元素的值	// 为全部文本框设置值 $("input:text").val(" 新值 ");
val(arrVal)	用于为 checkbox、select 和 radio 等元素设置值，参数为字符串数组	// 为列表框设置多选值 $("select").val([' 列表项 1',' 列表项 2']);

下面通过一个实例，将列表框中的第一个和第二个列表项设置为选中状态，并获取该多行列表框的值。实现步骤如下。

（1）创建 index.html 文件，在该文件的 <head> 标签中应用下面的语句引入 jQuery 库：

```
<script type="text/javascript" src="JS/jquery-3.5.1.min.js"></script>
```

（2）在网页的 <body> 标签中添加一个包含 3 个列表项的可多选的多行列表框，默认为后两项被选中，代码如下：

```
01 <select name="like" size="3" multiple="multiple" id="like">
02   <option> 列表项 1</option>
```

```
03    <option selected="selected">列表项2</option>
04    <option selected="selected">列表项3</option>
05 </select>
```

（3）在引入 jQuery 库的代码下方编写 jQuery 代码，应用 jQuery 的 val(arrVal) 方法将其第一个和第二个列表项设置为选中状态，并应用 val() 方法获取该多行列表框的值，具体代码如下：

```
06 <script type="text/javascript">
07     $(document).ready(function(){
08         $("select").val(['列表项1','列表项2']);// 设置多行列表框的值
09         alert($("select").val());            // 获取并输出多行列表框的值
10     });
11 </script>
```

本实例的运行结果如图 20.4 所示。

图 20.4　获取并输出的多行列表框的值

20.1.2　对网页中的 DOM 节点进行操作

了解 JavaScript 的读者应该知道，通过 JavaScript 可以实现对 DOM 节点的操作，如查找节点、创建节点、插入节点、删除节点、复制节点、替换节点，只是比较复杂。jQuery 为了简化开发人员的工作，也提供了对 DOM 节点进行操作的方法，其中，查找节点可以通过 jQuery 提供的选择器实现，下面对节点的其他操作进行详细介绍。

1．创建节点

创建节点包括两步：第一步是创建新元素，第二步是将新元素插入文档（父元素）中。例如，在文档的 body 元素中创建一个新的段落节点，可以使用下面的代码：

```
01 <script type="text/javascript">
02     $(document).ready(function(){
03         // 方法一
04         var $p=$("<p></p>");
05         $p.html("<span style='color:#FF0000'>方法一添加的内容</span>");
06         $("body").append($p);
```

```
07          // 方法二
08          var $txtP=$("<p><span style='color:#FF0000'>方法二添加的内容</span>
</p>");
09          $("body").append($txtP);
10          // 方法三
11          $("body").append("<p><span style='color:#FF0000'>方法三添加的
内容</span></p>");
12      });
13 </script>
```

📋 **学习笔记**

　　在创建节点时，浏览器会将添加的内容视为 HTML 内容进行解释执行，无论它是否为使用 html() 方法指定的 HTML 内容。上面使用的 3 种方法都将在文档中添加一个颜色为红色的段落文本。

　　2. 插入节点

　　在创建节点时，应用 append() 方法将定义的节点内容插入指定的元素中。实际上，append() 方法是用于插入节点的，除了 append() 方法，jQuery 还提供了几种插入节点的方法。在 jQuery 中，插入节点可以分为在元素内部插入节点和在元素外部插入节点两种，下面分别进行介绍。

　　1）在元素内部插入节点

　　在元素内部插入节点就是向一个元素中添加子元素和内容。jQuery 提供了如表 20.2 所示的在元素内部插入节点的方法。

表 20.2　在元素内部插入节点的方法

方　　法	说　　明	示　　例
append(content)	向所有匹配的元素的内部追加内容	// 向 id 属性值为 B 的元素中追加一个段落 $("#B").append("<p>A</p>");
appendTo(content)	将所有匹配元素添加到另一个元素的元素集合中	// 将 id 属性值为 B 的元素追加到 id 属性值为 A 的元素后 $("#B").appendTo("#A");
prepend(content)	为所有匹配的元素的内部前置内容	// 在 id 属性值为 B 的元素内容前添加一个段落 $("#B").prepend("<p>A</p>");
prependTo(content)	将所有匹配元素前置到另一个元素的元素集合中	// 将 id 属性值为 B 的元素添加到 id 属性值为 A 的元素前 $("#B").prependTo("#A");

　　从表 20.2 可以看出，append() 方法与 prepend() 方法类似，不同的是，prepend() 方法将添加的内容插入到了原有内容的前面。

　　appendTo() 方法实际上是颠倒了 append() 方法。例如，下面这行代码：

　　　$("<p>A</p>").appendTo("#B");　　　　// 将指定内容追加到 id 属性值为 B 的元素中
等同于

　　　$("#B").append("<p>A</p>");　　　　　　// 向 id 属性值为 B 的元素中追加指定内容

📋 **学习笔记**

prepend() 方法是向所有匹配元素内部的开始处插入内容的最佳方法。prepend() 方法和 prependTo() 方法的区别与 append() 方法和 appendTo() 方法的区别是相同的。

2）在元素外部插入节点

在元素外部插入节点就是将要添加的内容添加到元素之前或元素之后。jQuery 提供了如表 20.3 所示的在元素外部插入节点的方法。

表 20.3　在元素外部插入节点的方法

方　　法	说　　明	示　　例
after(content)	在每个匹配的元素之后插入内容	// 在 id 属性值为 B 的元素的后面添加一个段落 $("#B").after("<p>A</p>");
insertAfter(content)	将所有匹配的元素插入到另一个指定元素的元素集合的后面	// 将要添加的段落插入 id 属性值为 B 的元素的后面 $("<p>test</p>").insertAfter("#B");
before(content)	在每个匹配的元素之前插入内容	// 在 id 属性值为 B 的元素前添加一个段落 $("#B").before("<p>A</p>");

insertBefore(content)	将所有匹配的元素插入到另一个指定元素的元素集合的前面	// 将 id 属性值为 B 的元素添加到 id 属性值为 A 的
		// 元素前面
		$("#B").insertBefore("#A");

3．删除、复制与替换节点

在网页上只执行插入节点的操作是远远不够的，在实际开发的过程中，还经常需要删除、复制和替换相应的节点。下面介绍如何应用 jQuery 实现节点的删除、复制与替换。

1）删除节点

jQuery 提供了两种删除节点的方法，分别是 empty() 方法和 remove([expr]) 方法。其中，empty() 方法用于删除匹配的元素集合中所有的子节点，但并不删除该元素；remove([expr]) 方法用于从 DOM 中删除所有匹配的元素。例如，在文档中存在下面的内容：

```
01 div1:
02 <div id="div1" style="border: 1px solid #0000FF; height: 26px">
03   <span> 谁言寸草心，报得三春晖 </span>
04 </div>
05 div2:
06 <div id="div2" style="border: 1px solid #0000FF; height: 26px">
07   <span> 谁言寸草心，报得三春晖 </span>
08 </div>
```

执行下面的 jQuery 代码后，将得到如图 20.5 所示的运行结果。

```
09 <script type="text/javascript">
10     $(document).ready(function(){
11         $("#div1").empty();  // 调用 empty() 方法删除 div1 中的所有子节点
```

```
12          $("#div2").remove();// 调用 remove() 方法删除 id 属性值为 div2 的元素
13      });
14  </script>
```

```
div1:
┌─────────────────────────────────────────┐
│                                           │
└─────────────────────────────────────────┘
div2:
```

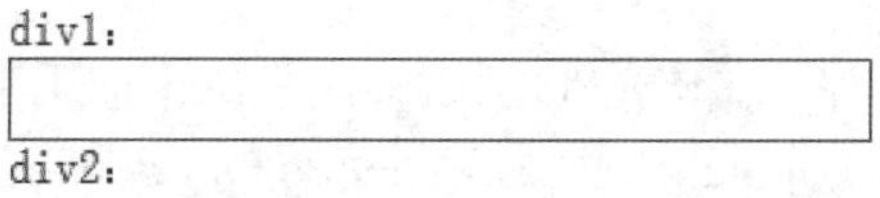

图 20.5　删除节点

2）复制节点

jQuery 提供了 clone() 方法用于复制节点，该方法有两种形式：一种是不带参数的形式，用于克隆匹配的 DOM 元素，并选中这些克隆的副本；另一种是带有一个布尔型参数的形式，当参数为 true 时，表示克隆匹配的元素及其所有的事件处理，并选中这些克隆的副本，当参数为 false 时，表示不复制元素的事件处理。

例如，在网页中添加一个按钮，并为该按钮绑定单击事件，在单击事件中复制该按钮，但不复制它的事件处理，可以使用下面的 jQuery 代码：

```
01  <script type="text/javascript">
02      $(function(){
03          $("input").bind("click",function() {   // 为按钮绑定单击事件
04              $(this).clone(false).insertAfter(this);// 复制自己但不复制事件处理
05          });
06      });
07  </script>
```

运行上面的代码，当单击网页上的按钮时，会在该元素之后插入复制后的元素副本，但是复制的按钮没有复制事件处理，如果需要同时复制元素的事件处理，则可用 clone(true) 方法代替。

3）替换节点

jQuery 提供了两种替换节点的方法，分别是 replaceAll(selector) 方法和 replaceWith(content) 方法。其中，replaceAll(selector) 方法用于使用匹配的元素替换所有 selector 匹配的元素，replaceWith(content) 方法用于将所有匹配的元素替换成指定的 HTML 或 DOM 元素。这两种方法的功能相同，只是它们的表现形式不同而已。

例如，使用 replaceWith() 方法替换网页中 id 为 div1 的元素，并使用 replaceAll() 方法替换 id 为 div2 的元素，可以使用下面的代码：

```
01  <script type="text/javascript">
02      $(document).ready(function() {
03          // 替换 id 为 div1 的 div 元素
04          $("#div1").replaceWith("<div>replaceWith() 方法的替换结果</div>");
05          // 替换 id 为 div2 的 div 元素
06          $("<div>replaceAll() 方法的替换结果</div>").replaceAll ("#div2");
```

```
07        });
08  </script>
```

下面通过一个实例，应用 jQuery 提供的对 DOM 节点进行操作的方法实现"我的开心小农场"。实现步骤如下。

（1）创建 index.html 文件，在该文件的 <head> 标签中应用下面的语句引入 jQuery 库：

```
<script type="text/javascript" src="JS/jquery-3.5.1.min.js"></script>
```

（2）在网页的 <body> 标签中添加一个显示农场背景的 <div> 标签，并在该标签中添加 4 个 <span> 标签，用于设置控制按钮，代码如下：

```
01  <div id="bg">
02      <span id="seed"></span>
03      <span id="grow"></span>
04      <span id="bloom"></span>
05      <span id="fruit"></span>
06  </div>
```

（3）编写 CSS 代码，控制农场背景、控制按钮和图片的样式，具体代码如下：

```
01  <style type="text/css">
02      #bg{                      /* 控制网页背景 */
03          width:456px;
04          height:266px;
05          background-image:url(images/plowland.jpg);
06          border:#999 1px solid;
07          padding:5px;
08      }
09      img{                      /* 控制图片样式 */
10          position:absolute;
11          top:85px;
12          left:195px;
13      }
14      #seed{                    /* 控制"播种"按钮 */
15          background-image:url(images/btn_seed.png);
16          width:56px;
17          height:56px;
18          position:absolute;
19          top:229px;
20          left:49px;
21          cursor:pointer;
22      }
23      #grow{                    /* 控制"生长"按钮 */
24          background-image:url(images/btn_grow.png);
25          width:56px;
26          height:56px;
27          position:absolute;
```

```
28          top:229px;
29          left:154px;
30          cursor:pointer;
31       }
32       #bloom{                      /* 控制 "开花" 按钮 */
33          background-image:url(images/btn_bloom.png);
34          width:56px;
35          height:56px;
36          position:absolute;
37          top:229px;
38          left:259px;
39          cursor:pointer;
40       }
41       #fruit{                      /* 控制 "结果" 按钮 */
42          background-image:url(images/btn_fruit.png);
43          width:56px;
44          height:56px;
45          position:absolute;
46          top:229px;
47          left:368px;
48          cursor:pointer;
49       }
50   </style>
```

（4）编写 jQuery 代码，分别为 "播种" "生长" "开花" "结果" 4 个按钮绑定单击事件，并在其单击事件中应用操作 DOM 节点的方法控制作物的生长，具体代码如下：

```
07   <script type="text/javascript">
08       $(document).ready(function(){
09          $("#seed").bind("click",function(){   // 绑定 "播种" 按钮的单击事件
10             $("img").remove();                 // 移除 img 元素
11             $("#bg").prepend("<img src='images/seed.png' />");
12          });
13          $("#grow").bind("click",function(){ // 绑定 "生长" 按钮的单击事件
14             $("img").remove();               // 移除 img 元素
15             $("#bg").append("<img src='images/grow.png' />");
16          });
17          $("#bloom").bind("click",function(){ // 绑定 "开花" 按钮的单击事件
18             $("img").replaceWith("<img src='images/bloom.png' />");
19          });
20          $("#fruit").bind("click",function(){ // 绑定 "结果" 按钮的单击事件
21             $("<img src='images/fruit.png' />").replaceAll("img");
22          });
23       });
24   </script>
```

运行本实例程序，单击"播种"按钮，将显示如图 20.6 所示的效果；单击"生长"按钮，将显示如图 20.7 所示的效果；单击"开花"按钮，将显示如图 20.8 所示的效果；单击"结果"按钮，将显示一株结满果实的草莓秧，如图 20.9 所示。

图 20.6　单击"播种"按钮的效果

图 20.7　单击"生长"按钮的效果

图 20.8　单击"开花"按钮的效果

图 20.9　单击"结果"按钮的效果

20.1.3　对网页元素的属性进行操作

jQuery 提供了如表 20.4 所示的对网页元素的属性进行操作的方法。

表 20.4　对网页元素的属性进行操作的方法

方　法	说　明	示　例
attr(name)	获取匹配的第一个元素的属性值（无值时返回 undefined）	// 获取网页中第一个 img 元素的 src 属性的值 $("img").attr('src');
attr(key,value)	为所有匹配的元素设置一个属性值（value 是设置的值）	// 为图片添加一个标题属性，属性值为"草莓正在生长" $("img").attr("title"," 草莓正在生长 ");
attr(key,fn)	为所有匹配的元素设置一个函数返回值的属性值（fn 代表函数）	// 将元素的名称作为其 value 属性值 $("#fn").attr("value", function() {return this.name; });
attr(properties)	为所有匹配元素以集合（{ 名 : 值，名 : 值 }）的形式同时设置多个属性	// 为图片同时添加两个属性，分别是 src 和 title $("img").attr({src:"test.gif",title:" 图片实例 "});
removeAttr(name)	为所有匹配元素移除一个属性	// 移除所有图片的 title 属性 $("img").removeAttr("title");

在表 20.4 所列的这些方法中，key 和 name 都代表元素的属性名称，properties 代表一个集合。

20.1.4　对元素的 CSS 样式进行操作

在 jQuery 中，对元素的 CSS 样式进行操作可以通过修改 CSS 类或 CSS 的属性来实现。
下面进行详细介绍。

1. 修改 CSS 类

在网页中，如果想改变一个元素的整体效果（如在实现网站换肤时），那么可以通过
修改该元素使用的 CSS 类来实现。jQuery 提供了如表 20.5 所示的几种用于修改 CSS 类的
方法。

表 20.5　修改 CSS 类的方法

方　法	说　明	示　例
addClass(class)	为所有匹配的元素添加指定的 CSS 类名	// 为全部 div 元素添加 blue 和 line 这两个 CSS 类 $("div").addClass("blue line");
removeClass(class)	从所有匹配的元素中删除全部或指定的 CSS 类	// 删除全部 div 元素中名称为 line 的 CSS 类 $("div").removeClass("line");

toggleClass(class)	如果存在（不存在），则删除（添加）一个 CSS 类	// 当 div 元素中存在名称为 yellow 的 CSS 类时，则删除
		// 该类；否则添加该类
		$("div").toggleClass("yellow");

toggleClass(class,switch)	如果 switch 参数为 true，则添加对应的 CSS 类，否则就删除，通常 switch 参数是一个布尔型的变量	// 为 img 元素添加 CSS 类 show
		$("img").toggleClass("show",true);
		// 为 img 元素删除 CSS 类 show
		$("img").toggleClass("show",false);

📋 **学习笔记**

在使用 addClass() 方法添加 CSS 类时，并不会删除现有的 CSS 类。同时，在使用
表 20.5 所列的方法时，其 class 参数都可以设置多个类名，类名与类名之间用空格分隔。

2. 修改 CSS 属性

jQuery 也提供了相应的获取或修改 CSS 属性的方法，如表 20.6 所示。

表 20.6　获取或修改 CSS 属性的方法

方　法	说　明	示　例
css(name)	返回第一个匹配元素的样式属性	// 获取第一个匹配的 div 元素的 color 属性值 $("div").css("color");
css(name,value)	为所有匹配元素的指定样式设置值	// 为全部 img 元素设置边框样式 $("img").css("border","1px solid #000000");

方 法	说 明	示 例

css(properties)	以 { 属性 : 值 , 属性 : 值 , …} 的形式为所有匹配的元素设置样式属性	$("tr").css({
		// 设置背景颜色
		    "background-color":"#0A65F3",
		// 设置字体大小
		    "font-size":"14px",
		// 设置字体颜色
		    "color":"#FFFFFF"
		});

📋 **学习笔记**

在使用 css() 方法设置属性时，既可以解释连字符形式的 CSS 表示法（如 background-color），又可以解释大小写形式的 DOM 表示法（如 backgroundColor）。

20.2 jQuery 的事件处理

人们常说："事件是脚本语言的灵魂。"事件使网页具有了动态性和响应性，如果没有事件，那么将很难完成网页与用户之间的交互。下面介绍 jQuery 中的事件处理。

20.2.1 网页加载响应事件

$(document).ready() 方法是事件模块中最重要的一个函数，它极大地提高了 Web 的响应速度。$(document) 表示获取整个文档对象，读者可以理解为成功获取文档的时候。$(document).ready() 方法的书写格式为：

```
$(document).ready(function(){
    // 在这里写代码
});
```

可以简写为：

```
$().ready(function(){
    // 在这里写代码
});
```

当 $() 不带参数时，默认的参数就是 document，即 $() 是 $(document) 的简写形式。

$(document).ready() 方法的书写格式还可以进一步简写为：

```
$(function(){
```

```
    // 在这里写代码
});
```

虽然代码可以更短一些，但是不提倡使用简写方式，因为较长的代码更具可读性，也可以防止与其他方法混淆。

20.2.2　jQuery 中的事件

只有网页加载显然是不够的，程序在其他时候也需要完成某项任务，如单击鼠标事件、敲击键盘事件和失去焦点事件等。在不同的浏览器中，事件名称是不同的。例如，IE 中的事件名称大部分都含有 on（如 onkeypress() 事件），但是 Firefox 浏览器中却没有这个事件名称。而 jQuery 统一了所有事件的名称。jQuery 中的事件如表 20.7 所示。

表 20.7　jQuery 中的事件

方　　法	说　　明
blur()	触发元素的 blur 事件
blur(fn)	在每一个匹配元素的 blur 事件中绑定一个处理函数，在元素失去焦点时触发
change()	触发元素的 change 事件
change(fn)	在每一个匹配元素的 change 事件中绑定一个处理函数，在元素的值改变并失去焦点时触发
click()	触发元素的 chick 事件
click(fn)	在每一个匹配元素的 click 事件中绑定一个处理函数，在元素上单击时触发
dblclick()	触发元素的 dblclick 事件
dblclick(fn)	在每一个匹配元素的 dblclick 事件中绑定一个处理函数，在元素上双击时触发
error()	触发元素的 error 事件
error(fn)	在每一个匹配元素的 error 事件中绑定一个处理函数，当 JavaScript 发生错误时触发
focus()	触发元素的 focus 事件
focus(fn)	在每一个匹配元素的 focus 事件中绑定一个处理函数，当匹配的元素获得焦点时触发
keydown()	触发元素的 keydown 事件
keydown(fn)	在每一个匹配元素的 keydown 事件中绑定一个处理函数，当按下键盘时触发
keyup()	触发元素的 keyup 事件
keyup(fn)	在每一个匹配元素的 keyup 事件中绑定一个处理函数，在按键释放时触发
keypress()	触发元素的 keypress 事件
keypress(fn)	在每一个匹配元素的 keypress 事件中绑定一个处理函数，在按下并抬起按键时触发
load(fn)	在每一个匹配元素的 load 事件中绑定一个处理函数，在匹配的元素内容完全加载完毕后触发
mousedown(fn)	在每一个匹配元素的 mousedown 事件中绑定一个处理函数，在元素上单击时触发
mousemove(fn)	在每一个匹配元素的 mousemove 事件中绑定一个处理函数，在元素上移动时触发
mouseout(fn)	在每一个匹配元素的 mouseout 事件中绑定一个处理函数，从元素上离开时触发

方　法	说　明
mouseover(fn)	在每一个匹配元素的 mouseover 事件中绑定一个处理函数，在移入元素时触发
mouseup(fn)	在每一个匹配元素的 mouseup 事件中绑定一个处理函数，在元素上按下并松开时触发
resize(fn)	在每一个匹配元素的 resize 事件中绑定一个处理函数，当文档窗口改变大小时触发
scroll(fn)	在每一个匹配元素的 scroll 事件中绑定一个处理函数，当滚动条发生变化时触发
select()	触发元素的 select 事件
select(fn)	在每一个匹配元素的 select 事件中绑定一个处理函数，在元素上选中某段文本时触发
submit()	触发元素的 submit 事件
submit(fn)	在每一个匹配元素的 submit 事件中绑定一个处理函数，在提交表单时触发
unload(fn)	在每一个匹配元素的 unload 事件中绑定一个处理函数，在卸载元素时触发

表 20.7 中所列的事件都是对应的 jQuery 事件，与传统的 JavaScript 中的事件几乎相同，只是名称不同而已。方法中的 fn 参数表示一个函数，事件处理程序写在这个函数中。

20.2.3　事件绑定

在网页加载完毕时，程序可以通过为元素绑定事件来完成相应的操作。在 jQuery 中，事件绑定通常可以分成为元素绑定事件、移除绑定事件和绑定一次性事件处理 3 种情况，下面分别进行介绍。

1. 为元素绑定事件

在 jQuery 中，为元素绑定事件可以使用 bind() 方法，该方法的语法格式如下：

```
bind(type,[data],fn)
```

该语法中的参数说明如下。

（1）type：事件类型，表 20.7（jQuery 中的事件）中所列的事件。

（2）data：可选参数，作为 event.data 属性值传递给事件对象的额外数据对象。大多数情况下不使用该参数。

（3）fn：绑定的事件处理程序。

例如，为普通按钮绑定一个单击事件，实现在单击该按钮时弹出一个对话框，此时可以使用下面的代码：

```
$("input:button").bind("click",function(){alert('您单击了按钮');});// 为
普通按钮绑定单击事件
```

2. 移除绑定事件

在 jQuery 中，为元素移除绑定事件可以使用 unbind() 方法，该方法的语法格式如下：

```
unbind([type],[data])
```

该语法中的参数说明如下。

（1）type：可选参数，用于指定事件类型。

（2）data：可选参数，用于指定要从每个匹配元素的事件中移除绑定的事件处理函数。

学习笔记

> 在 unbind() 方法中，两个参数都是可选的，如果不写任何参数，那么将删除匹配元素上所有绑定的事件。

例如，要移除为普通按钮绑定的单击事件，可以使用下面的代码：

```
$("input:button").unbind("click");        // 移除为普通按钮绑定的单击事件
```

3. 绑定一次性事件处理

在 jQuery 中，为元素绑定一次性事件处理可以使用 one() 方法，该方法的语法格式如下：

```
one(type,[data],fn)
```

该语法中的参数说明如下。

（1）type：用于指定事件类型。

（2）data：可选参数，作为 event.data 属性值传递给事件对象的额外数据对象。

（3）fn：绑定在每个匹配元素的事件上的处理函数。

例如，实现当用户第一次单击匹配的 div 元素时，弹出对话框显示 div 元素的内容，可以使用下面的代码：

```
01 $("div").one("click", function(){
02     alert($(this).text());         // 在弹出的对话框中显示 div 元素的内容
03 });
```

20.2.4　模拟用户操作

jQuery 提供了模拟用户的操作触发事件和模仿悬停事件两种模拟用户操作的方法，下面分别进行介绍。

1. 模拟用户的操作触发事件

在 jQuery 中，一般常用 triggerHandler() 方法和 trigger() 方法来模拟用户的操作触发事件。这两种方法的语法格式完全相同；不同的是，triggerHandler() 方法不会导致浏览器同名的默认行为被执行，而 trigger() 方法则会导致浏览器同名的默认行为被执行。例如，使用 trigger() 方法触发一个名称为 submit 的事件，会导致浏览器执行提交表单的操作。若要阻止浏览器的默认行为，那么只需返回 false 即可。另外，使用 trigger() 方法和 triggerHandler() 方法可以触发 bind() 绑定的事件，还可以为事件传递参数。

下面通过一个实例，实现在网页载入完成时就执行按钮的 click 事件，而无须用户自己执行单击操作。关键代码如下：

```
01  <script type="text/javascript">
02  $(document).ready(function(){
03      $("input:button").bind("click",function(event,msg1,msg2){
04          alert(msg1+msg2);                        // 弹出对话框
05      }).trigger("click",["欢迎访问","明日科技"]);// 网页加载触发单击事件
06  });
07  </script>
08  <input type="button" name="button" id="button" value="普通按钮" />
```

本实例的运行结果如图 20.10 所示。

图 20.10　网页加载时触发按钮的单击事件

2. 模仿悬停事件

模仿悬停事件是指模仿鼠标指针移动到一个对象上又从该对象移出的事件，可以通过 jQuery 提供的 hover() 方法来实现。hover() 方法的语法格式如下：

```
hover(over,out)
```

该语法中的参数说明如下。

（1）over：用于指定当鼠标指针移动到匹配元素上时触发的函数。

（2）out：用于指定当鼠标指针从匹配元素上移出时触发的函数。

下面通过一个实例，实现当鼠标指针指向图片时为图片加边框，当鼠标指针从图片上移出时去除图片边框。关键代码如下：

```
01  <script type="text/javascript">
02  $(document).ready(function() {
03      $("#pic").hover(function(){
04          $(this).attr("border",1);        // 为图片加边框
05      },function(){
06          $(this).attr("border",0);        // 去除图片边框
07      });
08  });
```

```
09  </script>
10  <img id="pic" src="images/mr.gif" />
```

本实例的运行效果如图 20.11 所示，鼠标指针指向图片时的效果如图 20.12 所示。

图 20.11　网页初始效果

图 20.12　鼠标指针指向图片时的效果